大学数学科学丛书 33

常微分方程

张 祥 编著

科 学 出 版 社

北 京

内 容 简 介

本书介绍了常微分方程理论中一些必备的基础知识, 内容包括常微分方程的初等积分法、解的存在唯一性、解关于初值和参数的连续依赖性和连续可微性、解析微分方程解析解的存在性及其应用、微分方程组的可积理论及其在求解偏微分方程中的应用、常系数线性微分方程和微分方程组的解法及其在平面微分方程组局部结构研究上的应用、变系数线性微分方程组的 Floquet 理论、Sturm-Liouville 边值问题及其在波动方程和热传导方程求解中的应用、微分方程解的稳定性判定、极限环存在性的基础知识, 并简要介绍了结构稳定性和分支理论的基础知识. 书中还介绍了如何利用 Mathematica 软件求解微分方程和作平面微分系统的相图. 书末给出 Ascoli-Arzelà 引理的初等证明和实矩阵对数存在性的证明.

本书可作为高等院校理工科和经济学等专业本科生“常微分方程”课程的教材, 也可作为相关专业教师和研究生的参考书.

图书在版编目(CIP)数据

常微分方程/张祥编著. —北京: 科学出版社, 2015.5
(大学数学科学丛书; 33)
ISBN 978-7-03-044323-6
I. ①常… II. ①张… III. ①常微分方程-高等学校-教材 IV. ①O175.1

中国版本图书馆 CIP 数据核字(2015) 第 103123 号

责任编辑: 王丽平 / 责任校对: 张凤琴
责任印制: 肖 兴 / 封面设计: 陈 敬

科学出版社 出版
北京东黄城根北街 16 号
邮政编码: 100717
http://www.sciencep.com

双青印刷厂 印刷
科学出版社发行 各地新华书店经销
*
2015 年 6 月第 一 版 开本: 720 × 1000 1/16
2015 年 6 月第一次印刷 印张: 15 1/2
字数: 320 000

定价: 68.00 元

(如有印装质量问题, 我社负责调换)

作 者 简 介

张祥 1965 年出生于安徽省无为县. 1988 和 1991 年于安徽师范大学获学士和硕士学位, 1997 年于南京大学获博士学位. 毕业后历任南京师范大学讲师和副教授, 2001 年调入上海交通大学工作, 2002 年起任教授和博士生导师. 1999 年至 2001 年在西班牙加泰罗尼亚数学研究中心从事博士后研究工作, 2003 年至 2004 年度在佐治亚理工学院从事教学和研究工作.

张祥的主要研究兴趣是常微分方程和动力系统, 特别是微分方程的可积、分支和定性理论的研究. 主要结果发表在《American Journal of Mathematics》、《Transactions of the American Mathematical Society》、《Journal of Functional Analysis》、《Communications in Mathematical Physics》、《Journal of Differential Equations》、《Physica D》、《Pacific Journal of Mathematics》和《Ergodic Theory and Dynamical Systems》等杂志上.张祥现任中国数学会奇异摄动专业委员会常务副理事长，以及《Qualitative Theory of Dynamical Systems》和《International Journal of Bifurcation and Chaos》的 Associate 编委.

《大学数学科学丛书》序

按照恩格斯的说法，数学是研究现实世界中数量关系和空间形式的科学．从恩格斯那时到现在，尽管数学的内涵已经大大拓展了，人们对现实世界中的数量关系和空间形式的认识和理解已今非昔比，数学科学已构成包括纯粹数学及应用数学内含的众多分支学科和许多新兴交叉学科的庞大的科学体系，但恩格斯的这一说法仍然是对数学的一个中肯而又相对来说易于为公众了解和接受的概括，科学地反映了数学这一学科的内涵．正由于忽略了物质的具体形态和属性、纯粹从数量关系和空间形式的角度来研究现实世界，数学表现出高度抽象性和应用广泛性的特点，具有特殊的公共基础地位，其重要性得到普遍的认同．

整个数学的发展史是和人类物质文明和精神文明的发展史交融在一起的．作为一种先进的文化，数学不仅在人类文明的进程中一直起着积极的推动作用，而且是人类文明的一个重要的支柱．数学教育对于启迪心智、增进素质、提高全人类文明程度的必要性和重要性已得到空前普遍的重视．数学教育本质是一种素质教育；学习数学，不仅要学到许多重要的数学概念、方法和结论，更要着重领会数学的精神实质和思想方法．在大学学习高等数学的阶段，更应该自觉地去意识并努力体现这一点．

作为面向大学本科生和研究生以及有关教师的教材，教学参考书或课外读物的系列，本丛书将努力贯彻加强基础、面向前沿、突出思想、关注应用和方便阅读的原则，力求为各专业的大学本科生或研究生(包括硕士生及博士生)走近数学科学、理解数学科学以及应用数学科学提供必要的指引和有力的帮助，并欢迎其中相当一些能被广大学校选用为教材，相信并希望在各方面的支持及帮助下，本丛书将会愈出愈好．

李大潜

2003 年 12 月 27 日

前 言

常微分方程于 17 世纪末首先出现在诸如 Isaac Newton, Gottfried Leibniz 和 Bernoulli 家族等科学巨匠的工作之中. 它巨大的实际作用从诞生之初就体现出来, 如牛顿利用力学原理建立常微分方程, 并运用微积分证明地球围绕太阳运行的轨道是椭圆.

对实际问题 (特别是牛顿力学、天体力学等) 中导出的大量的微分方程求解的需要, 促进和推动了微积分的诞生和发展. 因而常微分方程是联系微积分最为紧密的课程之一, 是很多数学后续课程的基础. 随着科技的发展, 常微分方程在气象、物理、工程、电子信息、生物和化学, 以及经济金融等许多学科领域中发挥了重要的作用.

常微分方程在很长的发展时期内都是寻求各种解法. 1841 年 Jeseph Liouville 证明了一类形式上非常简单的 Riccati 方程不能用初等积分法求解. Liouville 的工作促使人们寻求新的研究常微分方程的方法和理论. 19 世纪末 20 世纪初, Henri Poincaré 的一系列开创性工作奠定了现代动力系统的基础.

本书是作者多年来在上海交通大学数学系, 以及工科和经济管理等院系本科生的授课讲义基础上编写的. 讲义选材的原则是尽量将常微分方程最基础的必要的理论体系选入教材, 同时在各章节中穿插介绍一些动力系统近代理论的初步知识. 在基础理论的证明上既选用一些经典的分析方法训练学生的分析和推导能力, 又引入小部分现代分析的方法训练学生的抽象思维和逻辑推理能力, 以使他们对现代分析有一个初步的认识.

本书的叙述和证明力求浅显易懂, 方便学生自学. 书中有大量的注记, 这些都是非常重要的内容, 它们对课本内容的理解具有很好的帮助, 希望读者在阅读本书过程中重视对注记部分的理解.

初等积分法部分介绍了几类方程的求解方法, 并配有少量的例题. 侧重点在恰当方程和积分因子法以及线性微分方程, 因为这部分内容不仅在方法上而且在理论上都是很重要的. 其他部分都是略讲的, 因为很多方程都可以通过 Mathematica 和 Maple 等数学软件来求解. 因此书中通过例子简单地介绍了 Mathematica 的用法.

常微分方程基础理论主要分布在第 2 章和第 3 章. 第 2 章重点阐述纯量常微分方程初值问题解的存在性、唯一性, 以及解关于自变量、初始条件和参数的连续依赖性. 这部分内容证明的主要工具是完备距离空间中的压缩映射原理和 Ascoli–Arzelà 引理.

第 3 章主要涉及高阶微分方程和微分方程组的解的基础理论. 具体为解的存在唯一性, 解关于自变量、初始条件和参数的连续可微性. 解析微分方程组局部解析解的存在性; 对解析线性微分方程组解的收敛半径给出了新的证明; 以及这些理论在求解二阶线性微分方程幂级数解中的应用. 微分方程组的局部可积理论以及它们在线性和拟线性偏微分方程求解中的应用, 同时介绍了可积 Hamilton 系统的一些基础知识和结论及其应用的例子.

第 4 章主要讲述线性微分方程组和高阶线性微分方程解的存在区间和通解的结构, 常系数线性微分方程组和高阶常系数线性微分方程的解法. 并利用常系数线性微分方程组的解法和 Mathematica 作相图讨论平面线性齐次微分方程零解附近轨线的局部拓扑结构. 特别地, 该章对高阶常系数线性微分方程的基本解组给出一个简洁的证明.

第 5 章讲述变系数线性微分方程 (组) 的一些基础理论. 侧重点是周期系数线性微分方程组基解矩阵的 Floquet 标准型及周期解与 Floquet 乘数之间的关系, 二阶线性微分方程解的零点的性质, Sturm–Liouville 边值问题及其在热传导方程和波动方程初边值问题求解上的应用.

第 6 章是常微分方程理论的近代部分. 简要介绍了有关解的稳定性, 极限环的存在和不存在的简单判定, 以及分支问题的若干概念和例子, 最后介绍具有混沌吸引子的几个三维微分系统的例子.

本教材可以一学期讲授. 针对不同的教学对象和教学时数, 第 3 章的微分方程解析解和可积理论, 第 5 章的变系数线性微分方程基础理论和第 6 章的平面自治微分系统的内容可以选择部分学习, 因为这些章节的内容相对独立, 不影响其他章节内容的学习. 书中带有 $*$ 号的章节部分超出了二年级本科生的知识范围, 可作为有兴趣的同学对现代动力系统基础知识的一个了解.

最后是附录, 其中给出 Ascoli–Arzelà 引理的证明和非奇异实矩阵的矩阵对数存在性的证明. 因为 Ascoli–Arzelà 引理及其证明一般都在泛函分析教科书的抽象空间中给出, 低年级学生读起来较为困难. 为方便读者, 附录中给出一个较为简单的证明. 实奇异矩阵的矩阵对数的存在性大多数线性代数的教科书没有给出证明, 为方便读者也在附录中给出其证明.

参考文献不仅列了常微分方程的相关书籍和文献, 还列了一些动力系统的文献和书籍. 目的是让学有余力的学生通过进一步查阅相关文献资料, 对常微分方程现代理论有一个初步的了解.

本书的讲义在上海交通大学数学系和经济管理学院本科生中进行了多年的试用. 常微分方程组的老师和不少同学对本书的初稿提出了很多宝贵的修改意见和建议, 如给出部分重要定理简洁的新证明, 指出很多打印错误等. 在此向他们表示衷心的感谢!

特别感谢李大潜院士、李勇教授和张伟年教授! 他们在书稿送审过程中阅读了全文, 并就选材和材料的安排等方面提出了很多好的意见和建议. 科学出版社王丽平编辑在出版过程中做了大量工作, 在此向她表示诚挚的谢意! 最后感谢我的妻子苏年年, 正因为她的付出才使得我有足够的时间写作并完成本书.

由于水平和时间的限制, 书中可能还有不足之处. 恳请读者若发现书中的任何问题都能及时与作者交流, 以便进一步修改, 不胜感激!

最后对上海交通大学在本书出版中给予的经费资助表示感谢!

作 者

于上海交通大学

2015 年 1 月 8 日

符 号 表

$\mathbb{R}$	实数集 (或实数域)
$\mathbb{C}$	复数集（或复数域）
$\mathbb{Z}$	整数集（或整数群）
$\mathbb{R}^n$	实 n 维线性空间
$A \setminus B$	属于集合 A 但不属于集合 B 的元素构成的集合
$\exists$	存在
$\forall$	任意的
$n!$	1 到 n 的连乘积, 即 $n(n-1)\cdot 2\cdot 1$
$x \in D$	x 属于集合 D
$f \in C(\Omega)$	f 是区域 Ω 上的连续函数
$f \in C^k(\Omega)$	f 是区域 Ω 上的 k 次连续可微函数
$\rightrightarrows$	一致收敛
$A \subset B$	集合 A 是集合 B 的子集
$C[a,b]$	定义在 $[a,b]$ 上的连续函数的全体构成的集合
$A \Leftrightarrow B$	命题 A 等价于命题 B
$\dfrac{D(f_1,\cdots,f_n)}{D(y_1,\cdots,y_n)}$	函数 $f_i(x,y_1,\cdots,y_n), i=1,\cdots,n$ 关于 $y_1,\cdots,y_n$ 的 Jacobi 行列式
$\dfrac{\partial(f_1,\cdots,f_n)}{\partial(y_1,\cdots,y_n)}$	函数 $f_i(x,y_1,\cdots,y_n), i=1,\cdots,n$ 关于 $y_1,\cdots,y_n$ 的 Jacobi 矩阵
$(\mathbb{R}^n,\mathbf{0})$	$\mathbb{R}^n$ 空间中坐标原点 $\mathbf{0}$ 的某个小邻域
$f_x(x,y)$	函数 $f(x,y)$ 关于变量 x 的偏导数

目　录

第 1 章　常微分方程的基础知识

本章主要介绍常微分方程一些最基本的知识, 如微分方程和解的定义、解的几何解释、解的存在和唯一性定理的叙述, 以及微分方程的各种解法等. 微分方程理论的证明部分本章涉及较少.

1.1　常微分方程的基本概念

本节首先介绍微分方程及其解和通解的定义.

1.1.1　微分方程和解

微分方程是指含有未知函数的导数的方程. 未知函数的自变量是单变量的微分方程称为**常微分方程**. 未知函数的自变量是多变量的微分方程称为**偏微分方程**. 微分方程含有的导数的最高阶数称为微分方程的**阶**.

例

(1) 方程

$$\frac{d^3y}{dx^3}+(y^5+xy+1)\frac{dy}{dx}=1$$

是 3 阶常微分方程.

(2) 方程

$$x^2\frac{d^4x}{dt^4}+\left(\frac{dx}{dt}\right)^5=\cos x$$

是 4 阶常微分方程.

(3) Newton 第二运动定律导出的微分方程

$$m\frac{d^2x(t)}{dt^2}=F(x(t))$$

是 2 阶常微分方程, 其中 m 是质点的质量, F 是 t 时刻质点在位置 $x(t)$ 受到的沿着运动方向的作用力.

(4) 方程

$$\frac{\partial u(x,y,z)}{\partial x}+(u+1)\frac{\partial u(x,y,z)}{\partial y}-xyz\frac{\partial u(x,y,z)}{\partial y}=u^3$$

是 1 阶偏微分方程.

(5) 方程

$$A\frac{\partial^2 u(x,y)}{\partial x^2}+2B\frac{\partial^2 u(x,y)}{\partial x\partial y}+C\frac{\partial^2 u(x,y)}{\partial y^2}+D\frac{\partial u(x,y)}{\partial x}+E\frac{\partial u(x,y)}{\partial y}+F=0$$

是 2 阶偏微分方程, 其中 $A,B,C,D,E,\ F$ 是常数.

(5.1) 当 $B^2-AC<0$ 时, 上述二阶方程称为椭圆偏微分方程. Laplace 方程 $\Delta u=0$ 和 Poisson 方程 $\Delta u=f$ 是其特例, 其中 Δ 是 Laplace 算子

$$\Delta=\frac{\partial^2 u(x,y)}{\partial x^2}+\frac{\partial^2 u(x,y)}{\partial y^2}.$$

(5.2) 当 $B^2-AC=0$ 时, 上述二阶方程称为抛物偏微分方程. 热传导方程

$$\frac{\partial u(t,x)}{\partial t}=k\frac{\partial^2 u(t,x)}{\partial x^2}$$

是其特例, 其中 k 是热扩散率.

(5.3) 当 $B^2-AC>0$ 时, 上述二阶方程称为双曲偏微分方程. 波动方程

$$\frac{\partial^2 u(t,x)}{\partial t^2}=c^2\frac{\partial^2 u(t,x)}{\partial x^2}$$

是其特例, 其中 c 是波的传播速度.

本书主要讲述常微分方程, 作为常微分方程理论在偏微分方程中的应用, 书中 3.3.2 小节介绍一阶线性偏微分方程和一阶拟线性偏微分方程的解法. 作为 Strurm-Liouville 边值问题解的理论的应用, 5.3 节介绍了热传导方程和波动方程初边值问题的解法.

n 阶常微分方程的一般形式是

$$F\left(t,x(t),\frac{dx}{dt}(t),\cdots,\frac{d^nx}{dt^n}(t)\right)=0, \tag{1.1.1}$$

其中 F 是关于 $n+2$ 个变量的给定函数, 且 F 必须含有 $\dfrac{d^nx}{dt^n}$. 因 x 关于 t 的 n 阶导数含在函数 F 之中, 所以称 (1.1.1) 为 **n 阶隐式常微分方程** (简称 **n 阶隐式方程**). 以后为了方便起见常用 $\dot{x}$, $\ddot{x}$, $x'(t)$, $x''(t)$ 和 $x^{(n)}(t)$ 表示未知函数 x 关于自变量 t 的各阶导数. 常微分方程中, 习惯上常用时间 t 作为自变量, 也常用 y 作为因变量, x 作为自变量等.

n 阶显式常微分方程的一般形式是

$$x^{(n)}(t)=f\left(t,x(t),x'(t),\cdots,x^{(n-1)}(t)\right), \tag{1.1.2}$$

其中 f 是关于 $n+1$ 个变量的函数. 易见, 显式常微分方程可以写成隐式常微分方程的形式. 而隐式常微分方程局部地也可以利用隐函数存在定理表示成显式的形式.

设函数 F 定义在 $\mathbb{R}^{n+2}$ 维空间的某开区域 Ω 上. 定义在 (t_1,t_2) 上的函数 $x=\phi(t)$ 称为微分方程 (1.1.1) 的**解**, 如果 $\phi(t)$ 在 (t_1,t_2) 上具有 $n-1$ 阶连续导数, 其 n 阶导数存在, 且

$$\left(t,\phi(t),\phi'(t),\cdots,\phi^{(n)}(t)\right)\in\Omega,$$
$$F\left(t,\phi(t),\phi'(t),\cdots,\phi^{(n)}(t)\right)\equiv 0,\quad t\in(t_1,t_2).$$

称 (t_1,t_2) 为解的**定义区间**. 注: 有可能 $t_1=-\infty$ 或 $t_2=\infty$.

例 函数 $y(t)=c_1\cos t+c_2\sin t$, 给定常数 $c_1,c_2\in\mathbb{R}$, $t\in(-\infty,\infty)$, 是二阶微分方程

$$y''+y=0$$

的解. 注意到上述二阶微分方程的解中含有两个任意常数 c_1,c_2.

设 $\Lambda\subset\mathbb{R}^n$ 是一开区域, $\boldsymbol{c}=(c_1,\cdots,c_n)\in\Lambda$. 含有 n 个常数的函数 $x=\phi(t,\boldsymbol{c}),(t,\boldsymbol{c})\in(t_1,t_2)\times\Lambda$, 称为微分方程 (1.1.1) 的**通解**, 如果 ϕ 是方程 (1.1.1) 的解, 且 n 个常数是任意的或独立的, 即 $\phi,\phi',\cdots,\phi^{(n-1)}$ 关于 $c_1,c_2,\cdots,c_n$ 的 Jacobi 行列式

$$\frac{D(\phi,\phi',\cdots,\phi^{(n-1)})}{D(c_1,c_2,\cdots,c_n)}:=\begin{vmatrix}\dfrac{\partial\phi}{\partial c_1}&\dfrac{\partial\phi}{\partial c_2}&\cdots&\dfrac{\partial\phi}{\partial c_n}\\ \dfrac{\partial\phi'}{\partial c_1}&\dfrac{\partial\phi'}{\partial c_2}&\cdots&\dfrac{\partial\phi'}{\partial c_n}\\ \vdots&\vdots&&\vdots\\ \dfrac{\partial\phi^{(n-1)}}{\partial c_1}&\dfrac{\partial\phi^{(n-1)}}{\partial c_2}&\cdots&\dfrac{\partial\phi^{(n-1)}}{\partial c_n}\end{vmatrix}\neq 0,\quad(t,\boldsymbol{c})\in(t_1,t_2)\times\Lambda.$$

微分方程 (1.1.1) 的不包含在通解中的解称为**特解**.

注 粗略地说, n 阶微分方程通解中 n 个常数的任意性在某种意义下刻画了通解是由 n 个线性无关的解或函数无关的解构成的. 读者学完第 3 章高阶微分方程与微分方程组的关系, 以及第 4 章高阶线性微分方程 (组) 通解的结构理论后将有更加深刻的认识.

例

(1) 容易验证上述例子中的两个常数 c_1,c_2 是任意的. 直观上讲, 函数 $x=\phi(t,c_1,\cdots,c_n)$ 中的常数是任意的, 是指它们无法合并. 例如

$$x=c_1+c_2t+c_3t^2$$

中的三个常数 c_1,c_2,c_3 是任意的, 因为它们无法合并. 本质上, 三个函数 1, t, t^2 是线性无关的. 而

$$x=c_1+c_2t+c_3(1+t)$$

中的常数不是任意的, 因为 x 的表达式可写成 $x=(c_1+c_3)+(c_2+c_3)t$, 故本质上只有两个任意常数. 事实上, 函数 $1, t, 1+t$ 是线性相关的.

(2) 微分方程

$$\frac{dy}{dx}=y^2,$$

有通解 $y=-(x+c)^{-1}$, 其中 c 是任意常数. 显然, $y=0$ 也是方程的解, 但它不包含在通解之中, 即 $y=0$ 是方程的一个特解. 该例表明通解未必包含微分方程的所有解.

n 阶微分方程 (1.1.1) 或 (1.1.2) 满足*初始条件*

$$x(t_0)=x_0,\ x'(t_0)=x_1,\ \cdots,\ x^{(n-1)}(t_0)=x_{n-1}, \tag{1.1.3}$$

称为**初值问题**, 其中 $t_0\in\mathbb{R}$ 称为*初始时间*, $(x_0,x_1,\cdots,x_{n-1})\in\mathbb{R}^n$ 称为*初始值*或简称*初值*. 微分方程 (1.1.1) 或 (1.1.2) 满足初始条件 (1.1.3) 的解称为**初值问题的解**.

附注

- n 阶微分方程初值问题中的初始条件是由 n 个条件确定的.
- 当初始值 $(x_0,x_1,\cdots,x_{n-1})$ 属于向量函数 $(\phi(t,\boldsymbol{c}),\phi'(t,\boldsymbol{c}),\cdots,\phi^{(n-1)}(t,\boldsymbol{c}))$, $(t,\boldsymbol{c})\in\{t_0\}\times\Lambda$ 的值域时, 初值问题的解包含在通解中. 这是因为存在 $\boldsymbol{c}_0\in\Lambda$, 使得 $\phi(t,\boldsymbol{c}_0)$ 就是初值问题的解. 例如 $y=ce^x$ 是微分方程 $y'=y$ 在 $\mathbb{R}$ 上的通解. 它包含了方程所有的解.
- 初值问题广泛出现在实际应用中. 例如自由落体的运动规律由初始位置和初始速度完全确定.

1.1.2 微分方程和解的例子

(1) 二阶微分方程

$$x''(t)=g,\quad g\in\mathbb{R}$$

有通解

$$x=\phi(t,c_1,c_2)=\frac{1}{2}gt^2+c_1t+c_2,\quad t\in\mathbb{R},$$

其中 c_1 和 c_2 是任意常数.

(2) 三阶微分方程

$$x'''(t)+x''(t)-x'(t)+15x(t)=0$$

有通解

$$x=\phi(t,c_1,c_2,c_3)=c_1e^{-3t}+c_2e^t\cos(2t)+c_3e^t\sin(2t),\quad t\in\mathbb{R},$$

其中 c_1, c_2, c_3 是任意常数.

(3) 设 $a(x), b(x)$ 在 $(\alpha,\beta)\subset\mathbb{R}$ 上连续, $x_0\in(\alpha,\beta)$, $y_0\in\mathbb{R}$, 则一阶微分方程初值问题

$$\frac{dy}{dx}=a(x)y+b(x),\quad y(x_0)=y_0$$

在 $x\in(\alpha,\beta)$ 上有解

$$y(x)=e^{\int_{x_0}^{x}a(s)ds}\left(y_0+\int_{x_0}^{x}b(t)e^{-\int_{x_0}^{t}a(s)ds}dt\right).$$

(4) 初值问题

$$\frac{dy}{dx}=y^{\frac{1}{3}},\quad y(1)=0$$

在 $x\in\mathbb{R}$ 上有无穷多个解

$$y(x)=\begin{cases}0, & x\leqslant c,\\ \left(\dfrac{2}{3}\right)^{\frac{3}{2}}(x-c)^{\frac{3}{2}}, & x>c\end{cases}\quad 和\quad y(x)=\begin{cases}0, & x\leqslant c,\\ -\left(\dfrac{2}{3}\right)^{\frac{3}{2}}(x-c)^{\frac{3}{2}}, & x>c,\end{cases}$$

其中 $c\geqslant 1$ 是任意常数. 图 1.1(a) 给出该初值问题多解的示意图.

(5) 微分方程

$$\frac{dy}{dx}=y^2$$

– 满足初始条件 $y(1)=1$ 在 $(-\infty,2)$ 上有解 $y=(2-x)^{-1}$;

– 满足初始条件 $y(1)=-1$ 在 $(0,\infty)$ 上有解 $y=-x^{-1}$.

图 1.1(b) 给出满足两个不同初始值的解的示意图.

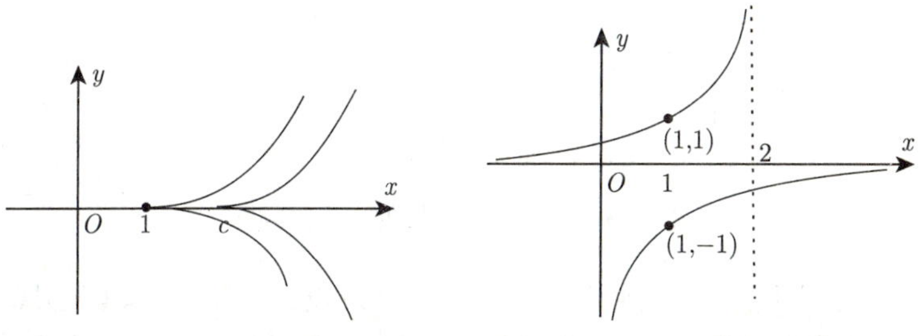

(a) 例(4)中初值问题的多解　(b) 例(5)中不同初值问题的解

图 1.1　例 (4) 和例 (5) 中初值问题解的示意图

(6) 初值问题

$$\frac{dy}{dx}=1+y^2,\quad y(0)=0$$

在 $\left(-\dfrac{\pi}{2},\dfrac{\pi}{2}\right)$ 上有解 $y=\tan x$.

附注

- 例 (4) 中方程右端的函数在 (x,y) 平面上连续, 但在 $y=0$ 处不可微, 初值问题有无穷多个解. 这涉及微分方程初值问题解的存在与唯一性问题, 将在后文中逐步介绍.
- 例 (5) 和 (6) 中微分方程右端函数在 (x,y) 平面上连续可微, 但解的定义区间有很大的区别. 这是后文将要介绍的解的延拓问题. 例 (5) 表明同一个微分方程满足不同初始条件的解的定义区间可能是不同的.

1.1.3　微分方程解的几何解释、存在和唯一性

为了阐述基本理论, 首先考虑如下一阶显式微分方程:

$$\dot{x}=f(t,x), \tag{1.1.4}$$

其中 f 在 $\mathbb{R}^2$ 的某开区域 Ω 上连续. 设 $x=\phi(t),\ t\in(\alpha,\beta)$ 是微分方程 (1.1.4) 的一个解. 则 $\Gamma:=\{(t,\phi(t)):\ t\in(\alpha,\beta)\}$ 是 Ω 中的一条光滑曲线 (其证明将在第 2 章给出), 称之为微分方程 (1.1.4) 的**积分曲线**. 在积分曲线上任一点 $(t_0,\phi(t_0))$, 其切线斜率 $\phi'(t_0)$ 等于 $f(t_0,\phi(t_0))$, 见图 1.2. 这说明对于 Ω 中任一点 (t,x), 如果有积分曲线通过, 则通过该点的积分曲线的切线斜率为 $f(t,x)$.

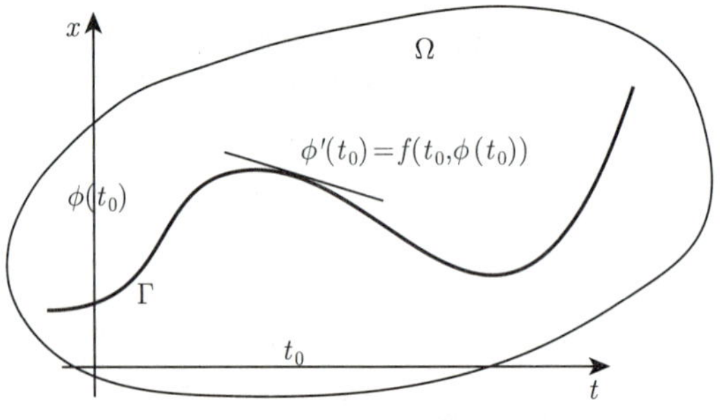

图 1.2　微分方程积分曲线的几何解释

对 $\forall\,(t,x)\in\Omega$, 过该点作斜率为 $f(t,x)$ 的小线段. Ω 中所有这些小线段的全体构成的集合称为微分方程 (1.1.4) 的**线素场**, 见图 1.3. 利用线素场可以近似地作出微分方程的积分曲线. 例如微分方程

$$\frac{dy}{dx}=-\frac{x}{y}$$

除了 x 轴外处处都有定义, 且连续可微. 在所有积分曲线上, 切线斜率为 $c\neq 0$ 的点构成直线 $y=-\dfrac{1}{c}x$, 它与直线 $y=cx$ 垂直. 因此该方程的线素场如图 1.4(a). 从

线素场可以得到所有的积分曲线是同心圆. 微分方程

$$\frac{dy}{dx} = -\frac{y}{x}$$

除了 y 轴外处处都有定义, 且连续可微. 在所有积分曲线上, 切线斜率为 $c \neq 0$ 的点构成直线 $y = -cx$. 因此该方程的线素场如图 1.4(b). 从线素场可以得到除 x 和 y 轴外, 其他每一条积分曲线都是某双曲线的一支.

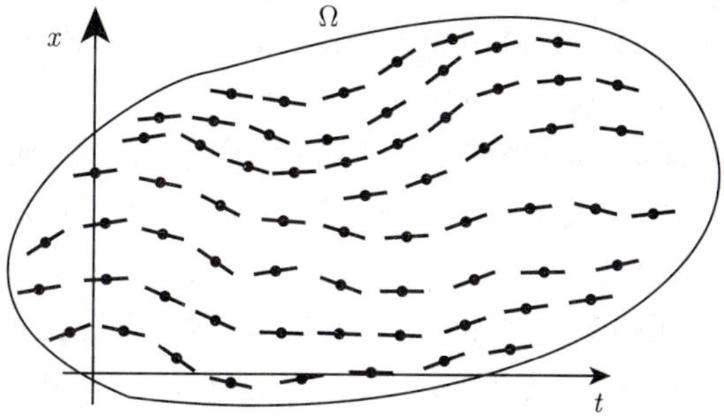

图 1.3 线素场示例

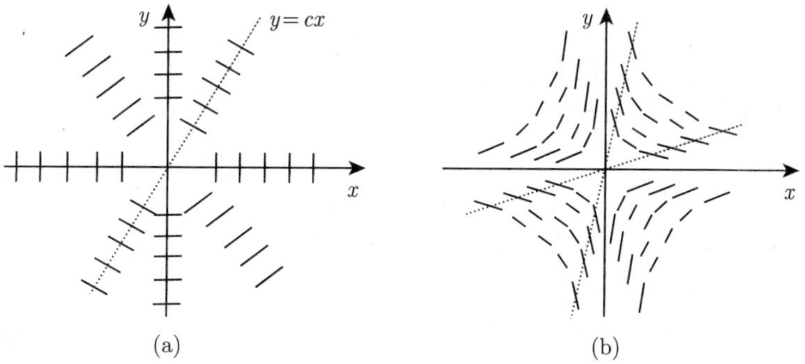

图 1.4 线素场的例子

线素场最直观的例子是条形磁铁周围的磁场：在一个细长的具有正负两极的条形磁铁周围撒上一些短小的铁针, 它们将按照磁场的方向在磁铁周围排列. 所有这些有规则排列的铁针就构成了一个磁场所满足的常微分方程的线素场. 本书不具体建立条形磁铁的磁场满足的方程, 有兴趣的读者可参见文献 [21, p.16, 例 3].

问题 给定 $(t_0, x_0) \in \Omega$, 微分方程 (1.1.4) 满足初始条件 $x(t_0) = x_0$ 的解是否存在? 如果初值问题的解存在, 那么解是否唯一?

注 以后为方便起见, 将微分方程 (1.1.4) 满足初始条件 $x(t_0) = x_0$ 的解也说成微分方程 (1.1.4) 过*初始点* (t_0, x_0) 的解, 或微分方程 (1.1.4) 过*初始点* (t_0, x_0) 的积分曲线.

上述问题的解决在常微分方程发展史上经历了很长的时间. 法国数学家 Augustin Cauchy (1789—1857) 于 19 世纪 20 年代建立了常微分方程初值问题解的存在唯一性定理 (正因为如此, 初值问题又称为 **Cauchy 问题**). 德国数学家 Rudolf Lipschitz (1832—1903) 于 1876 年减弱了 Cauchy 关于初值问题解的存在唯一性定理的条件. 后来法国数学家 Charles Émile Picard (1856—1941) 和芬兰数学家 Ernst Lindelöf (1870—1946) 给出 Lipschitz 结果的新证明, 特别是 Picard 于 1893 年用逐次逼近法证明了 Lipschitz 定理 (后来的大多数教课书都用 Picard 的证明, 因此该定理又称为 **Picard 定理**, 或 **Cauchy–Lipschitz 定理**, 或 **Picard–Lindelöf 定理**). 意大利数学家 Giuseppe Peano (1858—1932) 放宽了 Picard 定理的条件, 证明连续性即可保证解的存在性 (当然仅有连续性无法保证解的唯一性). Peano 的结果后人称为 **Peano 定理**. 关于常微分方程解的存在和唯一性还有很多其他进一步的推广和改进, 有的超出了本书的知识范围, 不在此一一介绍.

下面的定理保证了微分方程 (1.1.4) 初值问题解的存在性和唯一性.

定理 1 (Picard 定理)　*设 $f(t,x)$ 在开区域 $\Omega \subset \mathbb{R}^2$ 上连续, 且关于 x 满足* **局部 Lipschitz 条件**, *即对 $\forall\,(t,x) \in \Omega$, 存在 (t,x) 的邻域 $U_{t,x}$ 及常数 $L_{t,x}$, 使得对 $\forall\,(t^*,x_1),\,(t^*,x_2) \in U_{t,x}$ 都有*

$$|f(t^*,x_1) - f(t^*,x_2)| \leqslant L_{t,x}|x_1 - x_2|,$$

则微分方程 (1.1.4) 过任一点 $(t_0,x_0) \in \Omega$ 都有唯一的解, 记为 $x = \phi(t),\ t \in (\alpha,\beta)$.

附注

- 上述定理给出了微分方程 (1.1.4) 初值问题解的存在和唯一性的充分条件. 如果将局部 Lipschitz 条件换成 $f(t,x)$ 关于 x 在 Ω 中有连续偏导数, 则定理 1 的结论显然成立.
- 当定理 1 的条件不满足时, 仍有其他的条件保证微分方程 (1.1.4) 初值问题解的存在性和唯一性. 本书不在此罗列.
- 定理 1 保证从 Ω 中任一点出发有且仅有一条积分曲线通过. 进一步地,
  - 如果 $x = \psi(t),\ t \in (\mu,\nu)$ 也是微分方程 (1.1.4) 过 (t_0,x_0) 的解, 满足 $(\mu,\nu) \subsetneq (\alpha,\beta)$, 且当 $t \in (\mu,\nu)$ 时 $\psi(t) = \phi(t)$, 称解 $x = \phi(t)$ 是解 $x = \psi(t)$ 的**延拓**.
  - 若对于微分方程 (1.1.4) 过 (t_0,x_0) 的任一解 $x = \psi(t),\ t \in (\mu,\nu)$ 都有 $(\mu,\nu) \subset (\alpha,\beta)$, 称解 $x = \phi(t),\ t \in (\alpha,\beta)$ 是微分方程 (1.1.4) 过 (t_0,x_0) 的**不可延拓的解**; 此时称 (α,β) 是微分方程 (1.1.4) 过 (t_0,x_0) 的解的**最大存在区间**或简称**存在区间**.
- 在 1.1.2 小节的例 (1), (2), (4) 中解的存在区间都是 $(-\infty,\infty)$, 此时积分曲线从定义域方向达到区域 $\Omega \subset \mathbb{R}^2$ 的边界, 因而是不可延拓的解.

例 (5) 中微分方程的定义区域 $\Omega=\mathbb{R}^2$, 而解 $y=(2-x)^{-1}$ 当 $x\to 2^-$ 时趋于无穷, 即从 y 方向趋于区域 Ω 的边界. 因此定义在 $(-\infty,2)$ 上的解 $y=(2-x)^{-1}$ 是满足初始条件 $y(1)=1$ 的不可延拓的解.

例 (6) 中微分方程的定义区域 Ω 也是 $\mathbb{R}^2$, 解的存在区间 $\left(-\dfrac{\pi}{2},\dfrac{\pi}{2}\right)$ 是有限的. 当 $x\to-\dfrac{\pi}{2}^+$ 或 $x\to\dfrac{\pi}{2}^-$ 时, 解都趋于无穷大, 即积分曲线当 $x\to-\dfrac{\pi}{2}^+$ 或 $x\to\dfrac{\pi}{2}^-$ 时从 y 方向趋于区域 Ω 的边界. 因而也是不可延拓的解.

定理 1 不仅保证了解的存在性, 而且保证了解的唯一性. 事实上, $f(t,x)$ 的连续性就可保证解的存在性.

定理 2 (Peano 定理) 如果 $f(t,x)$ 在开区域 $\Omega\subset\mathbb{R}^2$ 上连续, 则微分方程 (1.1.4) 过任一点 $(t_0,x_0)\in\Omega$ 的解都存在, 且解定义在最大存在区间上.

定理 1 和定理 2 的证明将在第 2 章中给出.

1.1.2 小节的例 (4) 说明仅有连续性未必能保证初值问题解的唯一性. 如果 $f(t,x)$ 不满足连续性假设, 初值问题解的存在性也未必能保证. 例如, 初值问题

$$\frac{dy}{dx}=f(x,y),\quad y(0)=0,\quad (x,y)\in(\mathbb{R}^2,\mathbf{0}) \tag{1.1.5}$$

没有解, 其中 $(\mathbb{R}^2,\mathbf{0})$ 表示坐标原点的某邻域, 且

$$f(x,y)=\begin{cases}1, & (x,y)\in(\mathbb{R}^2,\mathbf{0}),\ (x,y)\neq(0,0),\\ 0, & (x,y)=(0,0).\end{cases}$$

事实上, 运用反证法, 如果初值问题 (1.1.5) 有解, 记为 $y=\phi(x)$, $x\in J=[0,\beta)$ (在 0 的左边区间可以类似地讨论). 按照解的定义, $\phi(x)$ 在 J 上连续, 且导数存在. 由于在原点之外, $\dfrac{dy}{dx}=1$, 所以在原点之外 $\phi(x)=x+b$. 又因 $\phi(x)$ 连续, 所以 $0=\phi(0)=\lim\limits_{x\to0}\phi(x)=b$. 故 $\phi(x)=x$. 因而 $\phi'(0)=1$. 这与 $\left.\dfrac{d\phi(x)}{dx}\right|_{x=0}=f(0,\phi(0))=f(0,0)=0$ 矛盾. 这个矛盾说明初值问题 (1.1.5) 没有解.

1.1.4 实际问题模型的推导

1. 自由落体运动

以地面作为坐标原点, 铅直向上的方向为坐标轴 x 的正方向, 见图 1.5(a). 某时刻 t_0 在高度为 x_0 的地方将质量为 m 的物体放下, 如不考虑其他外力, 只在重力作用下物体在 $t\ (>t_0)$ 时刻的位置如何? 假设重力加速度为 g.

考虑到重力的方向和 x 的正方向方向相反, 运用牛顿第二定律得 $m\ddot{x}=-mg$, 即

$$\ddot{x}(t)=-g.$$

这是表述物体自由下落的运动方程.

2. 放射性物质衰变

设有某放射性物质在 t 时刻的数量为 $x(t)$, 且物质衰变的速度与物质的数量成正比, 则有

$$\dot{x}(t) = -kx(t),$$

其中 $k > 0$ 是物质衰变的比例常数. 该例描述放射性物质衰变的规律.

3. 人口模型

人口问题是非常复杂的, 它联系到社会学和生物学等诸多因素. 本例考虑一些理想化的情况.

设人口在某时刻 t 的数量为 $x(t)$, 人口的增长率为 $k(t,x)$, 则人口的变换规律为

$$\dot{x}(t) = k(t,x)x(t).$$

注　人口的增长率为出生率和死亡之差, 它可正可负. 该模型也常被用来研究经济学中国内生产总值 (GDP) 等众多实际问题.

在资源极其丰富的情况下, 人口增长率 k 可以看作正常数. 这是 Malthus 人口理论的基础, 它符合人口发展早期的变化规律. 事实上, 随着人口增长带来地区环境的破坏, 以及人口之间对有限资源的相互竞争, 人口增长率可以取为 $k = a\left(1 - \dfrac{x}{L}\right)$, 其中常数 L 称为环境容量, a 是正常数. 此时描述人口模型的微分方程为

$$\dot{x}(t) = ax(t)\left(1 - \frac{x(t)}{L}\right). \tag{1.1.6}$$

它有通解

$$x(t) = \frac{Lce^{at}}{L + ce^{at}},$$

其中 c 是任意常数, 它由初始时刻人口的数量唯一确定. 该模型较为实际地反映了在人口发展一定阶段的变化规律. 当然对于具体的实际情况, 不同地区人口的增长率 $k(t,x)$ 需要取相应的函数.

微分方程 (1.1.6) 又称为 logistic 微分方程, 它的一般形式为

$$\dot{x}(t) = ax(t)\left(1 - bx(t)\right).$$

4. **数学摆的运动**

数学摆是理想的质量为 m、摆长为 l 的单摆, 其只在重力作用下运动. 规定摆线离开铅直线向右的角度为正, 设 x 为单摆的摆线与铅直线的夹角, 见图 1.5(b). 在数学摆运动的切线方向运用牛顿第二定律得

$$ml\ddot{x} = -mg\sin x,$$

其中 $\ddot{x}$ 是角加速度. 从而

$$\ddot{x} = -\frac{m}{l}\sin x.$$

该方程描述了单摆的运动规律.

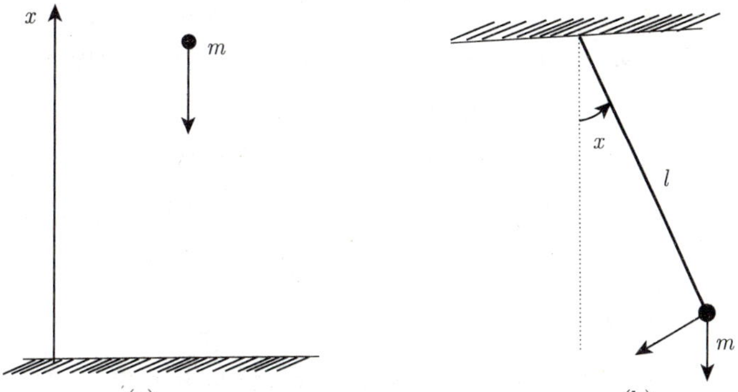

图 1.5 自由落体运动和数学摆运动示意图

5. RLC **回路电流**

考虑由电阻 (R)、电感 (L)、电容 (C) 和电源构成的串联电路, 见图 1.6. 设在 t 时刻电源的电压为 $E(t)$, 电路的电流强度为 $I(t)$, 则该时刻电阻、电感和电容两端的电压分别是

$$U_R(t) = RI(t), \quad U_L(t) = LI'(t), \quad U_C(t) = \frac{1}{C}\int I(s)ds.$$

由电路工作的 Kirchhoff 定律得

$$U_R(t) + U_L(t) + U_C(t) = E(t).$$

对方程两边关于 t 求导数得到关于回路电流满足的二阶微分方程

$$LI''(t) + RI'(t) + \frac{1}{C}I(t) = E'(t).$$

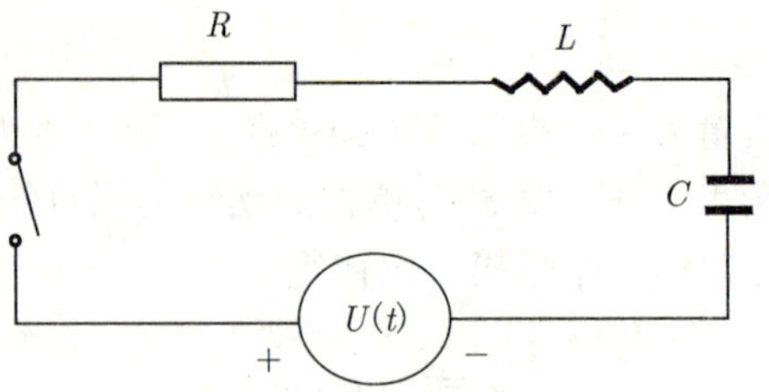

图 1.6　RLC 回路电流

6. 经济学中的 Solow 模型

该模型是 Solow 于 1956 年提出的 (Solow 获得诺贝尔经济学奖主要归功于该模型).

当生产函数采用柯布–道格拉斯 (Cobb-Douglas) 形式, 人均资本 $k(t)$ 的动力学由微分方程

$$\dot{k} = sk^a - \delta k, \quad 0 < s, a, \delta < 1$$

控制, 其中 s, a, δ 是常数. 事实上, 该模型只是下节介绍的 Bernoulli 方程的特殊形式.

7. Lotka–Volterra 捕食与被捕食模型

该模型描述了两个物种 (捕食者与被捕食者) 之间相互影响的生物学模型. 用 x 表示被捕食者的数量, y 表示捕食者的数量, 则刻画两个物种数量变化关系的 Lotka–Volterra 微分方程组为

$$\frac{dx}{dt} = x(a - by), \quad \frac{dy}{dt} = y(-c + dx), \tag{1.1.7}$$

其中 a, b, c, d 是非负常数. 该模型是由美国科学家 Alfred James Lotka (1880—1949) 于 1925 年为描述一类植物物种和一类食草性动物物种之间的关系建立的. 意大利数学家 Vito Volterra (1860—1940) 对亚得里亚海中鲨鱼和其他鱼种的数量关系进行统计分析, 并于 1926 年独立地对上述模型进行了研究, 给出了鱼群数量变化的合理解释.

Lotka–Volterra 模型除了在生态学中广泛地应用于人口动力学分析外, 还在很多其他学科 (如经济学和化学等) 中也有广泛的应用. 它在经济学中的应用可以追溯到美国数学家和经济学家 Richard M. Goodwin (1913—1996) 于 20 世纪 60 年代的工作. Lotka–Volterra 模型还有很多进一步的改进和推广, 不在此进一步阐述.

以上给出了力学、电学和生物学上一些简单的实际模型满足的动力学方程的推导. 下面学过微分方程的求解后, 通过解的具体表示进一步理解和掌握实际问题的运动规律.

本节最后叙述隐函数存在定理, 它将在下面各章节中反复用到.

定理 3 假设 $\Omega \subset \mathbb{R}^{n+m}$ 是开区域, $\boldsymbol{f} = (f_1, \cdots, f_m): \Omega \to \mathbb{R}^m$ 是光滑函数. 对于 $(\boldsymbol{x}_0, \boldsymbol{y}_0) \in \Omega$, 如果

(1) $\boldsymbol{f}(\boldsymbol{x}_0, \boldsymbol{y}_0) = \boldsymbol{0}$;

(2) $\boldsymbol{f}$ 关于 $\boldsymbol{y}$ 的 Jacobi 行列式在 $(\boldsymbol{x}_0, \boldsymbol{y}_0)$ 非零, 即

$$\det\left(\frac{\partial \boldsymbol{f}}{\partial \boldsymbol{y}}(\boldsymbol{x}_0, \boldsymbol{y}_0)\right) = \det\begin{pmatrix} \dfrac{\partial f_1}{\partial y_1} & \cdots & \dfrac{\partial f_1}{\partial y_j} & \cdots & \dfrac{\partial f_1}{\partial y_m} \\ \vdots & \ddots & \vdots & \ddots & \vdots \\ \dfrac{\partial f_i}{\partial y_1} & \cdots & \dfrac{\partial f_i}{\partial y_j} & \cdots & \dfrac{\partial f_i}{\partial y_m} \\ \vdots & \ddots & \vdots & \ddots & \vdots \\ \dfrac{\partial f_m}{\partial y_1} & \cdots & \dfrac{\partial f_m}{\partial y_j} & \cdots & \dfrac{\partial f_m}{\partial y_m} \end{pmatrix}(\boldsymbol{x}_0, \boldsymbol{y}_0) \neq 0,$$

则存在 $\boldsymbol{x}_0$ 的邻域 $U_{\boldsymbol{x}_0} \subset \mathbb{R}^n$ 及其上唯一的光滑函数 $\boldsymbol{y} = \boldsymbol{w}(x)$ 满足

(1) $(\boldsymbol{x}, \boldsymbol{w}(\boldsymbol{x})) \in \Omega$, $\boldsymbol{x} \in U_{\boldsymbol{x}_0}$;

(2) $\boldsymbol{w}(\boldsymbol{x}_0) = \boldsymbol{y}_0$;

(3) $\boldsymbol{f}(\boldsymbol{x}, \boldsymbol{w}(\boldsymbol{x})) \equiv 0$, $\boldsymbol{x} \in U_{\boldsymbol{x}_0}$;

(4) $\dfrac{\partial \boldsymbol{w}}{\partial \boldsymbol{x}}(\boldsymbol{x}) = -\left(\dfrac{\partial \boldsymbol{f}}{\partial \boldsymbol{y}}\right)^{-1}(\boldsymbol{x}, \boldsymbol{w}(\boldsymbol{x}))\dfrac{\partial \boldsymbol{f}}{\partial \boldsymbol{x}}(\boldsymbol{x}, \boldsymbol{w}(\boldsymbol{x}))$, $\boldsymbol{x} \in U_{\boldsymbol{x}_0}$.

定理 3 中的向量值函数 $\boldsymbol{w}(\boldsymbol{x})$ 称为函数方程 $\boldsymbol{f}(\boldsymbol{x}, \boldsymbol{y}) = 0$ 的**隐函数**. 函数 $\boldsymbol{w}(\boldsymbol{x})$ 与 $\boldsymbol{f}(\boldsymbol{x}, \boldsymbol{y})$ 有相同的光滑性, 即当 $\boldsymbol{f}(\boldsymbol{x}, \boldsymbol{y})$ 是 $k \in \mathbb{N} \cup \{\infty\}$ 次连续可微的, 则 $\boldsymbol{w}(\boldsymbol{x})$ 也是 $k \in \mathbb{N} \cup \{\infty\}$ 次连续可微的.

1.2 初等积分法

本节介绍通过初等积分法就可以求解的几类常微分方程的求解方法.

1.2.1 恰当方程

将一阶微分方程

$$\frac{dy}{dx} = f(x, y)$$

中的自变量 x 和因变量 y 看成对等的, 则该方程可以写成对称形式 (利用 $dy = y'dx$, 其中 $'$ 表示关于 x 的导数):

$$f(x, y)dx - dy = 0.$$

本节考虑对称形式的一阶微分方程

$$P(x,y)dx+Q(x,y)dy=0, \tag{1.2.1}$$

其中 $P(x,y)$ 和 $Q(x,y)$ 在开区域 $\Omega\subset\mathbb{R}^2$ 中连续.

微分方程 (1.2.1) 称为**恰当方程或全微分方程**, 如果存在 Ω 上的可微函数 $\Phi(x,y)$ 使得

$$d\Phi(x,y)=P(x,y)dx+Q(x,y)dy,\quad (x,y)\in\Omega,$$

此时称 $\Phi(x,y)=c$ (c 为任意常数) 是微分方程 (1.2.1) 的**通积分**, 或简称 $\Phi(x,y)$ 是微分方程 (1.2.1) 的通积分. 注：微分方程 (1.2.1) 是恰当的等价于存在可微函数 $\Phi(x,y)$ 使得

$$\Phi_x(x,y)=P(x,y),\quad \Phi_y(x,y)=Q(x,y),\quad (x,y)\in\Omega,$$

其中 Φ_x 和 Φ_y 分别表示 Φ 关于 x 和 y 的偏导数. 从后面的例子可见, 函数 Φ 未必定义在整个 Ω 上.

下面的命题表明通积分在求解微分方程中的重要作用.

命题 4 *若 $\Phi(x,y)=c$ (c 为任意常数) 是微分方程 (1.2.1) 在 Ω 内的***通积分***, 则函数方程 $\Phi(x,y)=c$ 的解当且仅当它是微分方程 (1.2.1) 在 Ω 中的解.*

证 必要性. 因为 Φ_x 和 Φ_y 不同时为零 (否则 Φ 是常数), 不妨设 $\Phi_y\neq 0$. 对于 $c\in\mathbb{R}$, 设 $y=u(x)$, $x\in I$ 是根据隐函数存在定理从函数方程 $\Phi(x,y)=c$ 中求出的解, 则有 $\Phi(x,u(x))\equiv c$, $x\in I$. 从而

$$0\equiv\frac{d\Phi(x,u(x))}{dx}=\Phi_x(x,u(x))+\Phi_y(x,u(x))u'(x),$$

即

$$P(x,y)dx+Q(x,y)dy|_{y=u(x)}=\Phi_x(x,u(x))dx+\Phi_y(x,u(x))du\equiv 0,\quad x\in I.$$

这说明从 $\Phi(x,y)=c$ 中求出的函数 $y=u(x)$ 是微分方程 (1.2.1) 的解.

充分性. 设 $y=u(x)$, $x\in I$ 或 $x=v(y)$, $y\in J$ 是微分方程 (1.2.1) 在 Ω 内的解. 不妨考虑前者, 往证 $\Phi(x,u(x))$, $x\in I$ 恒等于一个常数. 事实上, 因 $\Phi(x,y)$ 在 Ω 内可微, 所以

$$\begin{aligned}\frac{d\Phi}{dx}(x,u(x))&=\Phi_x(x,u(x))+\Phi_y(x,u(x))u'(x)\\&=P(x,u(x))+Q(x,u(x))u'(x)\equiv 0,\quad x\in I.\end{aligned}$$

这就证明了沿着微分方程 (1.2.1) 在 Ω 内的任一解 $\Phi(x,y)$ 都取常值. 命题证毕. □

既然通积分在对称形式的一阶微分方程的求解中起着如此重要的作用, 那么问题是

(1) 如何判定微分方程 (1.2.1) 是否是恰当方程?

(2) 如果微分方程 (1.2.1) 是恰当的, 如何求通积分?

定理 5(恰当方程的判定)　设 $P(x,y)$, $Q(x,y)$ 及一阶偏导数 $P_y(x,y)$, $Q_x(x,y)$ 在矩形区域 $R\subset\mathbb{R}^2$ 上连续, 则微分方程 (1.2.1) 是恰当方程当且仅当

$$P_y(x,y)=Q_x(x,y),\quad (x,y)\in R. \tag{1.2.2}$$

证　必要性. 由假设, 存在 R 上的可微函数 $\Phi(x,y)$ 使得

$$\Phi_x(x,y)=P(x,y),\ \Phi_y(x,y)=Q(x,y),\quad (x,y)\in R.$$

故有

$$P_y(x,y)=\Phi_{xy}(x,y),\ Q_x(x,y)=\Phi_{yx}(x,y),\quad (x,y)\in R,$$

其中

$$\Phi_{xy}=\frac{\partial^2\Phi(x,y)}{\partial x\partial y},\quad \Phi_{yx}=\frac{\partial^2\Phi(x,y)}{\partial y\partial x}.$$

由假设 $\Phi_{xy}(x,y)$ 和 $\Phi_{yx}(x,y)$ 在 R 上连续, 所以

$$\Phi_{xy}(x,y)=\Phi_{yx}(x,y),\quad (x,y)\in R.$$

从而

$$P_y(x,y)=Q_x(x,y),\quad (x,y)\in R.$$

充分性. 任取 $(x_0,y_0)\in R$. 令

$$\Phi(x,y):=\int_{x_0}^{x}P(s,y)ds+\int_{y_0}^{y}Q(x_0,t)dt. \tag{1.2.3}$$

因为 x,y 都是独立变量, 从而 $\Phi_x=P(x,y)$. 又因 $P_y(x,y)=Q_x(x,y)$, 所以

$$\Phi_y(x,y)=\int_{x_0}^{x}P_y(s,y)ds+Q(x_0,y)=\int_{x_0}^{x}Q_x(s,y)ds+Q(x_0,y)=Q(x,y).$$

定理证毕.　□

附注

- 在条件 (1.2.2) 下, 单连通区域 R 上的线积分

$$\Phi(x,y)=\int_{(x_0,y_0)}^{(x,y)}Pdx+Qdy$$

的值与积分路径无关. 因此在求 $\Phi(x,y)$ 时, 可以选取使计算尽量简单的初始点 (x_0,y_0) 和从 (x_0,y_0) 到 (x,y) 的易于计算的路径. 比如取先从 (x_0,y_0) 到 (x,y_0), 再从 (x,y_0) 到 (x,y) 的路径得到通积分

$$\Phi(x,y)=\int_{x_0}^{x}P(s,y_0)ds+\int_{y_0}^{y}Q(x,t)dt.$$

注: 从两个不同的初始点积分得到的通积分之间只相差一个常数.

- 定理 5 中的矩形区域 R 可以是任何单连通的凸区域.

例　判定微分方程

$$(ye^x+2e^x+y^2)dx+(e^x+2xy)dy=0$$

是否是恰当方程. 如果是恰当方程, 求其通积分.

解　令

$$P:=ye^x+2e^x+y^2,\quad Q:=e^x+2xy,$$

则有

$$P_y=Q_x=e^x+2y.$$

故原方程为恰当方程.

取 $(0,0)$ 为初始点, 选取路径 $(0,0)\to(x,0)$ 和 $(x,0)\to(x,y)$, 则有通积分

$$\Phi(x,y)=\int_0^x P(s,0)ds+\int_0^y Q(x,t)dt=2e^x+e^xy+xy^2-2.$$

附注　恰当方程有时也可以用分项组合凑全微分的方法求解. 比如

$$\begin{aligned}&\left(e^xy+y^2\cos x\right)dx+\left(e^x+2y\sin x+y\right)dy\\=&\left(e^xydx+e^xdy\right)+\left(y^2\cos xdx+2y\sin xdy\right)+ydy\\=&d(e^xy)+d(y^2\sin x)+d\left(\frac{1}{2}y^2\right).\end{aligned}$$

1.2.2　积分因子法

1. 积分因子

对称形式的微分方程 (1.2.1) 可能不是恰当方程, 但有时乘以某个恒不为零的因子 $\mu(x,y)$ 后成为恰当方程, 即

$$\mu(x,y)P(x,y)dx+\mu(x,y)Q(x,y)dy=0,\quad (x,y)\in\Omega \tag{1.2.4}$$

是恰当方程. 称 $\mu(x,y)$ 是微分方程 (1.2.1) 在 Ω 中的**积分因子**. 注意到, 微分方程 (1.2.1) 和 (1.2.4) 在 Ω 上是同解的 (因 $\mu(x,y)\neq 0$), 故求解微分方程 (1.2.1) 等价于求解微分方程 (1.2.4).

问题 微分方程 (1.2.1) 是否存在积分因子? 如何判定?

命题 6 微分方程 (1.2.1) 在 Ω 上有积分因子当且仅当偏微分方程

$$P\frac{\partial\mu}{\partial y}-Q\frac{\partial\mu}{\partial x}=\left(\frac{\partial Q}{\partial x}-\frac{\partial P}{\partial y}\right)\mu$$

在 Ω 上有恒不为零的解. 特别地,

(1) 微分方程 (1.2.1) 有只含 x 的积分因子的充要条件是

$$\frac{P_y(x,y)-Q_x(x,y)}{Q(x,y)}$$

是 x 的函数, 记为 $G(x)$, 则积分因子为 $\mu(x)=e^{\int G(x)dx}$.

(2) 微分方程 (1.2.1) 有只含 y 的积分因子的充要条件是

$$\frac{P_y(x,y)-Q_x(x,y)}{-P(x,y)}$$

是 y 的函数, 记为 $H(y)$, 则积分因子为 $\mu(y)=e^{\int H(y)dy}$.

证 由积分因子满足的方程 $\partial_y(\mu P)=\partial_x(\mu Q)$ 可以直接推得, 从略. □

例 求解微分方程

$$\frac{dy}{dx}+p(x)y=q(x)y^n,\quad n\geqslant 0, \tag{1.2.5}$$

其中 $p(x)$, $q(x)$ 是某开区间 (α,β) 上的连续函数.

解 首先将微分方程 (1.2.5) 写成对称形式

$$(p(x)y-q(x)y^n)dx+dy=0. \tag{1.2.6}$$

令 $P(x,y):=p(x)y-q(x)y^n$, $Q(x,y):=1$.

如果 $n=0$, 微分方程 (1.2.5) 称为**线性微分方程**, 或简称**线性方程**. 因为

$$(P_y-Q_x)/Q=p(x),$$

微分方程 (1.2.6) 有积分因子 $\mu(x)=e^{\int p(x)dx}$. 又由于

$$e^{\int p(x)dx}(p(x)y-q(x))dx+e^{\int p(x)dx}dy=yde^{\int p(x)dx}+e^{\int p(x)dx}dy-q(x)e^{\int p(x)dx}dx,$$

从而微分方程 (1.2.6) 有通积分

$$\Phi(x,y):=ye^{\int p(x)dx}-\int q(x)e^{\int p(x)dx}dx.$$

故线性微分方程 (1.2.5) 的通解为

$$y = e^{-\int p(x)dx}\left(c + \int q(x)e^{\int p(x)dx}dx\right), \quad \text{其中 } c \text{ 是任意常数},$$

且它包含了微分方程 (1.2.5) 的所有解.

如果 $n = 1$, 微分方程 (1.2.5) 称为**线性齐次微分方程**, 或简称**线性齐次方程**. 因为

$$(P_y - Q_x)/Q = p(x) - q(x),$$

微分方程 (1.2.6) 有积分因子 $\mu(x) = e^{\int(p(x)-q(x))dx}$. 从而通积分为

$$\Phi(x, y) := ye^{\int(p(x)-q(x))dx}.$$

故线性齐次微分方程 (1.2.5) 的通解为

$$y = ce^{-\int(p(x)-q(x))dx}, \quad \text{其中 } c \text{ 是任意常数},$$

且它包含了微分方程 (1.2.5) 的所有解.

如果 $n > 0$ 且 $n \neq 1$, 微分方程 (1.2.5) 称为 **Bernoulli 方程**. 此时不能直接运用命题 6. 易知 $y = 0$ 是微分方程 (1.2.5) 的解. 当 $y \neq 0$ 时, 对称形式的微分方程 (1.2.6) 等价于

$$(p(x)y^{1-n} - q(x))dx + y^{-n}dy = 0. \tag{1.2.7}$$

令

$$P(x, y) := p(x)y^{1-n} - q(x), \quad Q(x, y) := y^{-n},$$

则有

$$(P_y - Q_x)/Q = (1-n)p(x),$$

所以微分方程 (1.2.7) 有积分因子 $\mu(x) = e^{\int(1-n)p(x)dx}$. 对微分方程

$$e^{\int(1-n)p(x)dx}(p(x)y^{1-n} - q(x))dx + y^{-n}e^{\int(1-n)p(x)dx}dy = 0$$

积分得到 (1.2.7) 的通积分

$$\Phi(x, y) = y^{1-n}e^{\int(1-n)p(x)dx} - (1-n)\int q(x)e^{\int(1-n)p(x)dx}dx.$$

所以 Bernoulli 方程有特解 $y = 0$ 和通积分

$$y^{1-n}e^{\int(1-n)p(x)dx} - (1-n)\int q(x)e^{\int(1-n)p(x)dx}dx = c,$$

其中 c 是任意常数. □

附注

- 线性微分方程的通积分可以从 Bernoulli 方程的通积分中令 $n=0$ 得到.
- Bernoulli 方程当 $y\neq 0$ 时可以通过变换 $z=y^{1-n}$ 转化为线性方程

$$\frac{dz}{dx}+(1-n)p(x)z=(1-n)q(x).$$

这提供了求解 Bernoulli 方程的另一种方法.

2. 分项组合求积分因子

给定一个对称形式的一阶微分方程 (1.2.1), 有时不能直接用命题 6 判定积分因子的存在性, 需要分项组合找积分因子. 例如, 微分方程

$$y^3dx+2(x^2-xy^2)dy=0, \tag{1.2.8}$$

很难用已有的办法求解. 但将微分方程 (1.2.8) 分项组合

$$(y^3dx-2xy^2dy)+2x^2dy=0,$$

不难发现 $y^3dx-2xy^2dy=0$ 有积分因子 $\mu_1(y)=y^{-5}$, 以及 $2x^2dy=0$ 有积分因子 $\mu_2(x)=x^{-2}$. 如何利用这两个微分方程的积分因子得到微分方程 (1.2.8) 的积分因子?

命题 7 对于积分因子, 下列结论成立.

(1) 设 $\mu(x,y)$ 是微分方程 (1.2.1) 的积分因子, 且有

$$\mu(x,y)P(x,y)dx+\mu(x,y)Q(x,y)dy=d\Phi(x,y),$$

则对任意的连续可微函数 $g(\cdot)$, $\mu(x,y)g(\Phi(x,y))$ 是微分方程 (1.2.1) 的积分因子.

(2) 将微分方程 (1.2.1) 分组成

$$(P_1(x,y)dx+Q_1(x,y)dy)+(P_2(x,y)dx+Q_2(x,y)dy)=0.$$

若存在 $\mu_1(x,y),\Phi_1(x,y)$, $\mu_2(x,y),\Phi_2(x,y)$ 使得

$$\mu_1(x,y)P_1(x,y)dx+\mu_1(x,y)Q_1(x,y)dy=d\Phi_1(x,y),$$
$$\mu_2(x,y)P_2(x,y)dx+\mu_2(x,y)Q_2(x,y)dy=d\Phi_2(x,y),$$

且可取得适当的 $g_1(\cdot)$, $g_2(\cdot)$ 使得 $\mu_1g_1(\Phi_1)=\mu_2g_2(\Phi_2)$, 则 $\mu(x,y):=\mu_1g_1(\Phi_1)$ 是微分方程 (1.2.1) 的积分因子.

证 容易验证, 从略. □

例 求解微分方程 (1.2.8).

解 显然 $x=0$ 和 $y=0$ 都是微分方程 (1.2.8) 的解.

当 $x \neq 0$, 且 $y \neq 0$ 时, 微分方程 $y^3dx - 2xy^2dy = 0$ 有积分因子和通积分分别为

$$\mu_1(x,y) = y^{-5}, \quad \Phi_1(x,y) = xy^{-2}.$$

微分方程 $2x^2dy = 0$ 有积分因子和通积分分别为

$$\mu_2(x,y) = x^{-2}, \quad \Phi_2(x,y) = y.$$

取 $g_1(z) = z^{-2}$, $g_2(z) = z^{-1}$, 即可得微分方程 (1.2.8) 的积分因子

$$\mu(x,y) = \mu_1 g_1(\Phi_1) = \mu_2 g_2(\Phi_2) = x^{-2}y^{-1}$$

和通积分

$$\Phi(x,y) = 2\ln|y| - x^{-1}y^2.$$

1.2.3　几类可转化为恰当方程的微分方程

1. 变量分离方程

形如

$$P_1(x)P_2(y)dx + Q_1(x)Q_2(y)dy = 0 \tag{1.2.9}$$

的微分方程称为**变量分离方程**. 易知 $Q_1(x)$ 的零点 $x = x_0$ 和 $P_2(y)$ 的零点 $y = y_0$ 都是微分方程 (1.2.9) 的解. 对于 $Q_1(x)P_2(y) \neq 0$, 变量分离方程 (1.2.9) 等价于恰当方程

$$\frac{P_1(x)}{Q_1(x)}dx + \frac{Q_2(y)}{P_2(y)}dy = 0.$$

因而当 $Q_1(x)P_2(y) \neq 0$ 时, 微分方程 (1.2.9) 有通积分

$$\int \frac{P_1(x)}{Q_1(x)}dx + \int \frac{Q_2(y)}{P_2(y)}dy = c,$$

其中 c 是任意常数.

在 1.1.2 小节的例 (4) 中, 初值问题

$$y'(x) = y^{\frac{1}{3}}, \quad y(1) = 0$$

的解不唯一. 下面利用变量分离方程的解法给出这类方程初值问题解存在唯一的充要条件.

例　设 $f(y)$ 在 $|y-a| \leqslant \sigma$ 上连续, 且 $y = a$ 是 $f(y)$ 的唯一零点, 则微分方程

$$y'(x) = f(y), \tag{1.2.10}$$

从 $y=a$ 上每一点出发的解都唯一的充要条件是

$$\left|\int_a^{a\pm\sigma}\frac{dy}{f(y)}\right|=\infty.$$

证 必要性. 设 (x_0,y_0) 是带域 $0<|y-a|<\sigma$ 中的任一点, 不妨设 $y_0>a$. 由 Peano 定理, 微分方程 (1.2.10) 过 (x_0,y_0) 有至少一个解, 设 $y=\phi(x)$ 是过该点的一个解. 因 $y=a$ 是 $f(y)$ 的唯一的零点, 不妨设当 $y\in(a,a+\sigma]$ 时有 $f(y)>0$. 所以随着 x 从 x_0 减小, $\phi(x)$ 减小 (因 $\phi'(x)=f(\phi(x))>0$).

由于过 $y=a$ 上任一点的解唯一, 所以在 x 从 x_0 减小的过程中始终有 $\phi(x)>a$ (否则在 $y=\phi(x)$ 和 $y=a$ 的交点处微分方程 (1.2.10) 的解不唯一). 故解 $\phi(x)$ 的左行解的存在区间为 $(-\infty,x_0]$. 令 $b:=\lim\limits_{x\to-\infty}\phi(x)$, 则有 $b\geqslant a$. 从而

$$\int_b^{y_0}\frac{dy}{f(y)}=\int_{-\infty}^{x_0}dx=\infty.$$

由 $f(y)>0$, $x\in(a,a+\sigma]$, 容易得到

$$\int_a^{a+\sigma}\frac{dy}{f(y)}=\int_a^b+\int_b^{y_0}+\int_{y_0}^{a+\sigma}\frac{dy}{f(y)}=\infty.$$

进一步可得 $\left|\int_a^{a\pm\sigma}\frac{dy}{f(y)}\right|=\infty$.

充分性. 反证. 假设微分方程 (1.2.10) 过某点 (x_0,a) 有另一个解, 记为 $y=\psi(x)$, $x\in J$, 其中 J 是包含 x_0 的开区间. 因 $y=\psi(x)$ 和 $y=a$ 是微分方程 (1.2.10) 的两个不同的解, 所以存在 $x_1\in J$ 使得 $y_1:=\psi(x_1)\in(a-\sigma,a+\sigma)\setminus\{a\}$. 对于 $y_1\in(a-\sigma,a)$ 或 $y_1\in(a,a+\sigma)$, 分别有

$$\left|\int_{a-\sigma}^{y_1}\frac{dy}{f(y)}\right|<\infty,\quad 或\quad \left|\int_{y_1}^{a+\sigma}\frac{dy}{f(y)}\right|<\infty.$$

这样就有

$$\infty=\left|\int_a^{y_1}\frac{dy}{f(y)}\right|=\left|\int_{x_0}^{x_1}dx\right|<\infty.$$

这个矛盾说明微分方程 (1.2.10) 过 $y=a$ 上任一点的解都是唯一的. 证毕. □

2. 齐次微分方程

微分方程

$$\frac{dy}{dx}=R\left(\frac{y}{x}\right),\quad R(z)\ 是连续函数 \tag{1.2.11}$$

和微分方程

$$P(x,y)dx+Q(x,y)dy=0,\quad P,Q\ 是\ m\ 次齐次函数 \tag{1.2.12}$$

都称为**齐次微分方程**或简称为**齐次方程**. 函数 $P(x,y)$ 称为 m 次齐次函数, 如果对于任意的 $s>0$ 都有 $P(sx,sy)=s^m P(x,y)$. 例如,

$$x^3+5x^2y+y^3 \quad 和 \quad x\sqrt{x^2-y^2}-xy\sin\frac{y}{x}$$

分别是 3 次和 2 次齐次函数. 而

$$(x^2+y^2)\frac{dy}{dx}=\frac{xy^2}{\sqrt{x^2+y^2}}\tan\frac{y}{x}$$

是齐次方程.

令 $y=ux$, 齐次方程 (1.2.11) 和 (1.2.12) 分别化为变量分离方程

$$x\frac{du}{dx}=R(u)-u$$

和

$$x^m(P(1,u)+uQ(1,u))dx+x^{m+1}Q(1,u)du=0.$$

利用上述变量分离方程的求解方法可得到微分方程 (1.2.11) 和 (1.2.12) 的解.

例　求解微分方程

$$x\frac{dy}{dx}-y=x\tan\frac{y}{x}. \tag{1.2.13}$$

解　令 $y=xu$, 则微分方程 (1.2.13) 转化为

$$x\frac{du}{dx}=\tan u,$$

其通解为

$$\sin u=cx, \qquad 其中\ c\ 是任意常数$$

所以, 微分方程 (1.2.13) 的通解为

$$y=xu=x\arcsin(cx),$$

其中 c 是任意常数.

3. 分式线性方程式

形如

$$\frac{dy}{dx}=f\left(\frac{ax+by+c}{px+qy+r}\right) \tag{1.2.14}$$

的微分方程称为**分式线性方程式**. 它可以通过适当的变换转化为变量分离方程. 事实上,

(1) 当 $c=r=0$ 时, 微分方程 (1.2.14) 显然是齐次方程.

(2) 当 $\Delta := aq - bp = 0$ 时, 不妨设 $a = \lambda p, b = \lambda q$. 令 $u = px + qy$, 则微分方程 (1.2.14) 可化为变量分离方程

$$\frac{du}{dx} = p + qf\left(\frac{\lambda u + c}{u + r}\right).$$

(3) 当 $\Delta \neq 0$ 时, 设 (ξ, η) 是线性方程组 $ax + by + c = 0, px + qy + r = 0$ 的唯一解. 令 $x = u + \xi, y = w + \eta$, 则微分方程 (1.2.14) 可化为齐次方程

$$\frac{dw}{du} = f\left(\frac{au + bw}{pu + qw}\right).$$

例　求解微分方程

$$\frac{dy}{dx} = \frac{-x^3 + xy^2 + x}{x^2y + y^3 + 3y}. \tag{1.2.15}$$

解　令 $u = x^2, v = y^2$, 微分方程 (1.2.15) 转化为

$$\frac{dv}{du} = \frac{-u + v + 1}{u + v + 3}. \tag{1.2.16}$$

代数方程

$$-u + v + 1 = 0, \quad u + v + 3 = 0$$

有唯一解 $u_0 = -1, v_0 = -2$. 令

$$u = \xi - 1, \quad v = \eta - 2,$$

微分方程 (1.2.16) 转化为

$$\frac{d\eta}{d\xi} = \frac{-\xi + \eta}{\xi + \eta}.$$

令 $\eta = w\xi$. 上述微分方程化为

$$\xi\frac{dw}{d\xi} = -\frac{w^2 + 1}{w + 1}.$$

这是变量分离方程, 求解得

$$\ln[(w^2 + 1)\xi^2] + 2\arctan w = c, \qquad \text{其中 } c \text{ 是任意常数.}$$

代回原变量得到微分方程 (1.2.15) 的通积分

$$\ln\left[(x^2 + 1)^2 + (y^2 + 2)^2\right] + 2\arctan\frac{y^2 + 2}{x^2 + 1} = c,$$

其中 c 是任意常数.

4. Riccati 方程

形如

$$\frac{dy}{dx} = p(x)y^2 + q(x)y + r(x), \quad p(x) \neq 0, r(x) \neq 0 \tag{1.2.17}$$

的微分方程称为 **Riccati 方程**. 一般来说, Riccati 方程不能用初等积分法求解.

命题 8　*若已知 Riccati 方程 (1.2.17) 的一个解, 则它可以用初等积分法求解.*

证　设 $y = \phi(x)$ 是微分方程 (1.2.17) 的一个解. 令 $y = \phi(x) + u$, 则微分方程 (1.2.17) 转化为

$$\frac{du}{dx} = (2p(x)\phi(x) + q(x))u + p(x)u^2,$$

这是 Bernoulli 方程, 因而可以用初等积分求解. 证毕.　□

下面给出一类 Riccati 方程可用初等积分法求解的充要条件.

命题 9　*Riccati 方程*

$$\frac{dy}{dx} = ay^2 + bx^m, \quad a \neq 0, b \neq 0, m \in \mathbb{R}$$

可用初等积分法求解当且仅当

$$m = 0, -2, -\frac{4k}{2k+1}, -\frac{4k}{2k-1}, \quad k \in \mathbb{N}.$$

证　充分性是瑞士数学家和物理学家 Daniel Bernoulli(1700—1782) 于 1725 年证明的, 事实上它可以用初等积分法不难证得. 必要性是法国数学家 Joseph Liouville(1809—1882) 于 1841 年证明的. 详细证明从略.　□

注　Liouville 结论的重要意义在于它揭示了: 能够用初等积分法求解的微分方程是非常少的. 希望通过求解掌握所有微分方程描述的实际问题的动力学往往是不切实际的, 因此需要探求新的方法和理论. 这就推动了微分方程现代理论的诞生, 如 Henry Poincaré 创立的微分方程定性理论等.

5. 特殊变换法

有些方程没有统一的方法去处理, 需要具体问题具体对待. 下面举几个简单的例子.

(1) 微分方程

$$\frac{dy}{dx} = \frac{f(x+y^2)}{y}$$

通过变换 $u = x + y^2$ 可以化成变量分离方程

$$\frac{du}{dx} = 1 + 2f(u).$$

(2) 微分方程

$$\frac{dy}{dx}=\sin(x+y+1)$$

通过变换 $u=x+y+1$ 可以化成变量分离方程

$$\frac{du}{dx}=1+\sin u.$$

(3) 微分方程

$$(x-2\sin y+5)dx+(2x-3\sin y+1)\cos y\,dy=0$$

通过变换 $u=\sin y$ 化成

$$(x-2u+5)dx+(2x-3u+1)du=0.$$

它具有 (1.2.14) 的形式, 因而可求解.

特殊变换法求解微分方程的复杂的例子很多, 技巧性也很高. 不在此一一列举.

1.2.4 一阶隐式微分方程

本节考虑一阶隐式微分方程

$$F\left(x,y,\frac{dy}{dx}\right)=0 \tag{1.2.18}$$

的求解方法. 如果从 (1.2.18) 中可以解出 $\frac{dy}{dx}$, 则得到显式微分方程. 即便如此, 其显式方程的表达式可能较为复杂, 因而对求解造成困难. 本节就隐式微分方程的特点, 给出一些新的求解方法.

1. y 可解出的微分方程

设微分方程 (1.2.18) 可写成

$$y=f(x,p),\quad p=\frac{dy}{dx}, \tag{1.2.19}$$

其中 $f(x,p)$ 连续可微. 将 p 作为新的因变量, 对微分方程 (1.2.19) 两边关于 x 求导, 得到 p 关于 x 的导数的显式微分方程

$$(f_x(x,p)-p)dx+f_p(x,p)dp=0. \tag{1.2.20}$$

(1) 若微分方程 (1.2.20) 有通解 $p=u(x,c)$, 则微分方程 (1.2.19) 有通解 $y=f(x,u(x,c))$, 其中 c 是任意常数. 对特解有类似的结论.

注 不能对 $y'(x)=u(x,c)$ 求积分得到 y, 因为这样得到的 y 不一定是原方程的解. 下面 Clairaut 方程的例子将说明这一点.

(2) 若微分方程 (1.2.20) 有通解 $x=v(p,c)$, 则微分方程 (1.2.19) 有含参数 p 的通解

$$x=v(p,c),$$
$$y=f(v(p,c),p),$$

其中 c 是任意常数. 对特解有类似的结论.

例

(1) 求解 Clairaut 方程

$$y=xp+f(p),\quad p=\frac{dy}{dx},\ f''(p)\neq 0.$$

解 对 Clairaut 方程两边关于 x 求导得

$$(x+f'(p))\frac{dp}{dx}=0.$$

由 $\frac{dp}{dx}=0$ 得到 $p=c$, 从而 Clairaut 方程的通解为

$$y=cx+f(c),$$

其中 c 是任意常数. 注意, Clairaut 方程的通解由一族直线构成.

由 $x+f'(p)=0$ 得到 Clairaut 方程的特解

$$x=-f'(p),\quad y=xp+f(p),$$

其中 p 是参数.

进一步地, 因 $f''(p)\neq 0$, 运用隐函数存在定理从 $x=-f'(p)$ 解出 $p=\omega(x)$, 则 Clairaut 方程的特解可写成

$$y=x\omega(x)+f(\omega(x)). \tag{1.2.21}$$

附注

- Clairaut 方程是法国数学家 Alexis Clairaut (1713—1765) 于 1734 年引入的.
- 过Clairaut方程特解上任一点的切线是通解中的一条直线. 事实上, 设$(x_0,y(x_0))$是特解 (1.2.21) 上的任一点, 则有 $y'(x_0)=\omega(x_0)$. 所以特解过 $(x_0,y(x_0))$ 的切线方程为

$$y-y(x_0)=\omega(x_0)(x-x_0),$$

即

$$y=c_0x+f(c_0),\quad c_0=\omega(x_0).$$

- 特解 (1.2.21) 不能用通解表示, 这是因为 $\omega(x)$ 不是常数. 事实上, 从 $x+f'(\omega(x))\equiv 0$ 得
$$\omega'(x)=-\frac{1}{f''(\omega(x))}\neq 0.$$
- 上述两点说明 Clairaut 方程特解对应的积分曲线上任一点都有通解中的一条积分曲线通过, 且两者在该点相切. 图 1.7(a) 示例了特解和通解的积分曲线之间的关系, 其中曲线是特解, 直线是通解中的积分曲线.

(2) 求解微分方程
$$y=p^2-xp+\frac{1}{2}x^2,\quad p=y'(x).$$

解 对上述方程两边关于 x 求导得
$$(2p-x)\left(1-\frac{dp}{dx}\right)=0.$$
该方程有特解 $p=\frac{1}{2}x$ 和通解 $p=x+c$, 故原微分方程的特解和通解为
$$y=\frac{1}{4}x^2,\quad y=\frac{1}{2}x^2+cx+c^2,$$
其中 c 是任意常数.

显然, 特解和通解中每条积分曲线都是抛物线. 容易验证, 通解中的每条抛物线都与特解有唯一的切点, 且除去切点外通解的积分曲线都位于特解的积分曲线的上方, 见图 1.7(b).

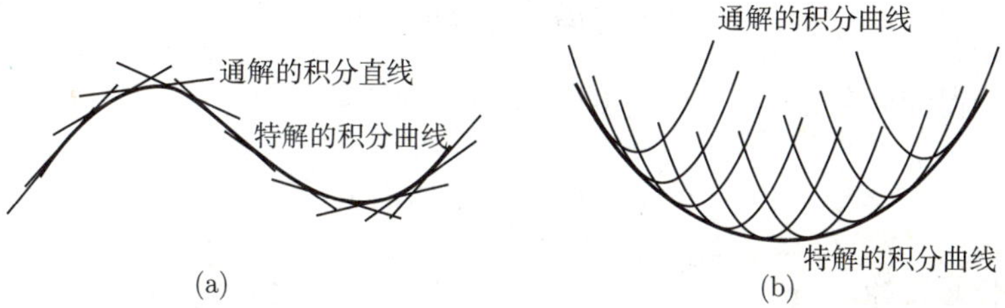

图 1.7 奇解的两个例子中特解和通解的关系示意图

由上述两个例子中的特解所具有的共同性质引入一个重要的概念.

设 $y=\phi(x)$, $x\in J$ 是一阶隐式微分方程 (1.2.18) 的一个解, Γ 是该解对应的积分曲线. 若 $\forall q\in\Gamma$, 微分方程 (1.2.18) 都有另一条积分曲线在 q 点与 Γ 相切, 称 $y=\phi(x)$, $x\in J$ 是微分方程 (1.2.18) 的**奇解**. 在实际应用中, 奇解往往是最重要的解. 关于奇解的存在性和判定问题, 有兴趣的读者可参见文献 [21].

2. 不显含自变量 x 或因变量 y 的方程

(1) 对于不显含自变量 x 的方程

$$F(y,p)=0,\quad p=\frac{dy}{dx}. \tag{1.2.22}$$

因 $F(y,p)=0$ 一般表示 (y,p) 平面的若干条曲线, 设

$$y=g(t),\quad p=h(t),\quad t\in J$$

是 (1.2.22) 的参数化表示, 且 $g(t),h(t)$ 连续可微, $h(t)\neq 0$, 则有

$$dx=\frac{1}{p}dy=\frac{g'(t)}{h(t)}dt.$$

对上式积分得到微分方程 (1.2.22) 的含参数 t 的通解

$$x=\int\frac{g'(t)}{h(t)}dt+c,\quad y=g(t),$$

其中 c 是任意常数.

(2) 对于不显含因变量 y 的微分方程

$$F(x,p)=0,\quad p=\frac{dy}{dx}. \tag{1.2.23}$$

设

$$x=g(t),\quad p=h(t),\quad t\in J$$

是 $F(x,p)=0$ 在 (x,p) 平面的参数化表示, 且 $g(t),h(t)$ 连续可微. 则有

$$dy=pdx=g'(t)h(t)dt.$$

对上式积分得到微分方程 (1.2.23) 的含参数 t 的通解

$$x=g(t),\quad y=\int g'(t)h(t)dt+c,$$

其中 c 是任意常数.

注 解形如 (1.2.22) 和 (1.2.23) 的微分方程的关键是如何参数化这类方程.

例 求解下列微分方程:

(1) $(y')^3-y^2(a-y')=0,\ a\neq 0$;

(2) $e^{y'}-y'=x$.

解 (1) 令 $y'=p$, $y=pt$. 原微分方程可化为

$$p^2(p-t^2(a-p))=0.$$

即 $p=0$ 或 $p=\dfrac{at^2}{1+t^2}$. 由前者得到原微分方程的特解 $y=0$. 由后者得到

$$y=\frac{at^3}{1+t^2}.$$

所以

$$dx=\frac{1}{p}dy=\frac{3+t^2}{1+t^2}dt.$$

积分上式得到原微分方程含参数 t 的通解

$$x=t+2\arctan t+c,\quad y=\frac{at^3}{1+t^2},$$

其中 c 是任意常数.

(2) 令 $y'=p$, 并以 p 作为参数得到 $x=e^p-p$. 故有

$$dy=pdx=p(e^p-1)dp.$$

积分得到原微分方程含参数 p 的通解

$$x=e^p-p,\quad y=pe^p-e^p-\frac{1}{2}p^2+c,$$

其中 c 是任意常数.

1.2.5 高阶微分方程

本小节给出两类高阶微分方程的求解方法.

1. 不显含自变量的 n 阶微分方程

$$F\left(y,\frac{dy}{dx},\cdots,\frac{d^ny}{dx^n}\right)=0 \tag{1.2.24}$$

称为**自治微分方程**. 当 $n=1$ 时, 方程 (1.2.24) 的求解方法已经讲过. 当 $n>1$ 时, 可以通过对方程 (1.2.24) 降阶来求解.

令 $z=y'(x)$, 并将 y 视为新的自变量, 则有

$$\frac{d^2y}{dx^2}=z\frac{dz}{dy},\quad \frac{d^3y}{dx^3}=z\left(\frac{dz}{dy}\right)^2+z^2\frac{d^2z}{dy^2},\quad \cdots.$$

原 n 阶微分方程 (1.2.24) 可化为以 z 为因变量, y 为自变量的 $n-1$ 阶微分方程

$$G\left(y,z,z'(y),\cdots,z^{(n-1)}(y)\right)=0. \tag{1.2.25}$$

如果微分方程 (1.2.25) 有解 $z=\psi(y)$, 则通过求解 $y'(x)=z=\psi(y)$ 得到原微分方程 (1.2.24) 的解.

例

(1) 求解微分方程

$$2yy''=(y')^2+y^2.$$

解　令 $z=y'(x)$, 原微分方程可化为

$$2yz\frac{dz}{dy}=z^2+y^2, \qquad 即 \quad y\frac{dw}{dy}=w+y^2,$$

其中 $w=z^2$. 显然 $y=0$ 是原微分方程的解. 当 $y\neq 0$ 时, 上述微分方程是线性的, 容易得到它的通解

$$w=cy+y^2,$$

其中 c 是任意常数.

由于 $y=-c\neq 0$ 不是原方程的解, 解微分方程

$$y'(x)=z=\pm\sqrt{w}=\pm\sqrt{cy+y^2},$$

得到原微分方程的通解

$$\ln\left|y+\frac{c}{2}+\sqrt{cy+y^2}\right|=\pm x+c_1,$$

其中 c, c_1 是任意常数.

(2) 求解数学摆方程

$$x''(t)=-a^2\sin x, \qquad 其中 \quad a^2=g/l.$$

解　令 $v=x'(t)$, 则从数学摆方程得到

$$v^2=2a^2\cos x-c,$$

其中 c 是适当的常数. 故有

$$x'(t)=\pm\sqrt{2a^2\cos x-c}, \tag{1.2.26}$$

即

$$\int\frac{dx}{\sqrt{2a^2\cos x-c}}=\pm\int dt.$$

但左边是一个椭圆积分, 无法用初等函数表示出来.

当 $|x| \ll 1$ 时, $\sin x \approx x$. 在数学摆方程中用 x 代替 $\sin x$ 得到

$$v^2 = -a^2x^2 + c^2,$$

即

$$x'(t) = \pm\sqrt{c^2 - a^2x^2}.$$

积分得到

$$x = A\sin(at + D),$$

其中 A 是振幅, D 是初始相位. 这是一个周期为 $2\pi/a$ 的简谐振动.

经验表明, 当振幅很小 $(0 < A < \pi/6)$ 时, $x = A\sin(at + D)$ 较准确地描述了钟摆的运动.

当振幅较大时, $x = A\sin(at + D)$ 无法描述钟摆的运动. 需要进一步研究微分方程 (1.2.26). 由于当 $x = A$ 时 $x' = 0$, 所以 $c = 2a^2\cos A$. 故单摆运动的周期为

$$T(A) = 4\int_0^A \frac{dx}{\sqrt{2}a\sqrt{\cos x - \cos A}} = \frac{2\sqrt{2}}{a}\int_0^1 \frac{A\,du}{\sqrt{\cos Au - \cos A}}.$$

进一步可以证明

$$\lim_{A\to 0} T(A) = \frac{2\pi}{a}, \qquad \lim_{A\to\pi} T(A) = \infty.$$

前者正是简谐运动的周期.

2. 缺低阶导数的方程

$$F(x, y^{(k)}(x), y^{(k+1)}(x), \cdots, y^{(n)}(x)) = 0$$

在变换 $z = y^k(x)$ 下转化为 $n - k$ 阶方程

$$F(x, z, z', \cdots, z^{(n-k)}) = 0.$$

如果求出这个 $n - k$ 阶方程的解

$$z = \phi(x, c_1, \cdots, c_{n-k}),$$

通过 k 次积分就可以得到原方程的解.

例 求下列微分方程的解:

(1) $(y'')^2 + x^2 = 1$, (2) $x^2y'' = (y')^2$.

解 (1) 令 $z = y''$, 则有

$$z^2 + x^2 = 1.$$

该代数方程有含参数的解

$$z=\cos t,\quad x=\sin t.$$

由于

$$\frac{dy'}{dt}=y''\frac{dx}{dt}=\cos^2 t,$$

所以

$$y'=\frac{\sin 2t}{4}+\frac{1}{2}t+c_1.$$

进一步地, 利用 $\sin\alpha\cos\beta=\frac{1}{2}(\sin(\alpha+\beta)+\sin(\alpha-\beta))$ 得到

$$\frac{dy}{dt}=y'\frac{dx}{dt}=\frac{1}{8}(\sin 3t+\sin t)+\frac{1}{2}t\cos t+c_1\cos t.$$

所以原微分方程含参数 t 的通解为

$$x=\sin t,\quad y=-\frac{1}{24}\cos 3t-\frac{1}{8}\cos t+\frac{1}{2}t\sin t+\frac{1}{2}\cos t+c_1\sin t+c_2,$$

其中 c_1,c_2 是任意常数.

(2) 令 $z=y'$. 原微分方程转化为

$$x^2z'=z^2. \tag{1.2.27}$$

当 $z=0$ 时, 得到原微分方程的解

$$y=c,\quad \text{其中 } c \text{ 是任意常数.}$$

当 $z\neq 0$ 时, 利用变量分离法, 对微分方程 (1.2.27) 积分得

$$z=\frac{x}{1+cx},\quad \text{其中 } c \text{ 是任意常数.}$$

对微分方程

$$y'=\frac{x}{1+cx}$$

积分得到原微分方程的解

$$y(x)=\begin{cases}\frac{1}{2}x^2+c_1, & c=0,\\ \frac{x}{c}-\frac{1}{c^2}\ln|1+cx|+c_2, & c\neq 0,\end{cases}$$

其中 c_1,c 是任意常数.

综上所述, 原微分方程有特解

$$y(x) = c, \qquad 其中 c 是任意常数,$$
$$y(x) = \frac{1}{2}x^2 + c, \quad 其中 c 是任意常数$$

和通解

$$y(x) = \frac{x}{c} - \frac{1}{c^2}\ln|1+cx| + c_1, \quad 其中 c \neq 0, c_1 是任意常数.$$

高阶微分方程还有很多其他的可求解类型, 本书不一一列举.

1.2.6 Mathematica 求解常微分方程

本节简要介绍如何用 Mathematica 求解常微分方程. Mathematica 的文件类型是 Mathematica Notebook, 文件名是 *.nb. 利用 Mathematica 的关键是要学会用菜单中 Help 下的 Find Selected Functions, 从中找到所需的运算. 按照相应的运算法则输入, 再通过 Shift+Enter 键运行计算. 下面介绍几个简单的例子来说明.

例

(1) 用 Mathematica 求微分方程

$$y' + 5xy = x^3$$

的通解.

解 第一步输入方程

$$\mathrm{DSolve}[y'[x] + 5\,x\,y[x] == x\wedge 3, y[x], x]$$

注意乘积的字母之间要有空格.

第二步按 Shift +Enter 键即可输出结果

$$\left\{\left\{y[x]->\frac{1}{25}(-2+5x^2)+e^{-\frac{5x^2}{2}}C[1]\right\}\right\}$$

注意, 其中的 $C[1]$ 是任意常数. 这就得到原微分方程的通解.

(2) 求微分方程

$$y''(x) + ay'(x) + by(x) = 3$$

的通解.

解 第一步输入方程

$$\mathrm{DSolve}[y''[x] + a\,y'[x] + b\,y[x] == 3, y[x], x]$$

第二步按 Shift +Enter 键即可输出结果

$$\left\{\left\{y[x]->\frac{3}{b}+e^{\frac{1}{2}(-a-\sqrt{a^2-4b})x}C[1]+e^{\frac{1}{2}(-a+\sqrt{a^2-4b})x}C[2]\right\}\right\}$$

注意, 其中的 $C[1]$, $C[2]$ 是两个任意常数. 这就得到原微分方程的通解.

(3) 用 Mathematica 求解初值问题

$$y'(x)=ay(x),\quad y(0)=1.$$

解 输入方程

$$\text{DSolve}[\{y'[x]==a\,y[x],y[0]==1\},y[x],x]$$

运行输出结果

$$\{\{y[x]->e^{ax}\}\}$$

(4) 求解初值问题

$$y'(x)=\cos x\sec(2y),\quad y(\pi/4)=0.$$

解 输入方程

$$\text{DSolve}[\{y'[x]==\text{Cos}[x]\text{Sec}[2\,y[x]],y[\text{Pi}/4]==0\},y[x],x]$$

运行输出结果

$$\left\{\left\{y[x]->\frac{1}{2}\text{ArcSin}\left[2\left(-\frac{1}{\sqrt{2}}+\text{Sin}[x]\right)\right]\right\}\right\}$$

(5) 求解微分方程

$$(y'(x))^2+y^2=1.$$

解 输入方程

$$\text{DSolve}[(y'[x])\hat{}2+(y[x])\hat{}2==1,y[x],x]$$

运行输出结果

$$\left\{\left\{y[x]->1-2\text{Sin}\left[\frac{1}{2}(-x-\text{i}C[1])\right]^2\right\},\left\{y[x]->1-2\text{Sin}\left[\frac{1}{2}(x-\text{i}C[1])\right]^2\right\}\right\}$$

其中 i 是虚数单位. 此时给出两个通解的表达式.

习 题 1

1. 指出下列常微分方程的阶数.

(1.1) $\left(xy\frac{d^2y}{dx^2}\right)^3+\cos y^5=\sec(xy)$. (1.2) $\tan\left(\frac{dy}{dx}\right)+x^2y^2=1$.

2. 验证给定函数是相应常微分方程的解或通解, 或初值问题的解.

(2.1) 函数 $y(x)=\frac{1}{2}(x\sqrt{1-x^2}+\arcsin x)$ 是微分方程

$$\left(\frac{dy}{dx}\right)^2+x^2=1$$

的解;

(2.2) 函数 $x=\phi(t,c_1,c_2,c_3)=c_1e^{-3t}+c_2e^t\cos(2t)+c_3e^t\sin(2t)$, $c_1,c_2,c_3\in\mathbb{R}$ 常数, 是微分方程

$$x'''(t)+x''(t)-x'(t)+15x(t)=0$$

在 $t\in\mathbb{R}$ 上的通解;

(2.3) 函数 $x=\phi(t,c_1,c_2)=c_1e^{-t}+c_2te^{-t}+\frac{e^t}{4}+\frac{1}{2}\sin t$, $c_1,c_2\in\mathbb{R}$ 常数, 是微分方程

$$x''(t)+2x'(t)+x(t)=e^t+\cos t$$

在 $t\in\mathbb{R}$ 上的通解;

(2.4) 函数

$$y(x)=e^{\int_{x_0}^x a(s)ds}\left(y_0+\int_{x_0}^x b(t)e^{-\int_{x_0}^t a(s)ds}dt\right)$$

是初值问题

$$\frac{dy}{dx}=a(x)y+b(x),\quad y(x_0)=y_0$$

在 $x\in(\alpha,\beta)$ 上的解, 其中 $a(x)$, $b(x)$ 在 $(\alpha,\beta)\subset\mathbb{R}$ 上连续, $x_0\in(\alpha,\beta)$, $y_0\in\mathbb{R}$.

3. 设函数 $f(x,y)$ 在开区域 $\Omega\subset\mathbb{R}^2$ 上连续, 且关于 y 满足局部 Lipschitz 条件. 试证对任意的有界闭凸集 $D\subset\Omega$, $f(x,y)$ 在 D 上关于 y 满足 Lipschitz 条件, 即 $\exists L>0$ 使得

$$|f(x,y_1)-f(x,y_2)|\leqslant L|y_1-y_2|,\quad \forall (x,y_1),(x,y_2)\in D.$$

4. 设函数 $f(x,y)$ 在开区域 $\Omega\subset\mathbb{R}^2$ 上关于 y 的偏导数连续. 试证 $f(x,y)$ 在 Ω 上关于 y 满足局部 Lipschitz 条件.

5. 证明初值问题

$$y'(x)=f(x,y),\quad y(0)=0$$

的解不存在, 其中

(5.1)

$$f(x,y)=\begin{cases}-1, & |x|\geqslant 1,\\ (-1)^n, & \frac{1}{n+1}\leqslant |x|<\frac{1}{n},\quad n\in\mathbb{N},\\ 0, & x=0.\end{cases}$$

(5.2)

$$f(x,y)=\begin{cases}-1, & |y-x|\geqslant 1,\\ (-1)^n, & \dfrac{1}{n+1}\leqslant |y-x|<\dfrac{1}{n}, \quad n\in\mathbb{N},\\ 0, & y-x=0.\end{cases}$$

6. 微分方程建模

(6.1) 设质量为 m 的质点连接在两端固定的弹簧的中点. 设弹簧的弹性系数为 $k>0$. 将质点沿着弹簧方向拉离中心, 松开后求质点的运动满足的微分方程.

(6.2) 设探照灯的反光镜是旋转曲面, 为使从点光源发射的光束经探照灯的反光镜反射后成为平行光束射出去, 试求探照灯的反光镜满足的微分方程.

(6.3) 一轮船从长江南岸的 A 点出发向位于正对面的北岸的 B 点航行, 在航行过程中船头始终指向 B 点. 假设河宽为 L, 水流的速度为 v, 船在静水的航行速度为 V $(V>v)$. 试求船运行满足的微分方程.

(6.4) 在一长 50 米、宽 60 米、高 4 米的盛满水的长方体蓄水池的底部有一 3 平方米的孔. 试求孔塞拔掉后水流出的规律满足的微分方程. 注: 流速 v 与高度 h 之间的关系为 $v=0.62\sqrt{2gh}$.

7. 用全微分或积分因子法求解下列方程:

(7.1) $(x^3+xy^2)dx+(x^2y+y^3)dy=0$;

(7.2) $(y\cos x-x\sin x)dx+(y\sin x+x\cos x)dy=0$;

(7.3) $(x^2+y^2-1)dx-2xydy=0$;

(7.4) $2xy\ln ydx+x^2dy=0$;

(7.5) $2xy\ln ydx+(x^2+y^2\sqrt{1+y^2})dy=0$;

(7.6) $2xy^3dx+(x^2y^2-1)dy=0$;

(7.7) $y^2dx+(2x^2-xy)dy=0$.

8. 证明命题 7.

9. 假设函数 $P(x,y)$, $Q(x,y)$, $\mu_1(x,y)$, $\mu_2(x,y)$ 在某平面区域 Ω 上连续可微. 若 μ_1, μ_2 是微分方程

$$P(x,y)dx+Q(x,y)dy=0 \tag{$*$}$$

在 Ω 中的两个积分因子, 且 $\mu_1/\mu_2\not\equiv$常数. 试证 $\mu_1/\mu_2=c$ (c 为任意常数) 是微分方程 $(*)$ 的通积分.

10. 求解下列微分方程:

(10.1) $xy'+1=e^y$;

(10.2) $y'\sin x\sin y-2\cos x\cos^3 y=0$;

(10.3) $\displaystyle\int_1^x\sqrt{1+(y'(s))^2}ds=3x^{\frac{1}{3}}+y(x)$;

(10.4) $y'(x)=e^{\frac{y}{x}}+\dfrac{y}{x}$;

(10.5) $y'+3x^2=\sqrt{x^3+y}$;

(10.6) $y^2dx-2(xy-x^2)dy=0$;

(10.7) $(\sin x - 2y + 3)\cos x dx + (2\sin x - 4y - 3)dy = 0$;

(10.8) $y' = y/(2y\ln y + y - x)$;

(10.9) $y' - y\tan x = \sec x,\ y(0) = 0$;

(10.10) $x^2y' + 2(xy - 3)^2 = 0$.

11. 给出使得初值问题

$$y'(x) = y^k, \quad y(0) = 0, \quad k > 0$$

有唯一解的所有 k, 并对这些 k 求出相应的唯一解.

12. 假设函数 $f(x)$ 在 $\mathbb{R}$ 的某开子集上连续, $f'(0)$ 存在, 且满足函数方程

$$f(x + y) = 2f(x) - f(x)f(y).$$

试证明函数 $f(x)$ 在 $\mathbb{R}$ 上连续可导, 并求函数 $f(x)$.

13. 假设函数 $f(x)$ 在 $\left(-\frac{\pi}{2}, \frac{\pi}{2}\right)$ 上连续, $f'(0)$ 存在, 且满足函数方程

$$f(x + y) = \frac{f(x) + f(y)}{1 - f(x)f(y)}.$$

试求函数 $f(x)$.

14. 试证明命题 9 的充分性.

15. 求习题 6 中建立的微分方程的解.

16. 求解下列一阶隐式微分方程:

(16.1) $y = 2xy' + (y')^2$;

(16.2) $y = xy' + y' - (y')^2$;

(16.3) $(x^2 + 1)(y')^2 = 1$;

(16.4) $(x^2 - 4)(y')^2 + 2xyy' + y^2 = 0$;

(16.5) $x\sqrt{1 + (y')^2} - y' = 0$;

(16.6) $(y')^3 - x^3(1 - y') = 0$;

(16.7) $y(1 + (y')^2) = 4$;

(16.8) $y^2(y' - 1) = (2 - y')^2$.

17. 求解下列高阶微分方程:

(17.1) $yy'' + (y')^2 = 1$;

(17.2) $(y')^2 = 1 + yy''$;

(17.3) $y'' + (y')^2 = 2e^{-y}$;

(17.4) $y' = xy'' + (y'')^2$;

(17.5) $y'' = 2y' + x$;

(17.6) $y'' - e^x(y')^2 = 0$.

第 2 章　一阶微分方程解的存在性和唯一性

常微分方程初值问题解的存在唯一性的证明有多种方法, 大多数教科书采用 Picard 逐次逼近法. 本书将运用较为近代的证明方法, 利用完备距离空间中的压缩映射原理证明微分方程初值问题解的存在唯一性等结论, 为此先介绍这些预备知识.

2.1　预备知识: 距离空间与压缩映射原理

2.1.1　距离空间

在微积分中我们学过极限和函数的连续性等. 无论是讨论极限还是连续性, 都需要有距离. 实数集 $\mathbb{R}$ 中任意两点 x, y 的距离通常定义为

$$\rho(x,y) = |x-y|,$$

其中 $|\cdot|$ 表示 $\mathbb{R}$ 中点的绝对值. 对 $\mathbb{R}^n$ 中任意两点 $x=(x_1,\cdots,x_n), y=(y_1,\cdots,y_n)$,

$$\rho(x,y) = \sqrt{(x_1-y_1)^2+\cdots+(x_n-y_n)^2}$$

定义了 x 与 y 之间的距离. 容易验证, 二元函数 $\rho(\cdot,\cdot)$ 满足下列性质: 对 $\forall x,y,z \in \mathbb{R}^n$ 有

$$\rho(x,y) \geqslant 0,\quad \rho(x,y)=0 \Leftrightarrow x=y;\quad \rho(x,y)=\rho(y,x);\quad \rho(x,y) \leqslant \rho(x,z)+\rho(z,y).$$

运用这些性质可以在抽象的集合上定义距离.

设 X 是任意非空集合. 对 $\forall x, y \in X$, 有一实数 $\rho(x,y)$ 与之对应, 且满足:

(1) 非负性: $\rho(x,y) \geqslant 0$, $\rho(x,y)=0 \Leftrightarrow x=y$;

(2) 对称性: $\rho(x,y)=\rho(y,x)$;

(3) 三角不等式: 对 $\forall x,y,z \in X$ 有 $\rho(x,y) \leqslant \rho(x,z)+\rho(z,y)$,

称 $\rho(x,y)$ 为 x 与 y 之间的**距离**. 称 (X,ρ) 为以 ρ 为距离的**距离空间**. 以后为方便起见, 在距离已知的条件下, 简称 X 是距离空间. 如果 $Y \subset X$, 则 (Y,ρ) 也是一个距离空间, 称之为 X 的**子空间**.

例　令 $C[a,b]$ 表示定义在 $[a,b]$ 上的连续函数全体构成的集合. 对任意的 $x(t)$, $y(t) \in C[a,b]$, 定义

$$\rho(x,y) = \max_{t\in[a,b]} |x(t)-y(t)|, \tag{2.1.1}$$

则 $\rho(x,y)$ 是 $C[a,b]$ 上的距离. 从而 $C[a,b]$ 是以 $\rho(x,y)$ 为距离的距离空间.

证 容易验证 ρ 满足距离定义中的非负性和对称性. 下面证明 ρ 满足三角不等式.

对 $\forall\, x(t), y(t), z(t) \in C[a,b]$ 有

$$\begin{aligned}|x(t)-y(t)| &\leqslant |x(t)-z(t)| + |z(t)-y(t)| \\ &\leqslant \max_{t\in[a,b]} |x(t)-z(t)| + \max_{t\in[a,b]} |z(t)-y(t)| = \rho(x,z)+\rho(z,y).\end{aligned}$$

从而

$$\max_{t\in[a,b]} |x(t)-y(t)| \leqslant \rho(x,z)+\rho(z,y),$$

即

$$\rho(x,y) \leqslant \rho(x,z)+\rho(z,y).$$

这就证明了 ρ 是 $C[a,b]$ 上的距离. 从而 $(C[a,b],\rho)$ 是一个距离空间. □

读者可以验证

$$\rho(x,y) = \begin{cases} 1, & x(t) \not\equiv y(t), \\ 0, & x(t) \equiv y(t), \end{cases}$$

也是 $C[a,b]$ 上的距离. 该例说明一个非空集合上可以定义不同的距离. 类似地, 任意一个非空集合上都可以定义距离使之成为距离空间.

类似于欧氏空间微积分理论中极限的定义, 可以在一般的距离空间中定义极限的概念. 设 (X,ρ) 是任一非空距离空间.

(1) 称点列 $\{x_n\} \subset X$ **收敛**, 如果存在 $z \in X$, 使得对 $\forall \varepsilon > 0$, 存在 $N \in \mathbb{N}$, 当 $n \geqslant N$ 时有

$$\rho(x_n, z) < \varepsilon.$$

此时称点列 $\{x_n\}$ **收敛到** z, 或 z **是** $\{x_n\}$ **的一个极限**. 记为

$$\lim_{n\to\infty} x_n = z, \qquad 或 \qquad x_n \to z (n\to\infty).$$

(2) 称点列 $\{x_n\} \subset X$ 是 **Cauchy 列**, 如果对 $\forall \varepsilon > 0$, $\exists\, N \in \mathbb{N}$ 使得当 $n, m \geqslant N$ 时有

$$\rho(x_n, x_m) < \varepsilon.$$

下面讨论距离空间中极限的性质.

命题 10 设 (X,ρ) 是任一非空距离空间, $\{x_n\} \subset X$ 是一点列.

(a) 如果 $\{x_n\}$ 收敛, 则其极限唯一;

(b) 如果 $\{x_n\}$ 收敛, 则其任意子序列必收敛;

(c) 如果 $\{x_n\}$ 收敛, 则其必为 Cauchy 列.

证　(a) 设 $z, y \in X$ 是 $\{x_n\}$ 的极限, 则对 $\forall \varepsilon > 0, \exists N \in \mathbb{N}$, 使得当 $n > N$ 时有

$$\rho(x_n, z) < \frac{\varepsilon}{2}, \quad \rho(x_n, y) < \frac{\varepsilon}{2}.$$

故对任意的 $n_0 > N$ 有

$$\rho(z, y) \leqslant \rho(z, x_{n_0}) + \rho(x_{n_0}, y) < \varepsilon.$$

由 $\varepsilon > 0$ 的任意性得 $\rho(z, y) = 0$. 这等价于 $z = y$. 故 $\{x_n\}$ 的极限唯一.

(b) 和 (c) 由极限的定义和 (a) 的证明容易得到. 请读者自己完成.

命题证毕.　□

注　众所周知, 欧氏空间中的收敛点列当且仅当是 Cauchy 列. 但在一般的距离空间中, 有例子表明一个 Cauchy 列未必收敛. 见命题 14 后面的附注.

一个距离空间称为是**完备的**, 如果它的任意 Cauchy 列都收敛.

命题 11　设 ρ 是 (2.1.1) 中定义的 $C[a, b]$ 上的距离, 则距离空间 $(C[a, b], \rho)$ 是完备的.

证　设 $\{x_n\} \subset C[a, b]$ 是任一 Cauchy 列, 则对 $\forall \varepsilon > 0, \exists N > 0$, 使得当 $m, n > N$ 时,

$$\rho(x_n, x_m) = \max_{t \in [a, b]} |x_n(t) - x_m(t)| < \frac{\varepsilon}{2}.$$

特别地有

$$|x_n(t) - x_m(t)| < \frac{\varepsilon}{2}, \quad \forall t \in [a, b].$$

由下面的命题 13 知, $\exists x(t)$ 使得 $x_n(t) \rightrightarrows x(t)$. 这里 $\rightrightarrows$ 表示一致收敛. 因 $x_n(t) \in C[a, b]$, 故由下面的命题 14 知, $x(t) \in C[a, b]$. 这就证明了 $C[a, b]$ 中任意 Cauchy 列都收敛到 $C[a, b]$ 中的点. 因而 $(C[a, b], \rho)$ 是完备的距离空间. 证毕.
□

推论 12　设 $K > 0$ 是任一给定的常数. 令 $\mathcal{C} := \{x(t) \in C[a, b]; |x(t)| \leqslant K, t \in [a, b]\}$, ρ 是 (2.1.1) 中定义的 $C[a, b]$ 上的距离, 则 $(\mathcal{C}, \rho)$ 是完备的距离空间.

命题 13　设 $E \subset \mathbb{R}$, $\{f_n(t)\}$ 是定义在 E 上的函数列, 则存在 E 上的函数 $f(t)$ 使得 $f_n(t) \rightrightarrows f(t)\ [E] \Leftrightarrow$ 对 $\forall \varepsilon > 0, \exists N > 0$ 使得当 $n, m > N$ 时有 $|f_m(t) - f_n(t)| < \varepsilon, t \in E$.

证　必要性. 对 $\forall \varepsilon > 0$. 因 $f_n(t) \rightrightarrows f(t)\ [E]$, 故 $\exists N > 0$ 使得当 $n > N$ 时,

$$|f_n(t) - f(t)| < \frac{\varepsilon}{2}, \quad t \in E.$$

故当 $n, m > N$ 时有

$$|f_m(t) - f_n(t)| \leqslant |f_m(t) - f(t)| + |f(t) - f_n(t)| < \varepsilon, \quad t \in E.$$

充分性. 对任意给定的 $t \in E$, 由假设知 $\{f_n(t)\} \subset \mathbb{R}$ 是 Cauchy 数列, 从而收敛. 记其极限为 $f(t)$. 显见 $f(t)$ 是定义在 E 上的函数. 下证 $f_n(t) \rightrightarrows f(t)\ [E]$.

对 $\forall \varepsilon > 0$. 由假设知, $\exists N > 0$, 使得当 $n > N$ 时, 对所有的 $k \in \mathbb{N}$ 有

$$|f_{n+k}(t) - f_n(t)| \leqslant \frac{\varepsilon}{2}, \quad t \in E.$$

在上式中令 $k \to \infty$ 得

$$|f(t) - f_n(t)| \leqslant \frac{\varepsilon}{2} < \varepsilon, \quad t \in E.$$

即 $f_n(t) \rightrightarrows f(t)\ [E]$. 证毕. □

令 $C(E)$ 表示定义在集合 E 上的所有连续函数的全体构成的集合.

命题 14 设 $\{f_n(t)\} \subset C(E)$, 且 $f_n(t) \rightrightarrows f(t)\ [E]$. 则 $f(t) \in C(E)$.

证 对 $\forall t_0 \in E, \forall \varepsilon > 0$. 由于 $f_n(t) \rightrightarrows f(t)\ [E]$, 故 $\exists N > 0$, 使得当 $n > N$ 时,

$$|f_n(t) - f(t)| < \frac{\varepsilon}{3}, \quad t \in E.$$

因 $f_{N+1}(t)$ 在 E 上连续, 故 $\exists \delta > 0$ 使得当 $t \in E$ 且 $|t - t_0| < \delta$ 时,

$$|f_{N+1}(t) - f_{N+1}(t_0)| < \frac{\varepsilon}{3}.$$

从而当 $|t - t_0| < \delta$ 时,

$$|f(t) - f(t_0)| \leqslant |f(t) - f_{N+1}(t)| + |f_{N+1}(t) - f_{N+1}(t_0)| + |f_{N+1}(t_0) - f(t_0)| < \varepsilon.$$

这就证明了 $f(t)$ 在 t_0 连续. 由 $t_0 \in E$ 的任意性知, $f(t) \in C(E)$. 证毕. □

附注

- 在 $C[a,b]$ 上定义

$$\rho^*(x,y) = \int_a^b |x(t) - y(t)| dt, \qquad \forall\, x(t), y(t) \in C[a,b],$$

  则 ρ^* 也是 $C[a,b]$ 上的距离. 但 $C[a,b]$ 在距离 ρ^* 下是不完备的.

- 设 $\Omega \subset \mathbb{R}^n$ 是有界闭区域. 在 $C(\Omega)$ 上定义

$$\rho(y_1, y_2) = \max_{x \in \Omega} |y_1(x) - y_2(x)|, \qquad \forall\, y_1, y_2 \in C(\Omega),$$

  则 $(C(\Omega), \rho)$ 是完备的距离空间.

2.1.2 压缩映射原理

压缩映射原理在现代数学的众多分支中起着重要的作用. 下节将用压缩映射原理证明微分方程解的存在唯一性.

设 (X,ρ) 是距离空间, $T: X \to X$ 是一映射.

(1) 若 $\exists \alpha \in [0,1)$ 使得对 $\forall x, y \in X$ 有

$$\rho(Tx, Ty) \leqslant \alpha\rho(x,y),$$

称 T 是 X 上的**压缩映射**, α 为**压缩常数**.

(2) 若 $\exists x_0 \in X$ 使得 $Tx_0 = x_0$, 称 x_0 是 T 的**不动点**.

将地球表面作为一个距离空间 X, 把一张世界地图展开铺在地球的任何地方, 地球上点与地图上点之间的对应关系就建立了 X 上的一个压缩映射, 其压缩常数由地图的比例尺确定.

命题 15 距离空间上的压缩映射是连续的.

证 作为练习由读者自己完成.

下面的压缩映射原理, 又称为 Banach 不动点定理, 是距离空间理论中的重要工具之一. 它是由 Stefan Banach (1892—1945, 波兰数学家, 现代泛函分析的奠基人) 于 1922 年给出的.

定理 16 (压缩映射原理) 设 X 是完备的距离空间, $T: X \to X$ 是压缩映射. 则存在唯一的 $z \in X$ 使得 $Tz = z$, 即 T 在 X 中有唯一的不动点.

证 设 α 是压缩映射 T 的压缩常数. 首先证明不动点的存在性.

对 $\forall x_0 \in X$, 令

$$x_n := T^n x_0 = T(T^{n-1}x_0),$$

则 $\{x_n\} \subset X$ 是 Cauchy 列. 事实上, 对 $\forall \varepsilon > 0$, 取 $N > 0$ 使得

$$\frac{\alpha^N}{1-\alpha}\rho(x_1, x_0) < \varepsilon.$$

对 $\forall m \in \mathbb{N}$ 有

$$\begin{aligned}\rho(x_{m+1}, x_m) &= \rho(Tx_m, Tx_{m-1}) \leqslant \alpha\rho(x_m, x_{m-1}) = \alpha\rho(Tx_{m-1}, Tx_{m-2}) \\ &\leqslant \alpha^2\rho(x_{m-1}, x_{m-2}) \leqslant \cdots \leqslant \alpha^m\rho(x_1, x_0).\end{aligned}$$

故当 $n, m > N$ (不妨设 $n > m$) 时,

$$\begin{aligned}\rho(x_m, x_n) &\leqslant \rho(x_m, x_{m+1}) + \rho(x_{m+1}, x_{m+2}) + \cdots + \rho(x_{n-1}, x_n) \\ &\leqslant \left(\alpha^m + \alpha^{m+1} + \cdots + \alpha^{n-1}\right)\rho(x_1, x_0) \\ &= \alpha^m \frac{1-\alpha^{n-m}}{1-\alpha}\rho(x_1, x_0) \leqslant \frac{\alpha^m}{1-\alpha}\rho(x_1, x_0) < \varepsilon.\end{aligned}$$

这就证明了 $\{x_n\}$ 是 X 中的 Cauchy 列.

因 X 完备, 故 $\exists z \in X$ 使得 $x_n \to z$. 由 $x_n = Tx_{n-1}$ 和 T 的连续性得 $Tz = z$, 即 z 是 T 的一个不动点.

唯一性. 设 $y \in X$ 是 T 的不动点, 即 $Ty = y$, 则

$$\rho(y,z) = \rho(Ty,Tz) \leqslant \alpha\rho(y,z).$$

因 $\alpha < 1$, 所以 $\rho(y,z) = 0$, 即 $y = z$. 这就证明了不动点的唯一性.

附注 定理的证明提供了求完备距离空间 X 中压缩映射 T 的不动点的近似计算和误差估计的方法. 设 z 是 T 的不动点, 则对 $\forall x_0 \in X$ 有

$$\rho(z, T^m x_0) \leqslant \frac{\alpha^m}{1-\alpha}\rho(Tx_0, x_0).$$

在实际应用中, 有时 T 本身不是压缩映射 (或不易于证明 T 是压缩映射), 但 $\exists n \in \mathbb{N}$ 使得 T^n 是压缩映射. 例如, 对于 $K(t,s) \in C([a,b]^2)$, $f \in C[a,b]$, $\lambda \in \mathbb{R}$, 映射

$$(Tx)(t) = \lambda \int_a^t K(t,s)x(s)ds + f(t), \quad x \in C[a,b]$$

未必是 $C[a,b]$ 上的压缩映射, 但可以证明存在 $n \in \mathbb{N}$ 使得 T^n 是 $C[a,b]$ 上的压缩映射.

为解决上述例子中的问题, 我们有压缩映射原理的如下推广.

推论 17 设 (X,ρ) 是完备距离空间. 对映射 $T: X \to X$, 若存在 $\alpha \in [0,1)$ 及 $n \in \mathbb{N}$ 使得对 $\forall x, y \in X$ 有

$$\rho(T^n x, T^n y) \leqslant \alpha\rho(x,y),$$

则 T 在 X 上存在唯一的不动点.

证 作为练习请读者自己完成.

附注 关于不动点定理还有很多丰富的内容, 读者可以在其他学科中陆续学到, 参见文献 [17, 65, 77].

2.2 解的存在与唯一性: Picard 定理

本节运用压缩映射原理证明微分方程初值问题解的存在唯一性.

定理 18 (Picard 定理) 设 $f(x,y)$ 在 $\mathbb{R}^2$ 的某开区域 Ω 上连续, 且关于 y 满足局部 Lipschitz 条件, 则对 $\forall (x_0,y_0) \in \Omega$, 微分方程初值问题:

$$\frac{dy}{dx} = f(x,y), \quad y(x_0) = y_0 \tag{2.2.1}$$

有唯一的过 (x_0,y_0) 的不可延拓的连续可微的解.

证　易见初值问题 (2.2.1) 等价于积分方程

$$y(x) = y_0 + \int_{x_0}^{x} f(t, y(t))dt. \tag{2.2.2}$$

首先证明积分方程 (2.2.2) 有定义在 x_0 的某邻域上的唯一的解.

取矩形区域

$$R := \{(x, y);\ |x - x_0| \leqslant a, |y - y_0| \leqslant b\} \subset \Omega,$$

其中 $a, b > 0$, 见图 2.1. 令

$$M := \max_{(x,y)\in R} |f(x, y)|,$$

L 是 $f(x, y)$ 在 R 上的 Lipschitz 常数, 即

$$|f(x, y_1) - f(x, y_2)| \leqslant L|y_1 - y_2|, \quad \forall\,(x, y_1), (x, y_2) \in R.$$

取 $\delta \in \left(0, \min\left\{\frac{1}{L}, a, \frac{b}{M}\right\}\right)$. 考虑完备的距离空间 $(\mathcal{C}, \rho)$, 其中

$$\mathcal{C} = \{y(x) \in C[x_0 - \delta, x_0 + \delta];\ |y(x) - y_0| \leqslant b\}.$$

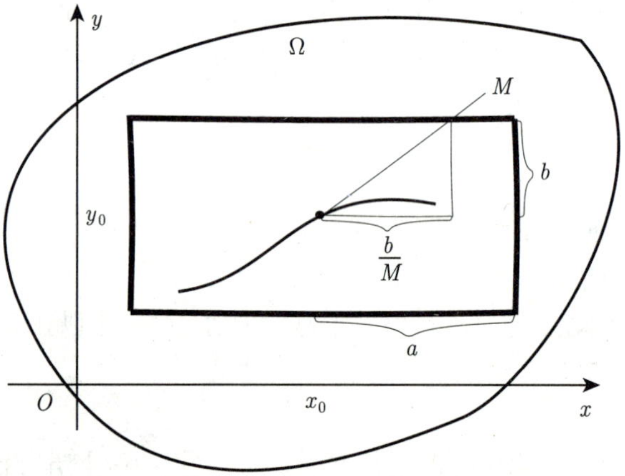

图 2.1　区域 Ω, R 和积分曲线的相对位置关系

定义映射

$$(Ty)(x) = y_0 + \int_{x_0}^{x} f(t, y(t))dt, \quad y(x) \in \mathcal{C},$$

则 T 是 $\mathcal{C}$ 上的压缩映射. 事实上, 对 $\forall\, y(x) \in \mathcal{C}$ 有

$$(x, y(x)) \in R, \qquad x \in [x_0 - \delta, x_0 + \delta],$$

所以由 $y(x)$ 和 $f(x,y)$ 的连续性得 $(Ty)(x)\in\mathcal{C}$. 又对 $\forall y_1(x),y_2(x)\in\mathcal{C}$ 有

$$\begin{aligned}\rho(Ty_1,Ty_2)&=\max_{x\in[x_0-\delta,x_0+\delta]}\left|\int_{x_0}^{x}(f(t,y_1(t))-f(t,y_2(t)))\,dt\right|\\&\leqslant\max_{x\in[x_0-\delta,x_0+\delta]}\left|\int_{x_0}^{x}|f(t,y_1(t))-f(t,y_2(t))|\,dt\right|\\&\leqslant\max_{x\in[x_0-\delta,x_0+\delta]}\left|\int_{x_0}^{x}L\,|y_1(t)-y_2(t)|\,dt\right|\\&\leqslant L\delta\max_{t\in[x_0-\delta,x_0+\delta]}|y_1(t)-y_2(t)|=L\delta\rho(y_1,y_2).\end{aligned}$$

因为 $L\delta<1$, 故 T 是 $\mathcal{C}$ 上的压缩映射.

由推论 12 知, $\mathcal{C}$ 是完备的. 所以由压缩映射原理得, T 在 $\mathcal{C}$ 上存在唯一的不动点, 记为 $\phi_0(x)$. 即

$$\phi_0(x)=T\phi_0(x)=y_0+\int_{x_0}^{x}f(t,\phi_0(t))dt.$$

由上式可知, $\phi_0(x)$ 在 $[x_0-\delta,x_0+\delta]$ 上连续可微. 从而 $\phi_0(x)$ 是初值问题 (2.2.1) 在 $[x_0-\delta,x_0+\delta]$ 上的唯一解.

其次证明上面得到的初值问题 (2.2.1) 的局部解 $\phi_0(x)$ 可以延拓到最大存在区间上.

因为 Ω 是开区域, 所以 $(x_1,\phi_0(x_1))\in\Omega$, 其中 $x_1=x_0+\delta$ 或 $x_1=x_0-\delta$. 应用上述方法同样可证初值问题

$$y'(x)=f(x,y(x)),\qquad y(x_1)=\phi_0(x_1)$$

在某区间 $[x_1-\delta_1,\,x_1+\delta_1]$ 上有唯一的解, 记为 $\phi_1(x)$, 其中 $\delta_1>0$.

由初值问题局部解的唯一性得

$$\phi_0(x)=\phi_1(x),\quad x\in[x_0-\delta,x_0+\delta]\cap[x_1-\delta_1,x_1+\delta_1].$$

令

$$\widetilde{\phi}_1(x):=\begin{cases}\phi_0(x), & x\in[x_0-\delta,x_0+\delta],\\ \phi_1(x), & x\in[x_1-\delta_1,x_1+\delta_1].\end{cases}$$

则 $\widetilde{\phi}_1(x)$ 是初值问题 (2.2.1) 定义在 $[x_0-\delta,x_0+\delta]\cup[x_1-\delta_1,x_1+\delta_1]$ 上的解.

重复上述过程可以得到初值问题 (2.2.1) 存在唯一的解 $y=\phi(x)$, $x\in J$, 其中 J 是最大存在区间.

定理证毕. □

附注

- Picard 定理中的区域 Ω 是如何确定的? 一般来说函数 $f(x,y)$ 都是初等函数, 因而 Ω 就是函数 f 有定义的区域.
- 定义在开区域 Ω 上的微分方程经过其中任一点的解的存在区间都是开区间. 但没有一个一般的定理保证存在区间的大小. 例如, 微分方程

$$y' = \sec^2 x$$

的通解是 $y = \tan x + c$. 它的任一解的存在区间的长度都是 π. 而微分方程

$$y' = \frac{1}{1+x^2}$$

的通解是 $y = \arctan x + c$. 它的任一解的存在区间都是 $\mathbb{R}$.

- 设 $y = \phi(x)$ 是初值问题 (2.2.1) 的解, $J = (\alpha, \beta)$ 是该解的存在区间, 则当 $x \to \beta^-$ 和 $x \to \alpha^+$ 时, $(x, \phi(x))$ 都趋于区域的边界 $\partial\Omega$.

注意: 当 $x \to \beta^-$ 或 $x \to \alpha^+$ 时, $\phi(x)$ 的极限可能不存在. 例如微分方程

$$y' = -\frac{1}{x^2}\cos\frac{1}{x}$$

的定义域为 $\Omega = (\mathbb{R} \setminus \{x=0\}) \times \mathbb{R}$. 它的解

$$y = \sin\frac{1}{x}$$

定义在 $(-\infty, 0)$ 或 $(0, \infty)$ 上. 当 $x \to 0$ 时, 该解的极限不存在. 但积分曲线 $\left(x, \sin\frac{1}{x}\right)$, $x \in (-\infty, 0)$, 当 $x \to 0$ 时趋于区域 Ω 的边界, 即 $x = 0$.

- Picard 定理的经典证明是通过构造 **Picard 序列**:

$$\begin{aligned}
&\phi_0(x) = y_0, && x \in [x_0-\delta, x_0+\delta]\\
&\phi_1(x) = y_0 + \int_{x_0}^{x} f(s, \phi_0(s))ds, && x \in [x_0-\delta, x_0+\delta]\\
&\quad\cdots\cdots\\
&\phi_n(x) = y_0 + \int_{x_0}^{x} f(s, \phi_{n-1}(s))ds, \quad n = 2, 3, \cdots, && x \in [x_0-\delta, x_0+\delta],
\end{aligned}$$

并证明 Picard 序列在 $[x_0-\delta, x_0+\delta]$ 上的一致收敛性来证明初值问题 (2.2.1) 的解的存在性和唯一性. 参见文献 [21, 69, 73, 74].

Picard 序列可用来构造微分方程初值问题的近似解, ϕ_n 称为初值问题 (2.2.1) 的 n 阶近似解.

- 定理 18 给出初值问题的解存在唯一的充分条件. 当然还有很多关于 Picard 定理的推广, 在其他一些更弱的条件下证明了初值问题 (2.2.1) 的解的存在唯一性. 参见文献 [16, 21, 29, 31].

2.3 解的存在性: Peano 定理

2.2 节给出判定常微分方程初值问题解的存在和唯一性的充分条件. 本节将证明连续性即可保证微分方程初值问题解的存在性. 为此先做一些准备.

1. Ascoli–Arzelà 引理

函数列 $\{f_n(x)\}, x \in I \subset \mathbb{R}$ 称为在 I 上

(1) **一致有界**, 如果 $\exists K > 0$ 使得对所有的 $n \in \mathbb{N}, x \in I$ 都有 $|f_n(x)| \leqslant K$;

(2) **等度连续**, 如果 对 $\forall \varepsilon > 0$ 都 $\exists \delta > 0$ 使得对所有的 $n \in \mathbb{N}, x_1, x_2 \in I$, 只要 $|x_1 - x_2| < \delta$ 就有 $|f_n(x_1) - f_n(x_2)| < \varepsilon$.

下面的结果给出函数列存在一致收敛的子列的充分条件.

Ascoli–Arzelà 引理 如果函数列 $\{f_n(x)\}$ 在有界闭集 I 上一致有界、等度连续, 则 $\{f_n(x)\}$ 有子列在 I 上一致收敛.

Ascoli–Arzelà 引理的证明几乎每一本泛函分析的教科书都有 (参见文献 [77]), 但证明都是在抽象空间中给出的. 为读者方便, 本书的附录 A.1 给出 Ascoli–Arzelà 引理一个初等的证明.

附注

- Ascoli–Arzelà 引理中的有界闭集 I 换成有限开区间, 结论仍然成立.
- Ascoli–Arzelà 引理中的有界闭集 I 换成无穷区间, 结论未必成立.

2. 解的存在性: Peano 定理

定理 19 设 $f(x,y)$ 在开区域 $\Omega \subset \mathbb{R}^2$ 上连续, $(x_0, y_0) \in \Omega$, 则初值问题 (2.2.1) 至少有一个定义在最大存在区间上的连续可微的解.

证 从定理 18 的证明, 只需证初值问题 (2.2.1) 在 x_0 的某邻域内存在连续可微的解即可. 取

$$R := \{(x,y);\ |x - x_0| \leqslant a, |y - y_0| \leqslant b\} \subset \Omega,$$

其中 $a, b > 0$. 令

$$M := \max_{(x,y)\in R} |f(x,y)|, \quad \delta = \min\left\{a, \frac{b}{M}\right\}, \quad I = [x_0, x_0 + \delta].$$

如果 $M = 0$, 即 $f(x,y) \equiv 0$, $(x,y) \in R$, 则 $y(x) = y_0$, $x \in (x_0 - a, x_0 + a)$, 是初值问题 (2.2.1) 的唯一解.

以下假设 $M > 0$. 往证初值问题 (2.2.1) 在 I 上解的存在性 (在 $[x_0 - \delta, x_0]$ 上解的存在性类似可证, 从略).

1) 在 I 上构造 Euler 折线序列

对每个 n, 将 I 分成 n 等份, 记分点为 $\{x_0, x_1, \cdots, x_n\}$, 其中 $x_i < x_j$, $0 \leqslant i < j \leqslant n$, $x_n = x_0 + \delta$. 在 I 上构造 Euler 折线如下: 过 (x_0, y_0) 作直线段

$$\psi_1(x) = y_0 + f(x_0, y_0)(x - x_0), \quad x \in [x_0, x_1].$$

令 $y_1 = \psi_1(x_1)$. 过 (x_1, y_1) 作直线段

$$\psi_2(x) = y_1 + f(x_1, y_1)(x - x_1), \quad x \in [x_1, x_2].$$

依此方法, 在每个区间 $[x_i, x_{i+1}]$, $i = 2, \cdots, n-1$ 上构造直线段

$$\psi_{i+1}(x) = y_i + f(x_i, y_i)(x - x_i), \quad x \in [x_i, x_{i+1}], \qquad y_i = \psi_i(x_i).$$

记 γ_n 为这些直线段的并, 称为 I **上的 Euler 折线**(图 2.2).

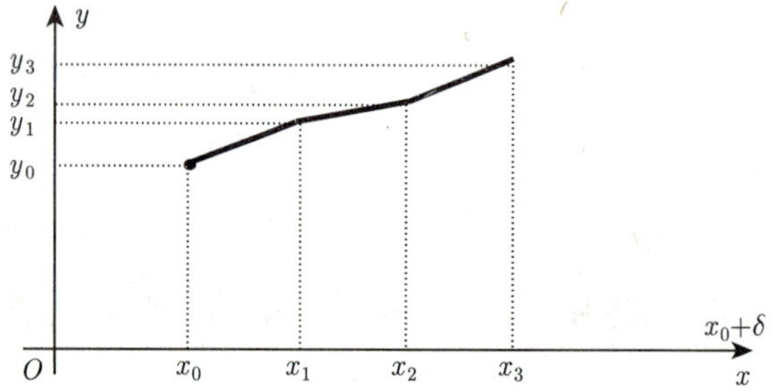

图 2.2 Euler 折线的构造

2) Euler 折线的积分表式

记 $\phi_n(x)$, $x \in I$ 为 Euler 折线的表达式, 则

$$\phi_n(x) = y_0 + \int_{x_0}^{x} f(t, \phi_n(t))dt + \sigma_n(x), \quad x \in I, \tag{2.3.1}$$

其中在 I 上 $\sigma_n(x) \rightrightarrows 0$ $(n \to \infty)$. 事实上, 对 $\forall x \in I$, $\exists s \in \{0, 1, \cdots, n-1\}$ 使得 $x \in (x_s, x_{s+1}]$, 从而

$$\phi_n(x) = y_0 + \sum_{k=0}^{s-1} f(x_k, y_k)(x_{k+1} - x_k) + f(x_s, y_s)(x - x_s).$$

因为

$$f(x_k, y_k)(x_{k+1} - x_k) = \int_{x_k}^{x_{k+1}} f(t, \phi_n(t))dt + \int_{x_k}^{x_{k+1}} (f(x_k, y_k) - f(t, \phi_n(t)))dt,$$

$$f(x_s, y_s)(x - x_s) = \int_{x_s}^{x} f(t, \phi_n(t))dt + \int_{x_s}^{x} (f(x_s, y_s) - f(t, \phi_n(t)))dt,$$

所以

$$\sigma_n(x) = \sum_{k=0}^{s-1} r_n(k) + r_n^*(x),$$

其中

$$r_n(k) = \int_{x_k}^{x_{k+1}} (f(x_k, y_k) - f(t, \phi_n(t)))dt,$$
$$r_n^*(x) = \int_{x_s}^{x} (f(x_s, y_s) - f(t, \phi_n(t)))dt, \quad x \in (x_s, x_{s+1}].$$

下证 $\sigma_n(x) \rightrightarrows 0, x \in I$. 因 f 在 R 上一致连续 (f 是有界闭集 R 上的连续函数), 所以对任意的 $\varepsilon > 0$, 存在 $\sigma > 0$ 使得对 $\forall (x, y)$, $(x^*, y^*) \in R$, 只要 $\|(x, y) - (x^*, y^*)\| < \sigma$ (其中 $\|\cdot\|$ 表示 $\mathbb{R}^2$ 上两点的距离), 就有

$$|f(x, y) - f(x^*, y^*)| < \frac{\varepsilon}{\delta}.$$

直接验证知, 当 $x \in [x_k, x_{k+1}]$ 时有

$$|x - x_k| \leqslant \frac{\delta}{n}, \quad |\phi_n(x) - y_k| = |f(x_k, y_k)(x - x_k)| \leqslant M(x - x_k) \leqslant \frac{M\delta}{n},$$

所以对 $\forall k \in \{0, 1, \cdots, n-1\}$, $\exists N > 0$ 使得当 $n > N$ 时有

$$\|(x_k, y_k) - (x, \phi_n(x))\| < \sigma, \quad x \in [x_k, x_{k+1}].$$

从而有

$$|f(x_k, y_k) - f(x, \phi_n(x))| < \frac{\varepsilon}{\delta}, \quad x \in [x_k, x_{k+1}].$$

故

$$|r_n(k)| < \int_{x_k}^{x_{k+1}} \frac{\varepsilon}{\delta}\, dx = \frac{\varepsilon}{n}, \quad |r_n^*(k)| < \int_{x_s}^{x} \frac{\varepsilon}{\delta}\, dx \leqslant \frac{\varepsilon}{n}, \ x \in (x_s, x_{s+1}].$$

因而有 $|\sigma_n(x)| < \varepsilon, x \in I$, 即 $\sigma_n(x) \rightrightarrows 0$.

3) 函数序列 $\{\phi_n(x)\}$ 在 I 上一致有界且等度连续

根据 Euler 折线的构造有 $\gamma_n \subset R$, 所以 $|\phi_n(x) - y_0| \leqslant b$, 即 $|\phi_n(x)| \leqslant |y_0| + b$. 从而 $\{\phi_n(x)\}$ 在 I 上一致有界.

下证等度连续. 对 $\forall \varepsilon > 0$, 取 $\delta = \dfrac{\varepsilon}{M}$. 对 $\forall s, t \in I, \forall n \in \mathbb{N}$, 因连接点 $(s, \phi_n(s))$ 和 $(t, \phi_n(t))$ 的直线的斜率介于 $-M$ 和 M 之间, 所以只要 $|s - t| < \delta$ 就有

$$|\phi_n(s) - \phi_n(t)| \leqslant M|s - t| < \varepsilon,$$

即 $\{\phi_n(x)\}$ 在 I 上等度连续.

4) 存在性证明

由 Ascoli–Arzelà 引理, 函数列 $\{\phi_n(x)\}$ 在 I 上存在一致收敛的子列, 记为 $\{\phi_{n_k}(x)\}$. 令 $\phi(x)$ 是该子列的一致收敛的极限.

由表达式 (2.3.1) 知, $\phi_{n_k}(x)$ 满足

$$\phi_{n_k}(x) = y_0 + \int_{x_0}^{x} f(t, \phi_{n_k}(t))dt + \sigma_{n_k}(x), \qquad x \in I.$$

对上式令 $k \to \infty$ 得

$$\phi(x) = y_0 + \int_{x_0}^{x} f(t, \phi(t))dt, \qquad x \in I.$$

这就证明了 $y = \phi(x)$ 是初值问题 (2.2.1) 在 I 上的解. 证毕. □

附注

- 对于定理 19 的证明中给定的 δ 和 I, 以及 I 的 $n+1$ 个等分点 $\{x_0, x_1, \cdots, x_n\}$. 构造函数序列 $\{\phi_n(x)\}$ 如下:

$$\phi_n(x) = \begin{cases} y_{n0}(x) := y_0, & x \in [x_0, x_1], \\ y_{n1}(x) := y_0 + \int_{x_0}^{x-\frac{\delta}{n}} f(s, y_{n0}(s))ds, & x \in (x_1, x_2], \\ y_{n2}(x) := y_0 + \int_{x_0}^{x_1} f(s, y_{n0}(s))ds + \int_{x_1}^{x-\frac{\delta}{n}} f(s, y_{n1}(s))ds, & x \in (x_2, x_3], \\ \qquad \vdots & \qquad \vdots \\ y_{n,n-1}(x) := y_0 + \sum_{i=0}^{n-3} \int_{x_i}^{x_{i+1}} f(s, y_{ni}(s))ds & \\ \qquad + \int_{x_{n-2}}^{x-\frac{\delta}{n}} f(s, y_{n,n-2}(s))ds, & x \in (x_{n-1}, x_n]. \end{cases}$$

  该序列称为 **Tonelli 序列**. 利用该序列和 Ascoli–Arzelà 引理也可以证明定理 19.

- Peano 定理也有很多进一步的推广, 参见文献 [25, 28] 及其中的参考文献.

在 Picard 定理和 Peano 定理中都说明解定义在最大存在区间上. 但对于一个具体的方程要确定它的解的存在区间并不容易.

例　证明微分方程

$$y' = (1 - y^2)e^{x^2+y^2}$$

每个解的存在区间都至少是半无穷区间.

解　因为方程的右端函数 $f(x, y) = (1 - y^2)e^{x^2+y^2}$ 在 $\mathbb{R}^2$ 上连续可微, 因此方程从 $\mathbb{R}^2$ 中任一点出发的解都存在唯一.

首先易知 $y=\phi_0(x):=\pm1$ 是方程的解. 显然这两个解的存在区间都是 $\mathbb{R}$. 进一步地有 $\lim\limits_{x\to\pm\infty}\phi_0(x)=\pm1$.

对 $\forall\,(x_0,y_0)\in\mathbb{R}^2\setminus\{y=\pm1\}$, 记 $y=\phi(x)$ 是方程过 (x_0,y_0) 的解, 解的存在区间是 $J=(a,b)$. 由解的唯一性, $\phi(x)$ 与 $\phi_0(x)$ 在 J 上不相交.

下面就 (x_0,y_0) 所在的不同区域分别讨论.

(a) $-1<y_0<1$. 因 $f(x,y)>0$, 所以总有 $\phi'(x)>0,\ x\in J$. 因而 $\phi(x)$ 在 J 上单调增且有界. 令

$$\lim_{x\to b^-}\phi(x)=:\beta\leqslant 1,\qquad \lim_{x\to a^+}\phi(x)=:\alpha\geqslant -1.$$

下证 $a=-\infty,\ b=\infty$. 只对 $b=\infty$ 的情况给以证明. $a=-\infty$ 的情况可以类似地证明, 从略.

反证, 假设 $b<\infty$. 由解的唯一性, $(b,\beta)\notin\{y=1\}$. 因而过 (b,β) 方程有定义在某区间 $[b,b+\sigma)\ (\sigma>0)$ 上的解, 即 $\phi(x)$ 定义在 $(a,b+\sigma)$ 上, 与 J 是存在区间矛盾. 所以 $\phi(x)$ 的存在区间是 $(-\infty,\infty)$.

进一步地可证 $\beta=1,\ \alpha=-1$. 因 $\lim\limits_{x\to\infty}\phi(x)=\beta$, 所以 $\lim\limits_{x\to\infty}\phi'(x)=0$ (这可由 L'Hospital 法则容易证得). 将 $\phi(x)$ 代入原方程并令 $x\to\infty$ 可得 $\beta=1$. 同理可证 $\alpha=-1$.

(b) $y_0>1$. 因 $f(x,y)<0$, 所以总有 $\phi'(x)<0,\ x\in J$. 因而 $\phi(x)$ 在 J 上单调减下有界. 同上可证 $\phi(x)$ 的右存在区间为 $[x_0,\infty)$, 且 $\lim\limits_{x\to\infty}\phi(x)=1$.

(c) $y_0<-1$. 因 $f(x,y)<0$, 所以总有 $\phi'(x)<0,\ x\in J$. 因而 $\phi(x)$ 在 J 上单调减上有界. 同上可证 $\phi(x)$ 的左存在区间为 $(-\infty,x_0]$, 且 $\lim\limits_{x\to-\infty}\phi(x)=-1$.

证毕. □

2.4 解对初值和参数的连续依赖性

给定的微分方程往往含有参数, 那么微分方程的解与其参数之间的关系如何? 解又如何依赖于初始条件? 先看一个简单的例子. 初值问题:

$$\frac{dx}{dt}=ax,\quad x(t_0)=x_0$$

的解为 $x(t)=x_0e^{a(t-t_0)}$. 它不仅是自变量 t 的函数, 而且也是方程的参数 a 和初始条件 (t_0,x_0) 的函数. 因解是方程的参数和初始条件的函数, 以后把解 $x(t)$ 也写成 $x(t;t_0,x_0,a)$.

考虑含参数的微分方程初值问题:

$$\frac{dy}{dx}=f(x,y,\lambda),\quad y(x_0)=y_0, \tag{2.4.1}$$

其中 $\lambda \in K \subset \mathbb{R}^m$ 是 m 维参数. 令 $t = x - x_0$, $u = y - y_0$, 则上述初值问题转化为

$$\frac{du}{dt} = f(t + x_0, u + y_0, \lambda), \quad u(0) = 0,$$

即初值问题 (2.4.1) 的初始条件转化为新系统的参数. 因此不失一般性, 下面只考虑含参数的初值问题:

$$\frac{dy}{dx} = f(x, y, \lambda), \quad y(0) = 0. \tag{2.4.2}$$

定理 20 设 $f(x,y,\lambda)$ 在区域 $\Omega \times \Lambda \subset \mathbb{R}^2 \times \mathbb{R}^m$ 上连续, 且关于 y 满足局部 Lipschitz 条件, 即对 $\forall Z_0 = (x_0, y_0, \lambda_0) \in \Omega \times \Lambda$, 存在 Z_0 在 $\Omega \times \Lambda$ 中的邻域 U_{Z_0} 及常数 L_{Z_0} 使得

$$|f(x, y_1, \lambda) - f(x, y_2, \lambda)| \leqslant L_{Z_0}|y_1 - y_2|, \qquad \forall (x, y_1, \lambda), (x, y_2, \lambda) \in U_{Z_0}.$$

如果 $(0,0) \in \Omega$, 则初值问题 (2.4.2) 有唯一的解, 记为 $y = \phi(x, \lambda)$, 且 $\phi(x,\lambda)$ 关于其变量连续.

证 从定理 18 的证明, 只需证初值问题 (2.4.2) 在 $x = 0$ 的邻域存在唯一解. 由于连续是局部的性质, 只需证初值问题的解在 Λ 的任一点的邻域连续即可.

任取 $\lambda_0 \in \Lambda$, 及以 λ_0 为中心的闭球 $C_0 \subset \Lambda$. 令

$$R := \{(x, y);\ |x| \leqslant a, |y| \leqslant b\} \subset \Omega, \quad M = \max_{(x,y,\lambda) \in R \times C_0} |f(x, y, \lambda)|.$$

由假设知, $f(x,y,\lambda)$ 在 $R \times C_0$ 上有一致的 Lipschitz 常数, 记为 L.

取 $\delta \in \left(0, \min\left\{\frac{1}{L}, a, \frac{b}{M}\right\}\right)$, $I = [-\delta, \delta]$. 令

$$\mathcal{C} := \{y(x, \lambda) \in C(I \times C_0);\ |y(x,\lambda)| \leqslant b\}.$$

在 $\mathcal{C}$ 上定义距离

$$\rho(y_1, y_2) = \max_{(x,\lambda) \in I \times C_0} |y_1(x, \lambda) - y_2(x, \lambda)|, \qquad \forall y_1, y_2 \in \mathcal{C}.$$

则类似于命题 11 的证明可得, $(\mathcal{C}, \rho)$ 是完备的距离空间.

由于初值问题 (2.4.2) 等价于积分方程

$$y(x, \lambda) = \int_0^x f(t, y(t, \lambda), \lambda) dt. \tag{2.4.3}$$

定义映射

$$(Ty)(x, \lambda) = \int_0^x f(t, y(t, \lambda), \lambda) dt, \quad y(x, \lambda) \in \mathcal{C},$$

则类似于定理 18 的证明可证, T 是 $\mathcal{C}$ 上的压缩映射. 从而由压缩映射原理得, T 在 $\mathcal{C}$ 上存在唯一的不动点, 即初值问题 (2.4.2) 有唯一的解 $y=\phi(x,\lambda)$, 且在 $I\times C_0$ 上连续.

类似于定理 18 的证明可得初值问题 (2.4.2) 的解定义在最大存在区间上, 记为 J, 且该解在 $J\times C_0$ 上连续. 定理证毕. □

2.5 一阶线性微分方程解的理论

在 1.2 节中已经给出一阶线性微分方程的求解方法, 本节将利用 2.2 节和 2.4 节的理论进一步讨论一阶线性微分方程解的性质, 并提供求解线性微分方程的另一个非常有用的方法: **常数变易法**. 该方法在以后求解微分方程组时也很有用.

考虑一阶线性微分方程

$$\frac{dy}{dx}+p(x)y=q(x), \tag{2.5.1}$$

其中 $p(x)$, $q(x)$ 在开区间 (α,β) 上连续. 当 $q(x)\equiv 0$ 时, 称 (2.5.1) 为**线性齐次方程**, 即

$$\frac{dy}{dx}+p(x)y=0. \tag{2.5.2}$$

当 $q(x)\not\equiv 0$ 时, 称 (2.5.1) 为**线性非齐次方程**. 线性微分方程在实际生活中大量地用到, 比如 RL 回路电流方程

$$L\frac{dI}{dt}(t)+RI(t)=E(t)$$

就是线性微分方程, 其中 L 是电感, R 是电阻, $I(t)$ 是电路的电流, $E(t)$ 是电源的电压.

从定理 18 及一些简单的计算容易得到如下结论.

命题 21 假设 $p(x), q(x)\in C(\alpha,\beta)$, 则对于线性微分方程 (2.5.1) 和 (2.5.2), 如下结论成立:

(a) 对任意的 $x_0\in(\alpha,\beta)$, $y_0\in\mathbb{R}$, 线性微分方程 (2.5.1) 满足初始条件 $y(x_0)=y_0$ 的初值问题的解存在唯一, 且解关于其自变量 x 连续可微;

(b) 线性齐次微分方程 (2.5.2) 的解或者恒等于零或者恒不等于零;

(c) 线性齐次微分方程 (2.5.2) 的任意两个解的线性组合仍是 (2.5.2) 的解;

(d) 线性齐次微分方程 (2.5.2) 的解与线性非齐次微分方程 (2.5.1) 的解的和是非齐次方程 (2.5.1) 的解;

(e) 线性非齐次微分方程 (2.5.1) 的两个解的差是线性齐次微分方程 (2.5.2) 的解.

证 (a) 令 $F(x,y)=-p(x)y+q(x)$. 微分方程 (2.5.1) 可改写成

$$\frac{dy}{dx}=F(x,y).$$

因为 $F(x,y)$ 在 $\Omega:=(\alpha,\ \beta)\times\mathbb{R}$ 上连续, 且 $F_y(x,y)=-p(x)$ 在 Ω 上连续, 所以由定理 18 及其证明得微分方程 (2.5.1) 满足初始条件 $y(x_0)=y_0$ 的解存在唯一, 且关于其自变量 x 连续可微. 结论 (a) 证毕.

(b) 设 $y=\varphi(x)$ 是线性齐次微分方程 (2.5.2) 的解. 假设存在 $x_0\in(\alpha,\ \beta)$ 使得 $\varphi(x_0)=0$. 因为 $y(x)\equiv 0$ 也是线性齐次微分方程 (2.5.2) 满足 $y(x_0)=0$ 的解, 所以由结论 (a) 得 $\varphi(x)\equiv 0$. 这就证明微分方程 (2.5.2) 的解 $\varphi(x)$ 或者恒等于零, 或者恒不等于零.

(c)、(d) 和 (e) 的结论可以由微分方程 (2.5.2) 和 (2.5.1) 的线性性直接验证得到, 从略.

命题 21 证毕. □

对于含参数的微分方程

$$\frac{dy}{dx}+p(x,\lambda)y=q(x,\lambda), \tag{2.5.3}$$

其中 $\lambda\in\Lambda\subset\mathbb{R}^m$, Λ 是开区域, 利用定理 20 可以得到类似于命题 21 的结论, 以及解关于参数和初值的连续依赖性.

命题 22 *假设 $p(x,\lambda),\ q(x,\lambda)\in C\left((\alpha,\ \beta)\times\Lambda\right)$, $x_0\in(\alpha,\ \beta)$, $y_0\in\mathbb{R}$, 则线性微分方程 (2.5.3) 满足初始条件 $y(x_0)=y_0$ 的初值问题的解 $y=\varphi(x;\lambda,x_0,y_0)$ 存在唯一, 且关于它的变量在定义域上连续.*

下面介绍常数变易法求解线性非齐次微分方程 (2.5.3). 首先利用变量分离法求线性齐次微分方程

$$\frac{dy}{dx}+p(x,\lambda)y=0 \tag{2.5.4}$$

的通解

$$y=c(\lambda)e^{-\int p(x,\lambda)dx},$$

其中 $c(\lambda)$ 是仅依赖于 λ 的任意连续可微函数. 其次将线性齐次微分方程 (2.5.4) 的通解中的 $c(\lambda)$ 换成关于 x 的函数 $c(x,\lambda)$. 将函数

$$y=c(x,\lambda)e^{-\int p(x,\lambda)dx}$$

代入方程 (2.5.3), 并化简得

$$\frac{dc(x,\lambda)}{dx}e^{-\int p(x,\lambda)dx}=q(x,\lambda).$$

所以

$$c(x,\lambda)=\int q(x,\lambda)e^{\int p(x,\lambda)dx}dx+c^*(\lambda),$$

其中 $c^*(\lambda)$ 是任意常数, 或仅依赖于 λ 的任意光滑函数. 故线性非齐次微分方程 (2.5.3) 的通解为

$$y(x;\lambda,c)=e^{-\int p(x,\lambda)dx}\left(c+\int q(x,\lambda)e^{\int p(x,\lambda)dx}dx\right),$$

且它包含了微分方程 (2.5.3) 的所有解, 其中 c 是任意常数, 它可由初始条件唯一确定.

附注

- 线性微分方程 (2.5.3) 的通解也可用定积分来表示

$$\begin{aligned}y=\varphi(x;\lambda,x_0,c)&=e^{-\int_{x_0}^{x}p(s,\lambda)ds}\left(c+\int_{x_0}^{x}q(t,\lambda)e^{\int_{x_0}^{t}p(s,\lambda)ds}dt\right)\\&=ce^{-\int_{x_0}^{x}p(s,\lambda)ds}+\int_{x_0}^{x}q(t,\lambda)e^{\int_{x}^{t}p(s,\lambda)ds}dt,\end{aligned}$$

  其中 $x_0\in(\alpha,\beta)$ 是任意取定的点, c 是任意常数. 注意到, $ce^{-\int_{x_0}^{x}p(s,\lambda)ds}$ 是齐次微分方程 (2.5.2) 的通解, $\int_{x_0}^{x}q(t,\lambda)e^{\int_{x}^{t}p(s,\lambda)ds}dt$ 是非齐次微分方程 (2.5.3) 的一个解. 这说明线性非齐次微分方程 (2.5.3) 的通解是由线性齐次微分方程 (2.5.2) 的通解与线性非齐次微分方程 (2.5.3) 的一个解的和构成的.

- 对于 $x_0\in(\alpha,\beta)$, 线性非齐次微分方程 (2.5.3) 满足初始条件 $y(x_0)=y_0\in\mathbb{R}$ 的解为

$$\begin{aligned}&y=\varphi(x;\lambda,x_0,y_0)\\&=e^{-\int_{x_0}^{x}p(s,\lambda)ds}\left(y_0+\int_{x_0}^{x}q(t,\lambda)e^{\int_{x_0}^{t}p(s,\lambda)ds}dt\right),\quad x\in(\alpha,\beta),\end{aligned}\tag{2.5.5}$$

  其中 $(\lambda,x_0,y_0)\in\Lambda\times(\alpha,\beta)\times\mathbb{R}$.

  根据线性非齐次微分方程 (2.5.3) 的初值问题解的表达式 (2.5.5), 可以将命题 22 的结论加强.

命题 23 假设 $p(x,\lambda), q(x,\lambda)\in C((\alpha,\beta)\times\Lambda)$, $x_0\in(\alpha,\beta)$, $y_0\in\mathbb{R}$, 则线性非齐次微分方程 (2.5.3) 满足初始条件 $y(x_0)=y_0$ 的初值问题的解 $y=\varphi(x;\lambda,x_0,y_0)$ 在 (α,β) 上存在唯一, 且关于 λ 在 Λ 上连续, 关于 (x,x_0,y_0) 在 $(\alpha,\beta)^2\times\mathbb{R}$ 上连续可微.

注　对于含参数的一阶线性微分方程 (2.5.3) 的初值问题, 通过求解得到关于解的存在区间、解关于其自变量和初值的连续可微性等较一般的一阶微分方程的相关理论 (即定理 20) 更强的结果.

例

(1) 求线性微分方程 $xy' + (1-x)y = e^{2x}$ $(0 < x < \infty)$ 满足 $\lim\limits_{x\to 0^+} y(x) = 1$ 的解.

解　原方程可以写成

$$y' = \frac{x-1}{x}y + \frac{1}{x}e^{2x}.$$

它有通解

$$y = x^{-1}e^x(c+e^x),\quad \text{其中 } c \text{ 是任意常数}.$$

因为

$$\lim_{x\to 0^+} e^x(c+e^x) = c+1,$$

要使得当 $x \to 0^+$ 时, $y(x)$ 的极限存在, 必须有 $c = -1$. 又

$$\lim_{x\to 0^+} \frac{e^x(e^x-1)}{x} = 1.$$

所以原方程满足给定条件的解为

$$y(x) = x^{-1}e^x(e^x-1).$$

(2) 设 $a > 0$, $f(x)$ 是以 2π 为周期的连续周期函数, 求微分方程

$$\frac{dy}{dx} + ay = f(x) \tag{2.5.6}$$

的 2π 周期解.

解　微分方程 (2.5.6) 的通解为

$$y(x) = ce^{-ax} + \int_0^x f(s)e^{a(s-x)}ds. \tag{2.5.7}$$

首先证明 $y(x)$ 是 2π 周期解 $\Leftrightarrow y(2\pi) = y(0)$. 必要性是显然的. 下证充分性. 令 $z(x) = y(x+2\pi)$. 则

$$\frac{dz}{dx}(x) = \frac{dy}{dx}(x+2\pi) = -ay(x+2\pi) + f(x+2\pi) = -az(x) + f(x).$$

这就证明了 $z(x)$ 也是微分方程 (2.5.6) 的解. 又 $z(0) = y(2\pi) = y(0)$, 由线性方程初值问题解的唯一性得 $y(x+2\pi) = z(x) = y(x)$.

由通解的表达式, 从 $y(2\pi)=y(0)$ 解得

$$c=\frac{1}{e^{2a\pi}-1}\int_0^{2\pi}f(s)e^{as}ds.$$

故微分方程 (2.5.6) 有唯一的周期解

$$\begin{aligned}y(x)&=\frac{1}{e^{2a\pi}-1}\left(\int_0^{2\pi}f(s)e^{a(s-x)}ds+\int_0^{x}f(s)e^{a(2\pi+s-x)}ds-\int_0^{x}f(s)e^{a(s-x)}ds\right)\\&=\frac{1}{e^{2a\pi}-1}\int_x^{x+2\pi}f(s)e^{a(s-x)}ds.\end{aligned}$$

(3) 设 $f(x)$ 在 $[0,\infty)$ 上连续, 且 $\lim\limits_{x\to\infty}f(x)=b\in\mathbb{R}$. 求证

(a) 当 $a>0$ 时, 微分方程 (2.5.6) 的所有解当 $x\to\infty$ 时的极限都是 $\dfrac{b}{a}$.

(b) 当 $a<0$ 时, 微分方程 (2.5.6) 只有一个解当 $x\to\infty$ 时的极限是 $\dfrac{b}{a}$.

证 (a) 由微分方程 (2.5.6) 的通解的表达式 (2.5.7) 知, 微分方程 (2.5.6) 的任一解 $y(x)$ 在 $[0,\infty)$ 上连续可微. 所以有

$$\lim_{x\to\infty}y(x)=\lim_{x\to\infty}\frac{e^{ax}y(x)}{e^{ax}}=\lim_{x\to\infty}\frac{y'(x)+ay(x)}{a}=\lim_{x\to\infty}\frac{f(x)}{a}=\frac{b}{a},$$

其中第二个等式用了 L'Hospital 法则, 第三个等式用到 $y(x)$ 是微分方程 (2.5.6) 的解.

(b) 当 $a<0$ 时, 由假设可证积分 $\int_0^{\infty}f(s)e^{as}ds$ 收敛. 在通解 (2.5.7) 中, 将任意常数 c 分成两部分

$$c=c_0-\int_0^{\infty}f(s)e^{as}ds,$$

则通解可以写成

$$y(x)=e^{-ax}\left(c_0+\int_{\infty}^{x}f(s)e^{as}ds\right).$$

所以由 L'Hospital 法则可得

$$\lim_{x\to\infty}y(x)=\lim_{x\to\infty}\frac{c_0+\int_{\infty}^{x}f(s)e^{as}ds}{e^{ax}}=\begin{cases}\dfrac{b}{a}, & c_0=0,\\ \infty\,(-\infty), & c_0\neq 0.\end{cases}$$

所以当 $a<0$ 时, 微分方程 (2.5.6) 只有解 $y(x)=\int_{\infty}^{x}f(s)e^{a(s-x)}ds$ 当 $x\to\infty$ 时的极限是 $\dfrac{b}{a}$.

习　题　2

1. 证明命题 10 的性质 (b) 和 (c).

2. 设 $b > 0$, a, α, β ($\alpha < \beta$) 是任意给定的常数. 令

$$\mathcal{C} := \{y(x) \in C[\alpha,\, \beta];\ |y(x) - a| \leqslant b\},$$

ρ 是 $\mathcal{C}$ 上的距离, 即

$$\rho(x, y) = \max_{t \in [\alpha, \beta]} |x(t) - y(t)|, \qquad \forall\, x(t), y(t) \in \mathcal{C},$$

则 $(\mathcal{C}, \rho)$ 是完备的距离空间.

3. 证明推论 12.

4. 设 $\Omega \subset \mathbb{R}^n$ 是有界闭区域, $b > 0$. 令

$$\mathcal{C} := \{y(x) \in C(\Omega);\ |y(x)| \leqslant b\}.$$

在 $\mathcal{C}$ 上定义

$$\rho(y_1, y_2) = \max_{x \in \Omega} |y_1(x) - y_2(x)|, \qquad \forall\, y_1, y_2 \in \mathcal{C},$$

则 $(\mathcal{C}, \rho)$ 是完备的距离空间.

5. 证明命题 15.

6. 证明推论 17.

7. 证明定理 18 的第 3 个附注.

8. 利用定理 18 的第 4 个附注中的 Picard 序列证明定理 18.

9. 利用压缩映射原理和定理 18 的证明通过取适当的初始函数构造初值问题

$$y'(x) = y^2 + x^2, \quad y(0) = 1,$$

的 3 阶近似解 (利用压缩映射原理中的迭代方法, 即 Picard 序列中的 ϕ_3 构造近似解).

10. 证明 2.3 节 Ascoli–Arzelà 引理的附注.

11. 利用 Ascoli–Arzelà 引理和定理 19 的附注中的 **Tonelli 序列**证明定理 19.

12. 假设函数 $f(x, y)$, $F(x, y)$ 在区域 $\Omega \subset \mathbb{R}^2$ 上连续, 且

$$f(x, y) < F(x, y), \quad (x, y) \in \Omega.$$

若 $\phi(x)$, $\Phi(x)$ 分别是方程

$$y' = f(x, y), \quad y' = F(x, y),$$

过同一点 $(x_0, y_0) \in \Omega$ 的解, 则在它们共同的存在区间上有

$$\phi(x) < \Phi(x), \quad x > x_0; \quad \phi(x) > \Phi(x), \quad x < x_0.$$

13. 设 $\delta \in \mathbb{Q}$, 讨论初值问题

$$\frac{dy}{dx} = \begin{cases} 0, & y = 0, \\ y \ln^{\delta} |y|, & y \neq 0, \end{cases} \qquad y(0) = 0,$$

当 $\delta > 0$ 为何值时有唯一的解.

14. 讨论下列微分方程所有解的存在区间:

(14.1) $y' = y^2$;

(14.2) $y' = x^2 + y^2$;

(14.3) $y' = 1/(x^2 + y^2)$.

15. 假设函数 $p(x), q(x)$ 在 $\mathbb{R}$ 上连续, $y_1(x), y_2(x)$ 是线性微分方程

$$y' + p(x)y = q(x)$$

在 $\mathbb{R}$ 上的两个不同的解. 试证对于该方程在 $\mathbb{R}$ 上的任一解 $y(x)$ 都有

$$\frac{y(x) - y_1(x)}{y_2(x) - y_1(x)} = c, \quad x \in \mathbb{R},$$

其中 c 是一常数.

16. 假设函数 $q(x)$ 在 $\mathbb{R}$ 上连续, 且 $\lim\limits_{x \to 0} q(x) = b$, $a \in \mathbb{R}$ 是常数. 试证线性微分方程

$$xy' + ay = q(x),$$

(a) 当 $a > 0$ 时, 只有一个解当 $x \to 0$ 时的极限存在;

(b) 当 $a < 0$ 时, 所有的解当 $x \to 0$ 时的极限都存在, 且极限值相同.

17. 假设函数 $q(x)$ 在 $\mathbb{R}$ 上连续, 且有界. 试证线性微分方程

$$y' + y = q(x),$$

(a) 在 $\mathbb{R}$ 上只有一个有界解, 并求出该解;

(b) 如果 $q(x)$ 以 ω 为周期, 则该有界解也以 ω 为周期.

18. 已知可微函数 $f(x)$ 满足

$$\int_0^x \frac{f(t)}{f^2(t) + t} dt = f(x) - 1.$$

试求函数 $f(x)$.

19. 证明方程

$$xy' - (2x^2 + 1)y = x^2$$

只有一个解当 $x \to \infty$ 时有有限的极限, 并求这个解及其极限.

第 3 章　高阶微分方程和微分方程组的解的理论

第 2 章讨论了一阶常微分方程解的存在和唯一性, 以及解关于初值和参数的连续依赖性. 本章转向高阶微分方程和微分方程组.

3.1　高阶微分方程和微分方程组: 解的存在唯一性和可微性

考虑含参数的 n 阶微分方程初值问题

$$y^{(n)}(x) = f\left(x, y, y', \cdots, y^{(n-1)}(x), \lambda\right), \tag{3.1.1}$$

$$y(x_0) = y_0,\ \ y'(x_0) = y_1,\ \ \cdots,\ \ y^{(n-1)}(x_0) = y_{n-1}, \tag{3.1.2}$$

其中 λ 是 m 维参数, $x_0, y_0, y_1, \cdots, y_{n-1}$ 是实常数. 作变换

$$z_1 = y(x),\ \ z_2 = y'(x),\ \ \cdots,\ \ z_n = y^{(n-1)}(x).$$

令

$$\boldsymbol{z} := \begin{pmatrix} z_1 \\ z_2 \\ \vdots \\ z_{n-1} \\ z_n \end{pmatrix},\quad \boldsymbol{z}_0 := \begin{pmatrix} y_0 \\ y_1 \\ \vdots \\ y_{n-2} \\ y_{n-1} \end{pmatrix},\quad \boldsymbol{f} := \begin{pmatrix} z_2 \\ z_3 \\ \vdots \\ z_n \\ f(x, \boldsymbol{z}, \lambda) \end{pmatrix},$$

则 n 阶微分方程初值问题 (3.1.1) 转化成由 n 个一阶微分方程构成的一阶微分方程组初值问题

$$\boldsymbol{z}'(x) = \boldsymbol{f}(x, \boldsymbol{z}, \lambda), \tag{3.1.3}$$

$$\boldsymbol{z}(x_0) = \boldsymbol{z}_0. \tag{3.1.4}$$

注　本书后面为叙述方便起见, 将 n 个一阶微分方程构成的一阶微分方程组简称为 n 维微分方程组.

从高阶微分方程 (3.1.1) 和微分方程组 (3.1.3) 之间的关系, 容易得到如下结论.

命题 24　对于 n 阶微分方程 (3.1.1) 和 n 维微分方程组 (3.1.3) 的解, 下列结论成立:

(a) $y=\phi(x)$ 是 n 阶微分方程 (3.1.1) 满足初始条件 (3.1.2) 的定义在某区间 J 上的解当且仅当

$$\boldsymbol{z}(x)=(\phi(x),\phi'(x),\cdots,\phi^{(n-1)}(x))^{\mathrm{T}}$$

是 n 维微分方程组 (3.1.3) 满足初始条件 (3.1.4) 的定义在 J 上的解, 其中 T 表示矩阵的转置.

(b) $y_1=\phi_1(x),\cdots,y_n=\phi_n(x)$ 是 n 阶微分方程 (3.1.1) 在某区间 J 上的线性无关解当且仅当 $\boldsymbol{z}_1(x)=(\phi_1(x),\phi_1'(x),\cdots,\phi_1^{(n-1)}(x))^{\mathrm{T}},\cdots,\boldsymbol{z}_n(x)=(\phi_n(x),\phi_n'(x),\cdots,\phi_n^{(n-1)}(x))^{\mathrm{T}}$ 是 n 维微分方程组 (3.1.3) 在 J 上的线性无关解.

注 n 个函数 $\varphi_1(x),\cdots,\varphi_n(x)$ 在 J 上线性相关, 如果存在不全为零的常数 $c_1,\cdots,c_n$ 使得

$$c_1\varphi_1(x)+\cdots+c_n\varphi_n(x)\equiv 0,\quad x\in J.$$

否则称为线性无关.

由命题 24, 下面不单独讨论高阶微分方程初值问题解的理论, 而只讨论微分方程组的解的理论.

类似于纯量微分方程, 微分方程组初值问题的初始条件可以转化为微分方程组的参数. 不失一般性, 考虑含参数的 n 维微分方程组初值问题

$$\boldsymbol{y}'=\boldsymbol{f}(x,\boldsymbol{y},\lambda),\quad \boldsymbol{y}(0)=\boldsymbol{0},\tag{3.1.5}$$

其中 $\boldsymbol{f}=(f_1,\cdots,f_n)$, $(x,\boldsymbol{y})\in\Omega\subset\mathbb{R}^{1+n}$, $\lambda\in\Lambda\subset\mathbb{R}^m$, 且 Ω 和 Λ 都是开区域.

为了记号简单起见, 下面用 $\boldsymbol{f_y}$ 表示 n 维向量函数 $\boldsymbol{f}$ 关于 n 维变量 $\boldsymbol{y}$ 的 Jacobi 矩阵, 即

$$\boldsymbol{f_y}(x,\boldsymbol{y},\lambda)=\begin{pmatrix}\partial_{y_1}f_1 & \cdots & \partial_{y_n}f_1\\ \vdots & \ddots & \vdots\\ \partial_{y_1}f_n & \cdots & \partial_{y_n}f_n\end{pmatrix}.$$

类似地, 用记号 $\boldsymbol{f}_\lambda$ 表示 $\boldsymbol{f}$ 关于 λ 的 Jacobi 矩阵.

定理 25 设 $\boldsymbol{f}(x,\boldsymbol{y},\lambda)$, $\boldsymbol{f_y}\in C(\Omega\times\Lambda)$, 则 n 维微分方程组初值问题 (3.1.5) 有唯一的解, 记为

$$\boldsymbol{y}=\boldsymbol{w}(x,\lambda),\quad (x,\lambda)\in J\times\Lambda,$$

其中 J 是解的存在区间. 进一步地, $\boldsymbol{w}(x,\lambda)$ 关于其变量连续.

证 思路如下: 对于 n 维向量函数 $\boldsymbol{h}(x)=(h_1,\cdots,h_n)$, 记

$$\|\boldsymbol{h}(x)\|=|h_1(x)|+\cdots+|h_n(x)|.$$

取

$$R:=\{(x,\boldsymbol{y});\ |x|\leqslant a,\ |y_i|\leqslant b,\ i=1,\cdots,n\}\subset\Omega,$$

其中 $a, b > 0$. 对任意的闭集 $\Lambda_0 \subset \Lambda$, 由中值定理和闭集上连续函数最大值的存在性定理得, 存在 $L > 0$ 使得

$$\|\boldsymbol{f}(x, \boldsymbol{y}_1, \lambda) - \boldsymbol{f}(x, \boldsymbol{y}_2, \lambda)\| \leqslant L\|\boldsymbol{y}_1 - \boldsymbol{y}_2\|, \quad \forall (x, \boldsymbol{y}_1, \lambda), (x, \boldsymbol{y}_2, \lambda) \in R \times \Lambda_0.$$

取

$$M := \max_{(x,\boldsymbol{y},\lambda)\in R\times\Lambda_0} \|\boldsymbol{f}(x, \boldsymbol{y}, \lambda)\|, \quad \delta \in (0, \min\{1/L, a, b/M\}),$$

以及

$$\mathcal{C} := \{\boldsymbol{w}(x, \lambda) \in C(R \times \Lambda_0);\ |x| \leqslant \delta,\ \lambda \in \Lambda_0\}.$$

其余证明及详细过程类似于纯量微分方程, 作为练习请读者自己补充完成. □

上述结论解决了微分方程组初值问题的解关于自变量、参数和初始条件的连续依赖性. 下面进一步讨论初值问题 (3.1.5) 的解关于其自变量和参数的连续可微性.

定理 26 *设 $\boldsymbol{f}(x, \boldsymbol{y}, \lambda)$, $\boldsymbol{f}_{\boldsymbol{y}}$, $\boldsymbol{f}_\lambda \in C(\Omega \times \Lambda)$, 则微分方程组初值问题 (3.1.5) 的唯一解, 记为*

$$\boldsymbol{y} = \boldsymbol{w}(x, \lambda), \quad (x, \lambda) \in J \times \Lambda,$$

关于其变量连续可微.

证 由于 $\boldsymbol{w}(x, \lambda)$ 关于其变量连续, 所以 $\boldsymbol{w}_x(x, \lambda) = \boldsymbol{f}(x, \boldsymbol{w}(x, \lambda), \lambda)$ 关于其变量连续.

下证 $\boldsymbol{w}(x, \lambda)$ 关于参数 λ 的连续可微性. 为此证明 $\boldsymbol{w}$ 关于其变量 λ 的偏导数的连续性. 为记号简单起见, 不妨假设 λ 是单变量.

对 $\lambda \in \Lambda$ 和充分小的 $\tau \in \mathbb{R}$ 使得 $\lambda' := \lambda + \tau \in \Lambda$. 令

$$\boldsymbol{z}(x, \lambda, \tau) = \frac{\boldsymbol{w}(x, \lambda + \tau) - \boldsymbol{w}(x, \lambda)}{\tau}, \quad \tau \neq 0,$$

则利用多变量函数的中值定理得

$$\begin{aligned} \frac{d\boldsymbol{z}(x, \lambda, \tau)}{dx} &= \frac{f(x, \boldsymbol{w}(x, \lambda + \tau), \lambda + \tau) - f(x, \boldsymbol{w}(x, \lambda), \lambda)}{\tau} \\ &= \boldsymbol{A}(x, \lambda, \tau)\boldsymbol{z}(x, \lambda, \tau) + \boldsymbol{h}(x, \lambda, \tau), \quad \boldsymbol{z}(0, \lambda, \tau) = \boldsymbol{0}, \end{aligned} \tag{3.1.6}$$

其中 $\boldsymbol{A}$ 和 $\boldsymbol{h}$ 分别是连续的 n 阶矩阵函数和 n 维向量函数. 事实上,

$$\boldsymbol{A}(x, \lambda, \tau) = \int_0^1 \frac{\partial \boldsymbol{f}(x, \boldsymbol{u}(s))}{\partial \boldsymbol{y}} ds, \quad \boldsymbol{h}(x, \lambda, \tau) = \int_0^1 \frac{\partial \boldsymbol{f}(x, \boldsymbol{u}(s))}{\partial \lambda} ds,$$

其中

$$\boldsymbol{u}(s) = (\boldsymbol{w}(x, \lambda), \lambda) + s((\boldsymbol{w}(x, \lambda'), \lambda') - (\boldsymbol{w}(x, \lambda), \lambda)), \quad s \in [0, 1].$$

这是因为

$$\begin{aligned}&\boldsymbol{f}(x,\boldsymbol{w}(x,\lambda'),\lambda')-\boldsymbol{f}(x,\boldsymbol{w}(x,\lambda),\lambda)\\=&\boldsymbol{f}(x,\boldsymbol{u}(1))-\boldsymbol{f}(x,\boldsymbol{u}(0))=\int_0^1\frac{\partial\boldsymbol{f}(x,\boldsymbol{u}(s))}{\partial s}ds\\=&\int_0^1\left(\frac{\partial\boldsymbol{f}(x,\boldsymbol{u}(s))}{\partial\boldsymbol{y}}(\boldsymbol{w}(x,\lambda')-\boldsymbol{w}(x,\lambda))+\frac{\partial\boldsymbol{f}(x,\boldsymbol{u}(s))}{\partial\lambda}(\lambda'-\lambda)\right)ds\\=&\boldsymbol{A}(x,\lambda,\tau)(\boldsymbol{w}(x,\lambda')-\boldsymbol{w}(x,\lambda))+\boldsymbol{h}(x,\lambda,\tau)(\lambda'-\lambda).\end{aligned}$$

因为 $\boldsymbol{f_y}$, $\boldsymbol{f}_\lambda$, 以及 $\boldsymbol{w}$ 关于其变量连续, 所以 $\boldsymbol{A}$ 和 $\boldsymbol{h}$ 关于其变量连续.

由定理 25 得, 线性微分方程组初值问题 (3.1.6) 有唯一的解 $\boldsymbol{v}(x,\lambda,\tau)$ 且关于其变量 $(x,\lambda,\tau)\in J\times\Lambda\times I$ 连续, 其中 $I\subset\mathbb{R}$ 是原点的小邻域. 又 $\boldsymbol{v}$ 和 $\boldsymbol{z}$ 当 $\tau\neq 0$ 时满足相同的初值, 所以由初值问题解的唯一性得到

$$\boldsymbol{z}(x,\lambda,\tau)=\boldsymbol{v}(x,\lambda,\tau),\quad (x,\lambda,\tau)\in J\times\Lambda\times(I\setminus\{0\}).$$

从而有

$$\boldsymbol{w}_\lambda(x,\lambda)=\lim_{\tau\to 0}\boldsymbol{z}(x,\lambda,\tau)=\lim_{\tau\to 0}\boldsymbol{v}(x,\lambda,\tau)=\boldsymbol{v}(x,\lambda,0).$$

这表明 $\boldsymbol{w}_\lambda(x,\lambda)$ 关于其变量连续. 证毕. □

类似于定理 26 的证明可得如下结论

推论 27 对于微分方程组初值问题

$$\boldsymbol{y}'=\boldsymbol{f}(x,\boldsymbol{y},\lambda),\quad \boldsymbol{y}(x_0)=\boldsymbol{y}_0. \tag{3.1.7}$$

假设 $\boldsymbol{f}(x,\boldsymbol{y},\lambda)$, $\boldsymbol{f_y}\in C(\Omega\times\Lambda)$, 且 $\boldsymbol{y}=\boldsymbol{w}(x,\lambda,x_0,\boldsymbol{y}_0)$ 是 (3.1.7) 的唯一解, 则

(a) $\boldsymbol{w}$ 关于 x_0 的偏导数 $\boldsymbol{w}_{x_0}$ 是初值问题

$$\frac{d\boldsymbol{z}}{dx}=\boldsymbol{f_y}(x,\boldsymbol{w}(x,\lambda,x_0,\boldsymbol{y}_0),\lambda)\boldsymbol{z},\quad \boldsymbol{z}(x_0)=-\boldsymbol{f}(x_0,\boldsymbol{y}_0,\lambda) \tag{3.1.8}$$

的解. 因而 $\boldsymbol{w}(x,\lambda,x_0,\boldsymbol{y}_0)$ 关于 x_0 有连续的偏导数.

(b) $\boldsymbol{w}$ 关于 $\boldsymbol{y}_0$ 的偏导数 (准确地说 Jacobi 矩阵) $\boldsymbol{w}_{\boldsymbol{y}_0}$ 是矩阵值初值问题

$$\frac{d\boldsymbol{Z}}{dx}=\boldsymbol{f_y}(x,\boldsymbol{w}(x,\lambda,x_0,\boldsymbol{y}_0),\lambda)\boldsymbol{Z},\quad \boldsymbol{Z}(x_0)=\boldsymbol{E} \tag{3.1.9}$$

的解. 因而 $\boldsymbol{w}(x,\lambda,x_0,\boldsymbol{y}_0)$ 关于 $\boldsymbol{y}_0$ 有连续的偏导数.

证 作为练习, 请读者自己完成. *提示*: 初值问题 (3.1.8) 和 (3.1.9) 中的初始条件可由对

$$\boldsymbol{w}(x,\lambda,x_0,\boldsymbol{y}_0)-\boldsymbol{y}_0=\int_{x_0}^x\boldsymbol{f}(s,\boldsymbol{w}(s,\lambda,x_0,\boldsymbol{y}_0),\lambda)ds$$

关于 x_0 和 $\boldsymbol{y}_0$ 分别求偏导数, 再令 $x = x_0$ 得到.

附注 对微分方程组 (3.1.6) 积分, 并令 $\tau \to 0$, 再由积分方程与微分方程组初值问题之间的联系可得, $\boldsymbol{w}_\lambda(x,\lambda)$ 满足线性微分方程组初值问题

$$\frac{d\boldsymbol{z}}{dx} = \boldsymbol{f}_{\boldsymbol{y}}(x, \boldsymbol{w}(x,\lambda), \lambda)\boldsymbol{z} + \boldsymbol{f}_\lambda(x, \boldsymbol{w}(x,\lambda), \lambda), \quad \boldsymbol{z}(0) = 0. \tag{3.1.10}$$

线性微分方程组 (3.1.10), (3.1.8) 和 (3.1.9) 分别称为微分方程组 (3.1.5) 沿着解 $\boldsymbol{w}(x, \lambda, x_0, \boldsymbol{y}_0)$ 关于参数 λ, 初始值 x_0 和 $\boldsymbol{y}_0$ 的**变分方程**. 变分方程在求微分方程近似解和微分方程解的性质等的研究方面起着非常重要的作用, 参见 4.1.2 小节末尾关于近似解的一个求法.

例 假设 $f(x,y) \in C^1(\Omega)$, $\Omega \subset \mathbb{R}^2$ 是开区域. 若 $\phi(x, x_0, y_0)$, $x \in J$ 是初值问题

$$y' = f(x,y), \quad y(x_0) = y_0$$

的解, 则

$$\frac{\partial \phi(x, x_0, y_0)}{\partial x_0} + f(x_0, y_0)\frac{\partial \phi(x, x_0, y_0)}{\partial y_0} \equiv 0, \quad x \in J.$$

证 由推论 27 得, $\dfrac{\partial \phi(x, x_0, y_0)}{\partial x_0}$ 和 $\dfrac{\partial \phi(x, x_0, y_0)}{\partial y_0}$ 分别满足初值问题

$$\frac{dz}{dx} = f_y(x, \phi(x, x_0, y_0))z, \quad z(x_0) = -f(x_0, y_0)$$

和

$$\frac{dz}{dx} = f_y(x, \phi(x, x_0, y_0))z, \quad z(x_0) = 1.$$

求解两个线性微分方程初值问题得

$$\begin{aligned}
\frac{\partial \phi(x, x_0, y_0)}{\partial x_0} &= -f(x_0, y_0)e^{\int_{x_0}^x f_y(s, \phi(s, x_0, y_0))ds}, \\
\frac{\partial \phi(x, x_0, y_0)}{\partial y_0} &= e^{\int_{x_0}^x f_y(s, \phi(s, x_0, y_0))ds}.
\end{aligned}$$

利用这两个等式即可得到结论. 证毕. □

定理 26 解决了常微分方程的解关于其自变量、参数及初始条件的连续可微性. 更一般的, 我们有下面的结论, 其证明从略.

定理 28 设 $\boldsymbol{f}(x, \boldsymbol{y}, \lambda) \in C^k(\Omega \times \Lambda)$, $k \in \mathbb{N} \cup \{\infty\}$, 则微分方程组初值问题 (3.1.5) 的解关于自变量 x 和参数 λ 都是 C^k 连续可微的.

3.2 解析微分方程组的解析解

3.1 节讨论了光滑微分方程光滑解的存在性. 本节讨论解析微分方程解析解的存在性. 解析微分方程解析解的理论是光滑微分方程解的理论的延伸. 它在讨论二阶线性微分方程幂级数解的存在性和收敛性方面起了重要的作用, 参见王竹溪、郭登仁的《特殊函数概论》[70]. 特殊函数在工程上具有广泛且重要的应用, 它们大多是二阶线性微分方程的幂级数解.

3.2.1 解析解的局部存在性

对于 n 维向量 $\boldsymbol{y}$ 和 $\boldsymbol{y}_0$, 下面将分别用 y_i 和 y_{i0} 表示它们的第 i 个分量.

函数 $f(x,\boldsymbol{y})$ 在区域 $\Omega\subset\mathbb{R}^{1+n}$ 内**解析**, 如果对 $\forall\,(x_0,\boldsymbol{y}_0)\in\Omega$, $\exists\alpha>0,\beta>0$ 使得 $f(x,\boldsymbol{y})$ 在

$$D:=\{(x,\boldsymbol{y});\ |x-x_0|\leqslant\alpha,|y_i-y_{i0}|\leqslant\beta,i=1,\cdots,n\}\subset\Omega$$

内可以展开成 $x-x_0$, $\boldsymbol{y}-\boldsymbol{y}_0$ 的收敛的幂级数

$$f(x,\boldsymbol{y})=\sum_{i,|\boldsymbol{j}|=0}^{\infty}a_{i\boldsymbol{j}}(x-x_0)^i(\boldsymbol{y}-\boldsymbol{y}_0)^{\boldsymbol{j}},$$

其中 $(\boldsymbol{y}-\boldsymbol{y}_0)^{\boldsymbol{j}}=(y_1-y_{10})^{j_1}\cdots(y_n-y_{n0})^{j_n}$, $|\boldsymbol{j}|=j_1+\cdots+j_n$.

给定幂级数

$$\sum_{i,|\boldsymbol{j}|=0}^{\infty}a_{i\boldsymbol{j}}(x-x_0)^i(\boldsymbol{y}-\boldsymbol{y}_0)^{\boldsymbol{j}},\tag{3.2.1}$$

$$\sum_{i,|\boldsymbol{j}|=0}^{\infty}A_{i\boldsymbol{j}}(x-x_0)^i(\boldsymbol{y}-\boldsymbol{y}_0)^{\boldsymbol{j}}.\tag{3.2.2}$$

(1) 如果 $|a_{i\boldsymbol{j}}|\leqslant A_{i\boldsymbol{j}}$, 称 (3.2.2) 是 (3.2.1) 的**优级数**;

(2) 如果 (3.2.2) 是 (3.2.1) 的优级数, 且 (3.2.2) 在 D 内收敛, 记其和函数为 $F(x,\boldsymbol{y})$, 称 $F(x,\boldsymbol{y})$ 是 (3.2.1) 在 D 内的**优函数**.

例 微分方程

$$\frac{dy}{dx}=(\cos x)y$$

的右端函数在 $\mathbb{R}^2$ 上关于原点可以展成收敛的幂级数 (其实在 $\mathbb{R}^2$ 上解析). 它满足初始条件 $y(0)=1$ 的解

$$y(x)=e^{\sin x}$$

可以在原点展成收敛的幂级数.

下面考虑解析微分方程初值问题解析解的存在性. 由于初始条件总可以通过变换转化为微分方程的参数, 不失一般性我们只考虑解析微分方程从坐标原点出发的解.

定理 29 设 $f_i(x,\boldsymbol{y}),\ i=1,\cdots,n$, 在 D 内可展成收敛的幂级数, 则初值问题

$$\dot{y}_i = f_i(x,\boldsymbol{y}),\quad y_i(0)=0,\quad i=1,\cdots,n \tag{3.2.3}$$

在 $(0,\mathbf{0})$ 的某邻域内有唯一的收敛的幂级数解, 其中 $\mathbf{0}$ 表示 n 维零向量.

证 (A) 证明对任意的 $0<a<\alpha,\ 0<b<\beta$, 必存在 $M>0$ 使得

$$G(x,\boldsymbol{y}) = \frac{M}{\left(1-\dfrac{x}{a}\right)\left(1-\dfrac{y_1}{b}\right)\cdots\left(1-\dfrac{y_n}{b}\right)},$$

是 $f_i(x,\boldsymbol{y}),\ i=1,\cdots,n$, 在

$$D_0=\{(x,\boldsymbol{y});\ |x|\leqslant a, |y_i|\leqslant b, i=1,\cdots,n\}\subset D$$

内的优函数. 事实上, 由假设,

$$f_i(x,\boldsymbol{y}) = \sum_{k_0+|\boldsymbol{k}|=0}^{\infty} a_{k_0\boldsymbol{k}}^{(i)} x^{k_0}\boldsymbol{y}^{\boldsymbol{k}},\quad i=1,\cdots,n \tag{3.2.4}$$

在 D 上收敛. 所以

$$\sum_{k_0+|\boldsymbol{k}|=0}^{\infty} \left|a_{k_0\boldsymbol{k}}^{(i)}\right| a^{k_0}b^{k_1}\cdots b^{k_n},\quad i=1,\cdots,n$$

收敛 (这里用到收敛的幂级数在其收敛半径内绝对一致收敛). 令 M 为这 n 个量的最大值, 则对所有的 $k_0,\boldsymbol{k}$ 和 i 都有

$$\left|a_{k_0\boldsymbol{k}}^{(i)}\right| \leqslant \frac{M}{a^{k_0}b^{k_1}\cdots b^{k_n}}.$$

从而当 $(x,\boldsymbol{y})\in D_0\setminus\partial D_0$ 时,

$$G(x,\boldsymbol{y}) = \sum_{k_0+|\boldsymbol{k}|=0}^{\infty}\frac{M}{a^{k_0}b^{k_1}\cdots b^{k_n}}x^{k_0}\boldsymbol{y}^{\boldsymbol{k}} = \frac{M}{\left(1-\dfrac{x}{a}\right)\left(1-\dfrac{y_1}{b}\right)\cdots\left(1-\dfrac{y_n}{b}\right)}$$

是 $f_i(x,\boldsymbol{y}),\ i=1,\cdots,n$, 的优函数.

(B) 易见

$$\frac{dz}{dx} = \frac{M}{\left(1-\dfrac{x}{a}\right)\left(1-\dfrac{z}{b}\right)^n},\quad z(0)=0$$

在区间 $|x| < \rho := a\left(1 - e^{-\frac{b}{(n+1)aM}}\right)$ 内有唯一的解析解

$$z(x) = b\left(1 - \left(\frac{a}{b}M(n+1)\ln\left(1 - \frac{x}{a}\right) + 1\right)^{\frac{1}{n+1}}\right).$$

从而由解的唯一性定理得, $\boldsymbol{y} = (y_1, \cdots, y_n) = (z(x), \cdots, z(x))$ 是初值问题

$$y_i'(x) = G(x, \boldsymbol{y}), \quad y_i(0) = 0, \quad i = 1, \cdots, n \tag{3.2.5}$$

在 $|x| < \rho$ 内的唯一的解析解.

(C) 证 (3.2.3) 在 $|x| < \rho$ 内有唯一的形式幂级数解.

设

$$\widetilde{y}_i(x) = \sum_{j=0}^{\infty} c_j^{(i)} x^j, \quad i = 1, \cdots, n \tag{3.2.6}$$

是初值问题 (3.2.3) 的形式幂级数解, 则

$$c_j^{(i)} = \frac{1}{j!}\frac{d^j \widetilde{y}_i}{dx^j}\bigg|_{x=0}, \quad j = 0, 1, \cdots,$$

将形式解 (3.2.6) 代入初值问题 (3.2.3), 利用 f_i 的展开式 (3.2.4), 并对微分方程 (3.2.3) 两边关于 x 逐次求导数 (或比较方程 (3.2.3) 两边 x 的同次幂的系数) 可得

$$\begin{aligned}
c_0^{(i)} &= \widetilde{y}_i(0) = 0,\\
c_1^{(i)} &= \frac{d\widetilde{y}_i}{dx}\bigg|_{x=0} = f_i(x, \widetilde{\boldsymbol{y}})|_{x=0} = a_{000\cdots 0}^{(i)},\\
c_2^{(i)} &= \frac{1}{2!}\frac{d^2\widetilde{y}_i}{dx^2}\bigg|_{x=0} = \frac{1}{2!}\left(\frac{\partial f_i}{\partial x} + \frac{\partial f_i}{\partial y_1}\frac{d\widetilde{y}_1}{dx} + \cdots + \frac{\partial f_i}{\partial y_n}\frac{d\widetilde{y}_n}{dx}\right)\bigg|_{x=0}\\
&= \frac{1}{2!}\left(a_{100\cdots 0}^{(i)} + a_{010\cdots 0}^{(i)} a_{000\cdots 0}^{(1)} + \cdots + a_{000\cdots 1}^{(i)} a_{000\cdots 0}^{(n)}\right),\\
c_j^{(i)} &= \frac{1}{j!}\frac{d^j\widetilde{y}_i}{dx^j}\bigg|_{x=0} = P_j^{(i)}\left(a_{00\cdots 0}^{(1)}, \cdots, a_{00\cdots 0}^{(n)}, a_{10\cdots 0}^{(1)}, \cdots, a_{10\cdots 0}^{(n)}, \cdots, a_{00\cdots j-1}^{(n)}\right),
\end{aligned}$$

其中 $j \geqslant 2$, $P_j^{(i)}$ 是以 $f_1, \cdots, f_n$ 的展开式的系数 $a_{k_0\boldsymbol{k}}^{(s)}$, $k_0 + |\boldsymbol{k}| \leqslant j-1$, $s \in \{1, \cdots, n\}$, 为变量的正系数多项式.

(D) 证 (3.2.3) 在 $|x| < \rho$ 内的形式幂级数解收敛.

设 $G(x, \boldsymbol{y})$ 在 $|x| < \rho$ 内的幂级数展开式为

$$G(x, \boldsymbol{y}) = \sum_{k_0 + |\boldsymbol{k}| = 0}^{\infty} g_{k_0\boldsymbol{k}} x^{k_0} \boldsymbol{y}^{\boldsymbol{k}}$$

及初值问题 (3.2.5) 在 $|x|<\rho$ 内唯一的解析解的幂级数展开式为

$$\widehat{y}_i(x)=\sum_{j=0}^{\infty}\widehat{c}_j^{(i)}x^j,\quad i=1,\cdots,n,$$

则类似于 (3.2.3) 的形式解的求法可得

$$\widehat{c}_j^{(i)}=P_j^{(i)}\left(g_{00\cdots0},\cdots,g_{00\cdots0},g_{10\cdots0},\cdots,g_{10\cdots0},\cdots,g_{00\cdots j-1}\right),$$

$$i=1,\cdots,n,j=0,1,\cdots.$$

由于 $c_j^{(i)}$ 和 $\widehat{c}_j^{(i)}$ 是正系数多项式 $P_j^{(i)}$ 在不同点的取值, 且

$$\left|a_{k_0\boldsymbol{k}}^{(i)}\right|\leqslant g_{k_0\boldsymbol{k}}=\frac{M}{a^{k_0}b^{k_1}\cdots b^{k_n}},\quad \boldsymbol{k}=(k_1,\cdots,k_n),$$

所以 $|c_j^{(i)}|\leqslant\widehat{c}_j^{(i)}$. 这就证明了初值问题 (3.2.5) 的解析解 $\widehat{y}_i(x)$, $i=1,\cdots,n$, 是初值问题 (3.2.3) 的形式解 $\widetilde{y}_i(x)$, $i=1,\cdots,n$, 在 $|x|<\rho$ 内的优函数. 故微分方程 (3.2.3) 的形式幂级数解 (3.2.6) 在 $|x|<\rho$ 内收敛, 从而初值问题 (3.2.3) 在 $|x|<\rho$ 内有唯一的解析解.

定理证毕. □

附注　上述证明方法借鉴了文献 [21] 对一维解析微分方程解析解的存在性的证明.

例　微分方程组

$$\frac{dy_1}{dx}=e^{x^2+y_1^2+y_1^2}+5\cos(y_1y_2),\qquad \frac{dy_2}{dx}=\ln x+\ln(y_1^2+y_2^2)$$

从 $(0,\infty)\times\left(\mathbb{R}^2\setminus\{(0,0)\}\right)$ 中任一点 (x_0,y_1^0,y_2^0) 出发都有一个定义在 x_0 的某邻域内的解析解. 这是因为该微分方程组中的函数在 (x_0,y_1^0,y_2^0) 的某邻域内都可以展成收敛的幂级数, 从而由定理 29 即可得证.

3.2.2　解析线性微分方程组幂级数解的收敛半径

对解析线性微分方程组可以有下列更强的结果. 它不仅给出解的存在区间而且给出幂级数解的收敛半径.

定理 30　假设 $\boldsymbol{A}(x)$ 和 $\boldsymbol{f}(x)$ 分别是 n 阶矩阵函数和 n 维向量函数, 且它们的每个分量在 $|x-x_0|<\rho$ 内都可展成关于 $x-x_0$ 的收敛的幂级数, 则微分方程组初值问题

$$\frac{d\boldsymbol{y}}{dx}=\boldsymbol{A}(x)\boldsymbol{y}+\boldsymbol{f}(x),\quad \boldsymbol{y}(x_0)=\boldsymbol{y}_0 \tag{3.2.7}$$

在 $|x-x_0|<\rho$ 内有收敛的幂级数解.

证 为了记号简单起见, 不失一般性, 假设 $x_0 = 0, \boldsymbol{y}_0 = \boldsymbol{0}$. 记

$$\boldsymbol{A}(x) = (a_{ij}(x))_{n\times n}, \quad \boldsymbol{f}(x) = (f_1(x), \cdots, f_n(x))^{\mathrm{T}},$$

其中 T 表示矩阵的转置. 由假设, 对 $i, j \in \{1, \cdots, n\}$ 有

$$a_{ij}(x) = \sum_{k=0}^{\infty} a_k^{(ij)} x^k, \quad f_j(x) = \sum_{k=0}^{\infty} f_k^{(j)} x^k, \quad |x| < \rho.$$

对任意的 $b \in (0, \rho)$, 下列常数项级数

$$\sum_{k=0}^{\infty} |a_k^{(ij)}| b^k, \qquad \sum_{k=0}^{\infty} |f_k^{(j)}| b^k, \quad i, j \in \{1, \cdots, n\}$$

收敛. 令 M 为它们的最大值, 则对所有的 $i, j \in \{1, \cdots, n\}$, $k \in \{0, 1, 2, \cdots\}$ 有

$$|a_k^{(ij)}|, \ |f_k^{(j)}| \leqslant \frac{M}{b^k}.$$

因而

$$g(x) = \frac{M}{1 - \dfrac{x}{b}} = \sum_{k=0}^{\infty} M \left(\frac{x}{b}\right)^k, \quad |x| < b$$

是 $a_{ij}(x)$ 和 $f_j(x)$ 在 $|x| < b$ 内的优函数. 进一步地有

$$g(x)(y_1 + \cdots + y_n + 1)$$

是

$$\sum_{j=1}^{n} a_{ij}(x) y_j + f_i(x), \quad i = 1, \cdots, n$$

的优函数.

直接计算得, 初值问题

$$\frac{du}{dx} = g(x)(nu + 1), \quad u(0) = 0$$

有唯一的解

$$u(x) = n^{-1} \left(1 - \frac{x}{b}\right)^{-nMb} - n^{-1}.$$

由数学分析的知识, $u(x)$ 在 $|x| < b$ 内可展成收敛的幂级数.

由解的唯一性理论得, $\boldsymbol{y}^*(x) = (u(x), \cdots, u(x))$ 是微分方程组初值问题

$$\frac{dy_i}{dx} = g(x)(y_1 + \cdots + y_n + 1), \quad y_i(0) = 0, \quad i = 1, \cdots, n$$

的唯一解.

令

$$\widetilde{\boldsymbol{y}}(x) := (\widetilde{y}_1(x), \cdots, \widetilde{y}_n(x))^{\mathrm{T}}, \quad \widetilde{y}_i(x) = \sum_{k=0}^{\infty} c_k^{(i)} x^k, \quad i = 1, \cdots, n$$

是初值问题 (3.2.7) 的形式解. 则与定理 29 同样的证明可得, $u(x)$ 是 $\widetilde{y}_i(x)$, $i = 1, \cdots, n$, 在 $|x| < b$ 内的优函数. 因而 $\widetilde{y}_i(x)$, $i = 1, \cdots, n$, 是 $|x| < b$ 内收敛的幂级数. 由解的唯一性得, $\widetilde{\boldsymbol{y}}(x)$ 是初值问题 (3.2.7) 在 $|x| < b$ 内收敛的幂级数解. 由 $b \in (0, \rho)$ 的任意性, 初值问题 (3.2.7) 在 $|x| < \rho$ 内有唯一的收敛的幂级数解.

定理证毕. □

例 微分方程组

$$\frac{dy_1}{dx} = (1 + \tan x)y_1 + (\cos x)y_2, \qquad \frac{dy_2}{dx} = x^2 y_1 + e^x y_2$$

从 $(0, 0)$ 出发的解定义在 $\left(-\frac{\pi}{2}, \frac{\pi}{2}\right)$ 上, 且关于 x 展开的幂级数解在 $\left(-\frac{\pi}{2}, \frac{\pi}{2}\right)$ 上收敛. 这是因为该微分方程组是线性的, 且其右端关于 y_1, y_2 的系数函数在 $\left(-\frac{\pi}{2}, \frac{\pi}{2}\right)$ 内关于 0 可展成收敛的幂级数, 从而由定理 30 即可得证.

3.2.3 解析解理论的应用: 二阶变系数线性齐次微分方程的幂级数解法

高阶变系数线性齐次微分方程的基本解组没有一般的求法. 本节考虑一些特殊的二阶线性齐次微分方程

$$y'' + p(x)y' + q(x)y = 0 \tag{3.2.8}$$

的幂级数解法.

如果 $p(x), q(x)$ 在 x_0 的某邻域解析, 称 x_0 为微分方程 (3.2.8) 的**常点**. 如果 $p(x)$ 或 $q(x)$ 在 x_0 不解析, 称 x_0 为微分方程 (3.2.8) 的**奇点**.

首先考虑微分方程 (3.2.8) 在常点邻域内解析解的收敛半径.

定理 31 设 $p(x), q(x)$ 在 $|x - x_0| < \rho$ 内可展成关于 $x - x_0$ 的收敛的幂级数, 则微分方程 (3.2.8) 在 $|x - x_0| < \rho$ 内有收敛的幂级数解

$$y(x) = \sum_{k=0}^{\infty} c_k (x - x_0)^k,$$

其中 c_0, c_1 是任意常数, c_k, $k > 1$ 可由递推公式通过 c_0, c_1 表示. 特别地, c_0, c_1 可由初始条件确定.

证 由于线性齐次微分方程 (3.2.8) 满足初始条件

$$y(x_0)=y_0,\quad y'(x_0)=y_1,\quad y_0,y_1\in\mathbb{R} \tag{3.2.9}$$

的初值问题通过变换 $y'=z$ 可化为二阶线性齐次微分方程组

$$\begin{aligned} &y'=z, && y(x_0)=y_0,\\ &z'=-p(x)z-q(x)y, && z(x_0)=y_1, \end{aligned}$$

因此该定理的证明可由定理 30 得到. 证毕. □

其次考虑二阶线性齐次微分方程 (3.2.8) 在奇点邻域解析解的存在性. 如果

$$p(x)=\frac{P(x)}{x-x_0},\quad q(x)=\frac{Q(x)}{(x-x_0)^2}, \tag{3.2.10}$$

且 $P(x)$, $Q(x)$ 在 x_0 的某邻域内可展成收敛的幂级数, $P(x_0)^2+Q(x_0)^2\neq 0$, 称 x_0 是微分方程 (3.2.8) 的**正则奇点**.

定理 32 设 x_0 是微分方程 (3.2.8) 的正则奇点, 且 $p(x),q(x)$ 由 (3.2.10) 定义, 则微分方程 (3.2.8) 在 x_0 的某邻域内有收敛的**广义幂级数**解

$$y(x)=(x-x_0)^\nu\sum_{k=0}^{\infty}c_k(x-x_0)^k,\quad c_0\neq 0, \tag{3.2.11}$$

其中 $c_k, k\geqslant 1$ 可以迭代地求出, ν 是微分方程 (3.2.8) 的**指标方程**

$$s(s-1)+P(x_0)s+Q(x_0)=0$$

的根 (称为**指标根**) 之一 (如果指标根都是实的, ν 是其中最大的一个; 如果指标根是一对共轭复数, ν 是其中的任一个).

证 (1) 确定方程 (3.2.8) 的形式解 (3.2.11).

由正则奇点的定义, 不妨设 $P(x)$, $Q(x)$ 在 $|x-x_0|<\rho$ 内可展成收敛的幂级数

$$P(x)=\sum_{k=0}^{\infty}a_k(x-x_0)^k,\quad Q(x)=\sum_{k=0}^{\infty}b_k(x-x_0)^k. \tag{3.2.12}$$

将 (3.2.11) 和 (3.2.12) 代入微分方程 (3.2.8), 通过整理得

$$\sum_{k=0}^{\infty}\left[(k+\nu)(k+\nu-1)c_k+\sum_{i=0}^{k}a_i(k-i+\nu)c_{k-i}+\sum_{i=0}^{k}b_ic_{k-i}\right](x-x_0)^k\equiv 0,$$

即

$$\begin{aligned} &[(k+\nu)(k+\nu-1)+a_0(k+\nu)+b_0]\,c_k\\ &+\sum_{i=1}^{k}[a_i(k+\nu-i)+b_i]\,c_{k-i}=0,\quad k=0,1,\cdots, \end{aligned} \tag{3.2.13}$$

其中 $c_j = 0, j < 0$.

从上式 $k = 0$ 及 $c_0 \neq 0$ 得

$$\nu(\nu - 1) + a_0\nu + b_0 = 0.$$

它是微分方程 (3.2.8) 的指标方程. 设 ν_1, ν_2 是它的两个根. 如果 ν_1, ν_2 都是实数且 $\nu_1 \geqslant \nu_2$, 或 ν_1, ν_2 是一对共轭复根, 记 $\nu_0 = \nu_1$.

对 $k > 0$, 令

$$f(s) := s(s-1) + a_0 s + b_0, \quad g_i(s) := a_i(s-i) + b_i, \quad i = 1, 2, \cdots$$

并取 $\nu = \nu_0$, 则 (3.2.13) 可写成

$$f(k+\nu_0)c_k + \sum_{i=1}^{k} g_i(k+\nu_0)c_{k-i} = 0, \quad k = 1, 2, \cdots \tag{3.2.14}$$

因为对 $k \geqslant 1$,

$$\begin{aligned} f(k+\nu_0) &= (k+\nu_0)(k+\nu_0-1) + a_0(k+\nu_0) + b_0 \\ &= k(k+2\nu_0+a_0-1) = k(k+2\nu_0-\nu_1-\nu_2) = k(k+\nu_1-\nu_2) \neq 0, \end{aligned}$$

所以从方程 (3.2.14) 可以依次地求出 $c_1, c_2, \cdots$, 且它们都由 c_0 唯一地确定. 从而形式上唯一地求出了微分方程 (3.2.8) 的形式解 (3.2.11).

(2) 证明形式解 (3.2.11) 的收敛性.

令 $\nu^* = \nu_1 - \nu_2$, 则 $\mathrm{Re}\,\nu^* \geqslant 0$ 且

$$f(k+\nu_0) = k(k+\nu^*) \neq 0, \quad k = 1, 2, \cdots.$$

由于 $P(x)$ 和 $Q(x)$ 的展开式 (3.2.12) 在 $|x - x_0| < \rho$ 内收敛, 所以对 $0 < \rho_1 < \rho$, $\exists M \geqslant 1$ 使得

$$|a_k| \leqslant \frac{M}{\rho_1^k}, \quad |b_k| \leqslant \frac{M}{\rho_1^k}, \quad |\nu_0 a_k + b_k| \leqslant \frac{M}{\rho_1^k}, \quad k = 0, 1, \cdots.$$

从而

$$|c_k| \leqslant \left(\frac{M}{\rho_1}\right)^k |c_0|. \tag{3.2.15}$$

事实上, 对 $k = 1$,

$$|c_1| = \frac{|g_1(1+\nu_0)c_0|}{|f(1+\nu_0)|} = \frac{|a_1\nu_0 + b_1|}{|1+\nu^*|}|c_0| \leqslant \frac{M}{\rho_1}\frac{1}{|1+\nu^*|}|c_0| \leqslant \frac{M}{\rho_1}|c_0|.$$

假设对 $k\leqslant l-1,\ l\geqslant 2$, (3.2.15) 成立. 当 $k=l$ 时,

$$
\begin{aligned}
|c_l| &= \frac{\left|\sum_{i=1}^{l} g_i(l+\nu_0)c_{l-i}\right|}{|l(l+\nu^*)|} \leqslant \frac{\sum_{i=1}^{l} |a_i(l+\nu_0-i)+b_i|\,|c_{l-i}|}{|l(l+\nu^*)|} \\
&\leqslant \frac{\sum_{i=1}^{l} (|a_i\nu_0+b_i|+|a_i|(l-i))\,|c_{l-i}|}{l^2} \\
&\leqslant l^{-2}\sum_{i=1}^{l}\left(\frac{M}{\rho_1^i}+\frac{M}{\rho_1^i}(l-i)\right)\left(\frac{M}{\rho_1}\right)^{l-i}|c_0| \\
&= l^{-2}\frac{M}{\rho_1^l}\sum_{i=1}^{l}(1+l-i)M^{l-i}|c_0| \\
&< l^{-2}\frac{M^l}{\rho_1^l}\sum_{i=1}^{l}(1+l-i)|c_0| \leqslant \left(\frac{M}{\rho_1}\right)^l|c_0|.
\end{aligned}
$$

所以由归纳法可证得 (3.2.15).

从式 (3.2.15) 得, 微分方程 (3.2.8) 的形式解 (3.2.11) 在 $|x-x_0|<\dfrac{\rho_1}{M}$ 内收敛. 定理证毕. □

附注 从定理 32 的证明知, 如果指标根都是实的, 且对小的指标根 (记为 $\overline{\nu}$) 仍有

$$
f(k+\overline{\nu})=(k+\overline{\nu})(k+\overline{\nu}-1)+a_0(k+\overline{\nu})+b_0\neq 0,\qquad k=1,2,\cdots,
$$

则可以类似于定理 32 的证明得到与 (3.2.11) 线性无关的广义幂级数解

$$
y(x)=(x-x_0)^{\overline{\nu}}\sum_{k=0}^{\infty}\overline{c}_k(x-x_0)^k,\quad \overline{c}_0\neq 0.
$$

例

(1) 求 Legendre 方程

$$
(1-x^2)y''-2xy'+n(n+1)y=0
$$

在常点 $x=0$ 邻域内的幂级数解.

解 根据定理 31, 当 $|x|<1$ 时, Legendre 方程有收敛的幂级数解

$$
y(x)=\sum_{k=0}^{\infty}c_kx^k.
$$

将其代入 Legendre 方程, 通过整理得

$$\sum_{k=0}^{\infty}\left[(k+2)(k+1)c_{k+2}+(n-k)(n+k+1)c_k\right]x^k \equiv 0, \quad |x|<1.$$

故有

$$c_{k+2}=-\frac{(n-k)(n+k+1)}{(k+2)(k+1)}c_k, \quad k=0,1,\cdots.$$

进一步计算得

$$c_{2m}=(-1)^m A_m c_0, \quad c_{2m+1}=(-1)^m B_m c_1, \quad m=1,2,\cdots,$$

其中

$$A_m=\frac{(n-2m+2)(n-2m+4)\cdots(n-2)n(n+1)(n+3)\cdots(n+2m-1)}{(2m)!},$$

$$B_m=\frac{(n-2m+1)(n-2m+3)\cdots(n-3)(n-1)(n+2)(n+4)\cdots(n+2m)}{(2m+1)!}.$$

因此 Legendre 方程的幂级数形式的通解为

$$y(x)=c_0\left(1+\sum_{m=1}^{\infty}(-1)^m A_m x^{2m}\right)+c_1 x\left(1+\sum_{m=1}^{\infty}(-1)^m B_m x^{2m}\right), \ |x|<1,$$

其中 c_0, c_1 是任意常数.

附注

- 当 $n\in\mathbb{N}\cup\{0\}$ 时, 存在 $m_0\in\mathbb{N}$ 使得当 $m>m_0$ 时有 $A_m=0$ 或 $B_m=0$. 此时 Legendre 方程有一个多项式解, 称之为 **Legendre 多项式**.
- $x=\pm1$ 是 Legendre 方程的正则奇点, 它在该点的指标根都是零. 因此由定理 32 得, Legendre 方程在 $x=\pm1$ 的邻域都有收敛的幂级数解.

(2) 求 μ 阶 Bessel 方程

$$x^2y''+xy'+(x^2-\mu^2)y=0, \quad \mu\geqslant 0,$$

当 $2\mu\notin\mathbb{Z}$ 时在 $x=0$ 邻域的通解.

解 易见 $x=0$ 是 Bessel 方程的正则奇点, 且指标方程为 $\nu^2-\mu^2=0$. 根据定理 32, Bessel 方程在 $x=0$ 的邻域有收敛的广义幂级数解, 设为

$$y(x)=x^{\nu}\sum_{k=0}^{\infty}c_k x^k, \quad c_0\neq 0.$$

将其代入 Bessel 方程, 通过整理并比较 x 的同次幂的系数得

$$(k+\nu+\mu)(k+\nu-\mu)c_k+c_{k-2}=0, \quad k=0,1,\cdots, \tag{3.2.16}$$

其中 $c_{-2}=c_{-1}=0$.

当 $\nu=\mu$ 时, 由于 $(k+\nu+\mu)(k+\nu-\mu)>0$, $k\geqslant 1$, 所以从方程 (3.2.16) 解得

$$c_{2k-1}=0,\quad c_{2k}=\frac{(-1)^k}{2^{2k}(\mu+k)(\mu+k-1)\cdots(\mu+2)(\mu+1)\,k!}c_0,\quad k=1,2,\cdots.$$

令

$$\Gamma(s):=\int_0^{\infty}e^{-x}x^{s-1}dx,\quad \text{称为 \textbf{Gamma} 函数},$$

则 $\Gamma(s+1)=s\Gamma(s)$. 注意到,

$$\Gamma(\mu+k+1)=(\mu+k)\cdots(\mu+2)(\mu+1)\Gamma(\mu+1),$$
$$\Gamma(-s)=\infty,\quad s\geqslant 0.$$

为了记号方便起见, 取

$$c_0=\frac{1}{2^{\mu}\Gamma(\mu+1)},$$

则

$$c_{2k}=\frac{(-1)^k}{2^{2k+\mu}\Gamma(\mu+k+1)\,k!},\quad k=1,2,\cdots.$$

因此 Bessel 方程有广义幂级数解

$$y(x)=J_{\mu}(x)=\sum_{k=0}^{\infty}\frac{(-1)^k}{\Gamma(k+1+\mu)\,k!}\left(\frac{x}{2}\right)^{2k+\mu}.$$

容易验证该幂级数在 $|x|<\infty$ 上收敛 (如 D'Alembert 判别法). 函数 $J_{\mu}(x)$ 称为 μ **阶的第一类 Bessel 函数**.

当 $\nu=-\mu$ 时, 由于 $2\mu\notin\mathbb{Z}$, 方程 (3.2.16) 有唯一的解. 取

$$c_0=\frac{1}{2^{-\mu}\Gamma(-\mu+1)}.$$

类似于 $\nu=\mu$ 的求法得到 Bessel 方程的广义幂级数解

$$y(x)=J_{-\mu}(x)=\sum_{k=0}^{\infty}\frac{(-1)^k}{\Gamma(k+1-\mu)\,k!}\left(\frac{x}{2}\right)^{2k-\mu}.$$

它在 $x\in\mathbb{R}\setminus\{0\}$ 上收敛. 函数 $J_{-\mu}(x)$ 称为 μ **阶的第二类 Bessel 函数**.

由于 $J_{\mu}(x)$ 和 $J_{-\mu}(x)$ 的最低阶项的幂次不同, 因而它们是线性无关的. 所以 Bessel 方程的通解为

$$y(x)=c_1J_{\mu}(x)+c_2J_{-\mu}(x),\qquad x\in\mathbb{R}\setminus\{0\},$$

其中 c_1, c_2 是任意常数.

附注

- 例 (2) 中只讨论了 $2\mu \notin \mathbb{Z}$ 的情况. $2\mu \in \mathbb{Z}$ 时仍然可以类似地得到 μ 阶的第一类 Bessel 函数解 $J_\mu(x)$. 但此时 $k-2\mu$ 可以为零, 因而迭代方程 (3.2.16) 当 $\nu=-\mu$ 时无法求解. 此时需用其他的方法得到另一个与 $J_\mu(x)$ 线性无关的解. 留作练习请读者自己思考, 或参见文献 [70].
- 上述两个变系数微分方程形式上非常简单, 但它们的求解或解的表达式相对复杂. 这可以看出, 即使是一般的二阶变系数线性微分方程也可能无法求解.
- 上述两个例子中方程的解一般都不是初等函数, 称为**特殊函数**. 特殊函数具有非常丰富的内容, 它在工程上有广泛的应用. 有兴趣的读者可以参见王竹溪、郭登仁的《特殊函数概论》[70].

3.3 微分方程可积理论

微分方程可积理论既是经典的, 又是现代的. 它联系到现代数学的各个分支, 如经典和现代分析、微分几何和 Riemann 几何、代数拓扑和代数几何等. 有兴趣的读者可参见文献 [6, 8, 9, 11, 14, 23, 45, 61, 68] 及其中的参考文献. 本节介绍其中一些最基本的概念和理论.

微分方程可积理论是从实际模型的动力学研究中发展起来的, 对微分方程动力学的研究起到重要的作用. 对于平面微分方程的研究有很多理论和方法. 但对高维微分方程的研究更多的是数值模拟, 理论性结果相对较少. 但如果系统有首次积分 (定义见下文), 原微分方程组可以降为低维微分方程组, 从而为系统动力学的研究带来方便. 有时也可以利用首次积分直接确定系统的动力学, 见下文的例子.

考虑 n 维微分方程组

$$\frac{dy_i}{dx}=f_i(x,\boldsymbol{y}),\quad (x,\boldsymbol{y})\in D,\quad i=1,\cdots,n, \tag{3.3.1}$$

其中 $D\subset\mathbb{R}^{1+n}$ 是开区域. 为了保证解的存在唯一性, 本节始终假设 $f_i\in C^1(D)$, $i=1,\cdots,n$.

设 G 是 D 的子区域. 定义在 G 上的函数 $V(x,\boldsymbol{y})$ 称为微分方程组 (3.3.1) 的**首次积分**, 如果

(1) $V(x,\boldsymbol{y})\in C(G)$, 且在 G 的任意子区域中都不恒为常数,

(2) 在微分方程组 (3.3.1) 位于 G 中的任何一条积分曲线 $\Gamma:=\{\boldsymbol{w}(x)=(y_1(x),\cdots,y_n(x));\ x\in J\}$ 上都有

$$V(x,\boldsymbol{w}(x))\equiv C_\Gamma,\quad x\in J,$$

其中 C_Γ 是依赖于 Γ 的常数.

附注

- 如果在首次积分的定义中, $V(x,\boldsymbol{y})$ 在 G 的某子区域 Ω 中恒等于常数, 则从 V 得不到微分方程组 (3.3.1) 在 Ω 中任何有用的信息.
- 尽管微分方程组 (3.3.1) 定义在 D 上, 但其首次积分未必能定义在整个 D 上 (见下面的例 (2)). 这是在 D 的子区域上定义微分方程组 (3.3.1) 的首次积分的原因.
- 如果 $V(x,\boldsymbol{y})$ 是微分方程组 (3.3.1) 在 G 上的一个首次积分, $h(z)$ 是任一连续函数使得 $h(V(x,\boldsymbol{y}))$ 在 G 的任意子区域上不恒等于常数, 则 $h(V(x,\boldsymbol{y}))$ 也是微分方程组 (3.3.1) 在 G 上的一个首次积分.

下面的结论给出连续可微的首次积分的等价判定.

命题 33 假设 V 在 G 中连续可微, 且在 G 的任何子区域上不恒等于常数, 则 V 是微分方程组 (3.3.1) 在 G 中的首次积分的充要条件是

$$\frac{\partial V(x,\boldsymbol{y})}{\partial x}+\frac{\partial V(x,\boldsymbol{y})}{\partial y_1}f_1(x,\boldsymbol{y})+\cdots+\frac{\partial V(x,\boldsymbol{y})}{\partial y_n}f_n(x,\boldsymbol{y})\equiv 0,\quad (x,\boldsymbol{y})\in G.$$

证 作为练习请读者自己完成.

例

(1) 二维微分方程组

$$\frac{dx}{dt}=-y,\qquad \frac{dy}{dt}=x \tag{3.3.2}$$

在 $\mathbb{R}^2$ 中有首次积分 $V(t,x,y)=x^2+y^2$. 故其任何一条积分曲线都由某 $V(t,x,y)=c\geqslant 0$ 给出, 从而或者是 $x=0,y=0$ (即 t 轴), 或者是以原点为中心的圆柱面 ($c>0$) 上的螺线 $\Gamma_c:=\{(t,\sqrt{c}\cos t,\sqrt{c}\sin t);\ t\in\mathbb{R}\}$. 注: 积分曲线 Γ_c 在 (x,y) 平面的投影是圆周, 它称为微分方程组 (3.3.2) 的**相轨线**或简称为**轨线**, 而 (x,y) 平面称为**相平面**.

(2) 求二维微分方程组

$$\begin{aligned}\frac{dx}{dt}&=y-x(x^2+y^2-1)(x^2+y^2-2),\\ \frac{dy}{dt}&=-x-y(x^2+y^2-1)(x^2+y^2-2)\end{aligned} \tag{3.3.3}$$

的首次积分, 并用首次积分判定微分方程组 (3.3.3) 的积分曲线和相轨线.

解 从微分方程组 (3.3.3) 的表达式得

$$\begin{aligned}&xx'(t)+yy'(t)=-(x^2+y^2)(x^2+y^2-1)(x^2+y^2-2),\\ &yx'(t)-xy'(t)=x^2+y^2.\end{aligned}$$

对上式积分得到微分方程组 (3.3.3) 的首次积分

$$V_1(t,x,y) = (x^2+y^2)(x^2+y^2-2)(x^2+y^2-1)^{-2}e^{4t},$$
$$V_2(t,x,y) = \arctan\frac{y}{x} + t.$$

注意: 尽管微分方程组 (3.3.3) 在 $\mathbb{R}^3$ 上有定义且解析, 但其首次积分只在 $\mathbb{R}^3$ 的子区域上有定义.

利用极坐标变换 $x = r\cos\theta$, $y = r\sin\theta$, 从 $V_1 = c_1$ 和 $V_2 = c_2$ 解得 $\theta = c_2 - t$ 和

$$x = \sqrt{1 \pm \frac{1}{\sqrt{1-c_1e^{-4t}}}}\cos(c_2-t), \quad y = \sqrt{1 \pm \frac{1}{\sqrt{1-c_1e^{-4t}}}}\sin(c_2-t). \tag{3.3.4}$$

以逆时针方向作为正方向, 则可得到微分方程组 (3.3.3) 的积分曲线和相轨线的分布如下:

(a) $c_1 = 0$, (3.3.4) 对应微分方程组 (3.3.3) 的常数解: $x = 0, y = 0$ 和积分曲线 $\{(t, \sqrt{2}\cos(c_2-t), \sqrt{2}\sin(c_2-t);\ t \in \mathbb{R}\}$, 其对应的轨线是 (x,y) 平面上的圆周 $\Gamma_2 := \{x = \sqrt{2}\cos(c_2-t), y = \sqrt{2}\sin(c_2-t)\}$.

(b) $c_1 > 0$, (3.3.4) 对应微分方程组 (3.3.3) 的一条积分曲线, 其对应的轨线当 $t \to \infty$ 时顺时针方向盘旋逼近 Γ_2.

(c) $c_1 < 0$, (3.3.4) 对应微分方程组 (3.3.3) 的两条积分曲线, 其中一条对应的轨线位于单位圆周 Γ_1 和 Γ_2 之间, 且当 $t \to \infty$ 时顺时针方向盘旋逼近 Γ_2, 当 $t \to -\infty$ 时逆时针方向盘旋逼近 Γ_1. 另一条对应的轨线位于坐标原点和 Γ_1 之间, 且当 $t \to \infty$ 时顺时针方向盘旋逼近坐标原点, 当 $t \to -\infty$ 时逆时针方向盘旋逼近 Γ_1.

(d) $c_1 = -\infty$, (3.3.4) 对应于微分方程组 (3.3.3) 的轨线是 Γ_1.

(e) 上述各类轨线的构型和分布可见图 3.1.

附注

- 例 (2) 中各类轨线及其极限性态可以从

$$\frac{d(x^2+y^2)}{dt} = -2(x^2+y^2)(x^2+y^2-1)(x^2+y^2-2), \qquad \frac{d\arctan\dfrac{y}{x}}{dt} = -1$$

容易地得到. 例如, 从第 2 个方程可得到轨线随着时间的增加顺时针方向旋转, 从第 1 个方程可得到周期轨线 $\Gamma_1 = \{(x,y);\ x^2+y^2=1\}$ 和 $\Gamma_2 = \{(x,y);\ x^2+y^2=2\}$, 以及所有其他轨线的运动状态.

- 例 (2) 中的轨线 Γ_1 和 Γ_2 都是微分方程组 (3.3.3) 的周期解, 且在这两个周期解的小邻域内没有其他的周期解. 这样的周期解称为**极限环**. 注: 积分曲线 $\{(t, \cos(c_2-t), \sin(c_2-t);\ t \in \mathbb{R}\}$ 对应的轨线 Γ_1 是周期解, 而该积分曲线本身

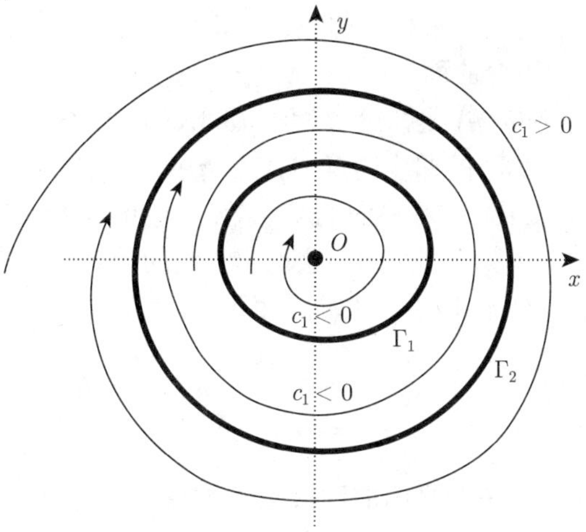

图 3.1 例 (2) 中轨线的构型和分布

不是周期解. 它是三维空间 (t, x, y) 中的圆柱面 $x^2 + y^2 = 1$ 上的螺线. 读者需注意积分曲线与轨线之间的区别和联系.

- 上述例子给读者这样一个启发: 只要得到给定的微分方程组的足够多的首次积分, 就可以利用它们对微分方程组求解. 下节将讨论首次积分的存在性.
- 高阶微分方程

$$y^{(n)}(x) = f(x, y, y', \cdots, y^{(n-1)})$$

可以通过变换 $y_1 = y, y_2 = y', \cdots, y_n = y^{(n-1)}$ 转化为微分方程组, 因此它的首次积分 (假设存在) 的一般形式为 $V(x, y, y', \cdots, y^{(n-1)})$.

3.3.1 可积的基础理论: 首次积分的存在性及其与通解的联系

设 $V_1(x, \boldsymbol{y}), \cdots, V_k(x, \boldsymbol{y})$ 是微分方程组 (3.3.1) 在 G 内连续可微的首次积分. 如果 $V_1, \cdots, V_k$ 关于 $\boldsymbol{y}$ 的 Jacobi 矩阵是满秩的, 即

$$\operatorname{rank}\frac{\partial(V_1, \cdots, V_k)}{\partial(y_1, \cdots, y_n)} = k,$$

称 $V_1, \cdots, V_k$ 是微分方程组 (3.3.1) 在 G 内 k 个**函数独立**的首次积分.

附注 函数独立的首次积分的几何解释.

- 设 $V(x, \boldsymbol{y})$ 是微分方程组 (3.3.1) 在 G 内的一个首次积分. 如果

$$S_c := \{(x, \boldsymbol{y}) \in G; V(x, \boldsymbol{y}) = c\}$$

是一个曲面, 称之为 V 的一个**等势面**. 为了简单起见, 以后直接用 $V = c$ 表示等势面 S_c. 易见从 V 的某等势面上出发的积分曲线始终保持在该等势面上

(因为首次积分沿着任一条积分曲线都取常值). 具有这样性质的曲面称为微分方程组 (3.3.1) 的**不变曲面**.

- 设 $V_1(x,\boldsymbol{y}),\cdots,V_k(x,\boldsymbol{y})$ 是微分方程组 (3.3.1) 在 G 内连续可微的函数独立的首次积分. 因 $V_i(x,\boldsymbol{y})$ 的梯度向量 $\partial_{\boldsymbol{y}}V_i(x,\boldsymbol{y})=(\partial_{y_1}V_i,\cdots,\partial_{y_n}V_i)$ 与其等势面垂直, 故在 $V_1,\cdots,V_k$ 的等势面的交点处, 它们的梯度向量 $\partial_{\boldsymbol{y}}V_1(x,\boldsymbol{y}),\cdots,\partial_{\boldsymbol{y}}V_k(x,\boldsymbol{y})$ 张成一个 k 维线性空间. 这说明它们的等势面在交点处都是**横截相交**的, 即曲面在交点处不相切. 这些等势面的交集是 $n+1-k$ 维曲面.

  例如, 考虑 $\mathbb{R}^3$ 中的平面

$$S_1:=\{x+y+z=0\},\quad S_2:=\{x-y+z=0\},\quad S_3:=\{x+y-z=0\},$$

容易验证, 定义上述三个平面的函数是函数独立的, 因而这三个平面 (二维的) 是横截相交的. 事实上, S_1 与 S_2 的交集是直线 $l:=\{a(1,0,-1)|\, a\in\mathbb{R}\}$ (一维的). S_3 与 l 的交集是点 $(0,0,0)$ (0 维的).

又如, $\mathbb{R}^3$ 中的曲面

$$S_1:=\{x^2+y^2=c_1>0\},\quad S_2:=\{y^2+z^2=c_2>0\}$$

在三个坐标轴以外都是横截相交的. 它们的交集当 $c_1\neq c_2$ 时是柱面上两个不相交的圆周, 当 $c_1=c_2$ 时是柱面上的两个圆周且它们恰好相交于两个点.

对于 $\mathbb{R}^4$ 中的微分方程组

$$\dot{x}=y,\quad \dot{y}=-x,\quad \dot{u}=v,\quad \dot{v}=-u,$$

容易验证它有首次积分

$$H_1=x^2+y^2,\quad H_2=u^2+v^2,\quad H_3=x^2+y^2+u^2+v^2,$$

且 H_1 与 H_2 函数独立, 而 H_1, H_2 和 H_3 函数相关. 易见

$$S_1:=\{(x,y,u,v)\in\mathbb{R}^4|\, H_1=c_1>0\},\quad S_2:=\{(x,y,u,v)\in\mathbb{R}^4|\, H_2=c_2>0\}$$

是 $\mathbb{R}^4$ 中的三维柱面, 且在坐标平面 (x,y) 和 (u,v) 以外的点处都是横截相交的. 它们的交集的每一个连通的部分都是二维环面 (该结论证明所需的知识超出了本书的范围, 从略). 注: 二维环面直观上看是一个轮胎面. 一个集合是连通的是指该集合中任意两点可以由位于这个集合中的曲线连接.

下面的定理给出 n 维微分方程组的函数独立的首次积分的存在性.

定理 34　设 $f_i(x,\boldsymbol{y})\in C^1(D)$, $i=1,\cdots,n$, 则对 $\forall\, P_0=(x_0,\boldsymbol{y}_0)\in D$, 存在 P_0 的邻域 $G_0\subset D$ 使得微分方程组 (3.3.1) 在 G_0 内有且仅有 n 个函数独立的首次积分.

证 (1) 证明微分方程组 (3.3.1) 在 P_0 的某邻域有 n 个函数独立的首次积分.

对 P_0 的任一邻域 $D_0 \subset D$, 任取 $(x_0, \boldsymbol{c}) \in D_0$. 微分方程组 (3.3.1) 满足初始条件

$$\boldsymbol{y}(x_0) = \boldsymbol{c}$$

的解在 D_0 中存在唯一且关于其变量连续可微, 记为 $\boldsymbol{y} = \boldsymbol{w}(x, \boldsymbol{c})$, $x \in J$.

因为 $\boldsymbol{w} = (w_1, \cdots, w_n)$, $\boldsymbol{c} = (c_1, \cdots, c_n)$, 且

$$\begin{aligned} w_i(x, \boldsymbol{c}) &= w_i(x_0, \boldsymbol{c}) + \partial_x w_i(x_0 + \theta(x - x_0), \boldsymbol{c})(x - x_0) \\ &= c_i + \partial_x w_i(x_0 + \theta(x - x_0), \boldsymbol{c})(x - x_0), \end{aligned}$$

所以 $\boldsymbol{w}$ 关于 $\boldsymbol{c}$ 的 Jacobi 矩阵为

$$\left.\frac{\partial \boldsymbol{w}(x, \boldsymbol{c})}{\partial \boldsymbol{c}}\right|_{x=x_0} = \boldsymbol{E},$$

其中 $\boldsymbol{E}$ 是 n 阶单位矩阵. 又

$$\boldsymbol{w}(x_0, \boldsymbol{y}_0) = \boldsymbol{y}_0,$$

所以由隐函数存在定理, 存在 P_0 的邻域 $G_0 \subset D_0$ 使得在其中函数方程 $\boldsymbol{w}(x, \boldsymbol{c}) = \boldsymbol{y}$ 有唯一的连续可微的解

$$\boldsymbol{c} = \boldsymbol{V}(x, \boldsymbol{y}).$$

下证 $\boldsymbol{V}$ 中的 n 个函数是函数独立的首次积分. 因为

$$\boldsymbol{w}(x, \boldsymbol{V}(x, \boldsymbol{y})) \equiv \boldsymbol{y}, \quad (x, \boldsymbol{y}) \in G_0, \tag{3.3.5}$$

所以对该函数方程两边关于 $\boldsymbol{y}$ 求导数可得

$$\frac{\partial \boldsymbol{V}}{\partial \boldsymbol{y}} = \left(\frac{\partial \boldsymbol{w}}{\partial \boldsymbol{c}}\right)^{-1}.$$

这就证明了 $\boldsymbol{V}$ 中的 n 个函数是函数独立的. 对函数方程 (3.3.5) 两边关于 x 求导数得

$$\frac{\partial \boldsymbol{w}}{\partial \boldsymbol{c}} \frac{\partial \boldsymbol{V}}{\partial x} = -\frac{\partial \boldsymbol{w}}{\partial x} = -\boldsymbol{f},$$

其中最后一个等式用到 $\boldsymbol{w}$ 是微分方程组 (3.3.1) 的解, 以及 $\boldsymbol{f} = (f_1, \cdots, f_n)^{\mathrm{T}}$. 所以

$$\frac{\partial \boldsymbol{V}}{\partial x} = \left(\frac{\partial \boldsymbol{w}}{\partial \boldsymbol{c}}\right)^{-1}(-\boldsymbol{f}) = \frac{\partial \boldsymbol{V}}{\partial \boldsymbol{y}}(-\boldsymbol{f}),$$

即

$$\frac{\partial \boldsymbol{V}}{\partial x} + \frac{\partial \boldsymbol{V}}{\partial \boldsymbol{y}} \boldsymbol{f} \equiv 0.$$

由命题 33 得, $V_i(x,\boldsymbol{y})$, $i=1,\cdots,n$, 是微分方程组 (3.3.1) 的 n 个首次积分.

(2) 证微分方程组 (3.3.1) 至多有 n 个函数独立的首次积分.

假设有 $n+1$ 个首次积分 $V_i(x,\boldsymbol{y})$, $i=1,\cdots,n+1$. 由于它们关于 $\boldsymbol{y}$ 的 Jacobi 矩阵

$$\begin{pmatrix} \dfrac{\partial V_1}{\partial y_1} & \cdots & \dfrac{\partial V_1}{\partial y_n} \\ \vdots & \ddots & \vdots \\ \dfrac{\partial V_n}{\partial y_1} & \cdots & \dfrac{\partial V_n}{\partial y_n} \\ \dfrac{\partial V_{n+1}}{\partial y_1} & \cdots & \dfrac{\partial V_{n+1}}{\partial y_n} \end{pmatrix}$$

的秩 $\leqslant n$, 所以 $V_1,\cdots,V_{n+1}$ 在任何区域中都不可能函数独立.

定理证毕. □

附注

- 如果 $\boldsymbol{f}(x,\boldsymbol{y})=(f_1(x,\boldsymbol{y}),\cdots,f_n(x,\boldsymbol{y}))\neq 0$, 微分方程组 (3.3.1) 不含自变量的函数独立的首次积分至多有 $n-1$ 个.
- 微分方程组 (3.3.1) 的因变量 $\boldsymbol{y}$ 所在的空间称为**相空间**. 微分方程组的积分曲线在相空间的投影称为**轨线**. 如果微分方程组 (3.3.1) 有 $n-1$ 个不含自变量的函数独立的首次积分, 则它的轨线完全由这些首次积分的等势面的交确定.
- 定理 34 只给出微分方程组 (3.3.1) 在定义域 D 中某点的邻域内首次积分的局部存在性. 但在 D 中, 或在 D 的某个给定区域中首次积分的整体存在性是一个非常困难的问题.
- 定理 34 的证明本质上是利用微分方程组 (3.3.1) 的通解, 借助隐函数存在定理构造了 n 个函数独立的首次积分. 相对应的, 我们有下面的结论.

定理 35　设 $V_i(x,\boldsymbol{y})$, $i=1,\cdots,n$, 是微分方程组 (3.3.1) 在 G 上连续可微的函数独立的首次积分, 则由隐函数存在定理从 $V_i(x,\boldsymbol{y})=c_i$, $i=1,\cdots,n$, 解出的函数

$$\boldsymbol{y}=\boldsymbol{w}(x,\boldsymbol{c}),\quad x\in J_{\boldsymbol{c}},\quad \text{其中 } \boldsymbol{c} \text{ 是任意常数向量} \tag{3.3.6}$$

是微分方程组 (3.3.1) 在 G 内的通解, 且包含了 (3.3.1) 在 G 内的所有解.

证　(1) 证 (3.3.6) 是微分方程组 (3.3.1) 的通解.

因为 V_i $(i=1,\cdots,n)$ 连续可微, 所以由隐函数存在定理得, $\boldsymbol{w}=(w_1,\cdots,w_n)$ 关于其变量连续可微. 对函数方程

$$V_i(x,\boldsymbol{w}(x,\boldsymbol{c}))\equiv c_i,\quad i=1,\cdots,n$$

两边关于 x 求导数得

$$\frac{\partial V_i}{\partial x}+\frac{\partial V_i}{\partial y_1}\frac{\partial w_1}{\partial x}+\cdots+\frac{\partial V_i}{\partial y_n}\frac{\partial w_n}{\partial x}\equiv 0,\quad i=1,\cdots,n.$$

又 V_i 是连续可微的首次积分, 所以有

$$\frac{\partial V_i}{\partial x}+\frac{\partial V_i}{\partial y_1}f_1+\cdots+\frac{\partial V_i}{\partial y_n}f_n\equiv 0,\quad i=1,\cdots,n.$$

联立上述两个函数方程组得到

$$\frac{\partial \boldsymbol{V}}{\partial \boldsymbol{y}}\begin{pmatrix}\dfrac{\partial w_1}{\partial x}-f_1\\ \vdots\\ \dfrac{\partial w_n}{\partial x}-f_n\end{pmatrix}=0.$$

由于 $V_1,\cdots,V_n$ 是函数独立的, 上述线性齐次方程组有唯一的解

$$\frac{dw_i}{dx}-f_i=0,\quad i=1,\cdots,n,$$

这就证明了 (3.3.6) 是微分方程组 (3.3.1) 的解. 而向量函数族 (3.3.6) 是微分方程组 (3.3.1) 的通解可由 $\boldsymbol{V}$ 是 n 个函数独立的首次积分及

$$\frac{\partial \boldsymbol{w}}{\partial \boldsymbol{c}}=\left(\frac{\partial \boldsymbol{V}}{\partial \boldsymbol{y}}\right)^{-1}$$

得到.

(2) 证向量函数族 (3.3.6) 包含了微分方程组 (3.3.1) 所有的解.

设 $\boldsymbol{y}=\boldsymbol{z}(x)$ 是微分方程组 (3.3.1) 的一个解. 令 $\boldsymbol{y}_0:=\boldsymbol{z}(x_0)$, 则 $\boldsymbol{y}=\boldsymbol{z}(x)$ 是微分方程组 (3.3.1) 满足初始条件 $\boldsymbol{y}(x_0)=\boldsymbol{y}_0$ 的解.

令 $\boldsymbol{c}_0:=\boldsymbol{V}(x_0,\boldsymbol{y}_0)$, 则由隐函数存在定理从函数方程

$$\boldsymbol{V}(x,\boldsymbol{y})=\boldsymbol{c}_0$$

得到的解 $\boldsymbol{y}=\boldsymbol{w}(x,\boldsymbol{c}_0)$ 是微分方程组 (3.3.1) 的解, 且满足 $\boldsymbol{w}(x_0,\boldsymbol{c}_0)=\boldsymbol{y}_0$. 故由解的唯一性定理得 $\boldsymbol{w}(x,\boldsymbol{c}_0)=\boldsymbol{z}(x)$.

定理证毕. □

附注 定义在区域 D 上的微分方程组 (3.3.1) 的首次积分未必在整个 D 上有定义. 因此在首次积分无定义的集合中微分方程组 (3.3.1) 的解需要另外讨论. 如例 (2) 中的首次积分 V_1 在 $x^2+y^2=1$ 上无定义, 但首次积分 $1/V_1$ 在 $x^2+y^2=1$ 上有定义, 却在 $x^2+y^2=0$ 和 $x^2+y^2=2$ 上无定义.

定理 34 解决了 n 维微分方程组局部首次积分的个数问题. 下面的定理进一步刻画了函数独立的首次积分的本质特征.

定理 36　设 $V_1(x,\boldsymbol{y}),\cdots,V_n(x,\boldsymbol{y})$ 是微分方程组 (3.3.1) 在 G 中连续可微的函数独立的首次积分, $\Phi(x,\boldsymbol{y})$ 是 (3.3.1) 在 G 中任一个连续可微的首次积分, 则对 $\forall P_0=(x_0,\boldsymbol{y}_0)\in G$, 存在 P 的邻域 $G_0\subset G$, 及连续可微的函数 $h(z)$ 使得

$$\Phi(x,\boldsymbol{y})=h(V_1(x,\boldsymbol{y}),\cdots,V_n(x,\boldsymbol{y})),\quad (x,\boldsymbol{y})\in G_0.$$

证　由于 $V_1(x,\boldsymbol{y}),\cdots,V_n(x,\boldsymbol{y})$ 在 G 中连续可微且函数独立, 所以函数方程组

$$V_i(x,\boldsymbol{y})=u_i,\quad i=1,\cdots,n,\qquad \text{其中 } \boldsymbol{u}=(u_1,\cdots,u_n) \text{ 当作独立变量}$$

在 P_0 的某邻域 (记为 G_0) 中有唯一的连续可微的解, 记为

$$\boldsymbol{y}=\boldsymbol{w}(x,\boldsymbol{u}),\qquad x\in J,\ \boldsymbol{u}\in\Omega:=\{\boldsymbol{V}(x,\boldsymbol{y});\ (x,\boldsymbol{y})\in G_0\}.$$

由定理 35 知, $\boldsymbol{w}(x,\boldsymbol{u})=(w_1(x,\boldsymbol{u}),\cdots,w_n(x,\boldsymbol{u}))$ 是微分方程组 (3.3.1) 在 G 内的解, 即

$$\frac{\partial w_i(x,\boldsymbol{u})}{\partial x}=f_i(x,\boldsymbol{w}(x,\boldsymbol{u})),\quad (x,\boldsymbol{u})\in J\times\Omega,\quad i=1,\cdots,n,$$

其中 $\boldsymbol{u}$ 是参数.

令

$$h(x,\boldsymbol{u}):=\Phi(x,\boldsymbol{w}(x,\boldsymbol{u})),\quad (x,\boldsymbol{u})\in J\times\Omega,$$

并对 h 关于 x 求偏导数得

$$\begin{aligned}\frac{\partial h(x,\boldsymbol{u})}{\partial x}&=\frac{\partial\Phi[x,\boldsymbol{u}]}{\partial x}+\frac{\partial\Phi[x,\boldsymbol{u}]}{\partial\boldsymbol{y}}\frac{\partial\boldsymbol{w}(x,\boldsymbol{u})}{\partial x}\\&=\frac{\partial\Phi[x,\boldsymbol{u}]}{\partial x}+\frac{\partial\Phi[x,\boldsymbol{u}]}{\partial\boldsymbol{y}}\boldsymbol{f}[x,\boldsymbol{u}]\equiv 0,\quad (x,\boldsymbol{u})\in J\times\Omega,\end{aligned}$$

其中 $[x,\boldsymbol{u}]=(x,\boldsymbol{w}(x,\boldsymbol{u}))\in G_0\subset G$, 最后一个恒等式由 $\Phi(x,\boldsymbol{y})$ 是微分方程组 (3.3.1) 在 G 中的首次积分得到. 这就证明了当 $(x,\boldsymbol{y})\in G_0$ 时有

$$\Phi(x,\boldsymbol{y})=\Phi(x,\boldsymbol{w}(x,\boldsymbol{u}))=h(\boldsymbol{u})=h(V_1(x,\boldsymbol{y}),\cdots,V_n(x,\boldsymbol{y})).$$

定理证毕.　□

附注

- 从上述定理的结论知, 当微分方程组 (3.3.1) 在 $G\subset\mathbb{R}^{1+n}$ 中有 n 个函数独立的首次积分, 则它的积分曲线完全由这些首次积分的等势面的交唯一确定. 此时称微分方程组 (3.3.1) 在 G 中**完全可积**.

- 如果只考虑因变量 $\boldsymbol{y}$ 所在的空间 $\Xi \subset \mathbb{R}^n$ (即相空间, 当 $n = 2$ 时是相平面), 且微分程组 (3.3.1) 在 Ξ 中有 $n-1$ 个不含自变量 x 的函数独立的首次积分, 则相空间 Ξ 中的轨线完全由这 $n-1$ 个函数独立的首次积分确定. 此时也称微分方程组 (3.3.1) 在 Ξ 中**完全可积**.
- 尽管在前两条附注中给出了完全可积的两个定义, 但必须说明: 到目前为止完全可积没有一个统一的定义, 从不同的学科和不同的角度出发有不同的定义. 例如, 下一节讨论的 Hamilton 系统的完全可积有另外的定义.
- 当微分方程组 (3.3.1) 在 G 中有 $1 \leqslant k < n$ 个连续可微的函数独立的首次积分, 则限制在这 k 个首次积分的等势面确定的 $n+1-k$ 维不变曲面上, 微分方程组 (3.3.1) 可以约化成一个 $n-k$ 维微分方程组. 如在例 (1) 的首次积分确定的等势曲线 $x^2 + y^2 = c > 0$, 即 $y = \sqrt{c - x^2}$ 上, 原二维微分方程组约化为一阶微分方程

$$x'(t) = -\sqrt{c - x^2}, \quad x \in (-\sqrt{c}, \sqrt{c}).$$

事实上, 在上述等势曲线上第二个方程可以由第一个方程得到, 因为

$$y'(t) = \frac{-xx'(t)}{\sqrt{c - x^2}} = x.$$

- 关于自治微分方程组首次积分之间的关系, 文献 [45, 79] 有进一步的研究.
- 文献 [26] 对各类经典意义下的可积有较为全面的介绍, 写得通俗易懂. 推荐对可积理论有兴趣的读者阅读.

最后利用可积理论讨论 1.1.4 小节中给出的二维 Lotka–Volterra 微分方程组

$$\frac{dx}{dt} = x(a - by), \quad \frac{dy}{dt} = y(-c + dy) \tag{3.3.7}$$

的动力学, 其中 a, b, c, d 是非负常数. 该微分方程组有首次积分

$$V(x, y) = dx + by - c\log x - a\log y.$$

它可以通过将微分方程组 (3.3.7) 写成

$$\frac{dy}{dx} = \frac{y(-c + dx)}{x(a - by)},$$

再利用变量分离法积分得到.

因为 x, y 都是非负的, 只需考虑微分方程组 (3.3.7) 在 (x, y) 平面中第一象限内轨线的结构. 为此讨论等势曲线

$$dx + by - c\log x - a\log y = h, \quad h \in \mathbb{R}.$$

它可以看成三维空间 (x, y, z) 中的曲面

$$z = dx + by - c\log x - a\log y \tag{3.3.8}$$

与平面 $z = h$ 的交在 (x, y) 平面的投影. 下面讨论曲面 (3.3.8) 的性质. 直接计算得

$$z_x = d - \frac{c}{x}, \quad z_y = b - \frac{a}{y},$$

故函数 z 有唯一的极值点, 即

$$(x_0, y_0) = \left(\frac{c}{d}, \frac{a}{b}\right).$$

它也是严格极小值点. 因为, 由

$$z_{xx} = \frac{c}{x^2} > 0, \quad z_{yy} = \frac{a}{y^2} > 0$$

得, 曲面是下凸的. 又因

$$\lim_{x\to 0^+} z = \lim_{y\to 0^+} z = \lim_{x\to +\infty} z = \lim_{y\to +\infty} z = +\infty,$$

所以 (x_0, y_0) 是曲面 z 的最小值点, 最小值为 $z_0 = a + c - c\log(cd^{-1}) - a\log(ab^{-1})$, 且对 $\forall h \in (z_0, \infty)$, $z = h$ 是 (x, y) 平面的闭曲线.

上述结论说明, 在自然生长环境中, 无论捕食者和被捕食者的初始数量如何, 随着时间的变化捕食者和被捕食者的数量都作周期性的改变. 这可以解释为, 当捕食者的数量增加到一个峰值时, 因被捕食者被大量的消耗而数量骤减, 捕食者因缺少食物而数量减少, 这样被捕食者得到生长的机会, 使得数量不断增加. 随着被捕食者的数量不断增加, 捕食者的数量逐渐减少, 达到一个新的峰值后, 因被捕食者给捕食者提供了充足的食物使得捕食者的数量不断增加, 被捕食者的数量逐渐减少, 这样周而复始的循环变化使得物种千万年相互依存地保存下来.

3.3.2 首次积分在偏微分方程求解中的应用

作为可积理论在偏微分方程求解中的应用, 本节主要讨论**一阶线性齐次偏微分方程**

$$\sum_{i=1}^{n} a_i(\boldsymbol{x})\frac{\partial u}{\partial x_i} = 0, \qquad \boldsymbol{x} = (x_1, \cdots, x_n) \in D \subset \mathbb{R}^n \text{ 开区域} \tag{3.3.9}$$

和**一阶拟线性偏微分方程**

$$\sum_{i=1}^{n} a_i(\boldsymbol{x}, u)\frac{\partial u}{\partial x_i} = b(\boldsymbol{x}, u), \quad (\boldsymbol{x}, u) \in G \subset \mathbb{R}^{n+1} \text{ 开区域} \tag{3.3.10}$$

的求解问题.

1. **一阶线性齐次偏微分方程 (3.3.9) 的解的理论**

偏微分方程 (3.3.9) 对应的**特征方程**是

$$\frac{dx_1}{a_1}=\cdots=\frac{dx_n}{a_n}. \tag{3.3.11}$$

假设

$$a_1,\cdots,a_n\in C^1(D),\qquad 且\quad \sum_{i=1}^{n}|a_i(\boldsymbol{x})|>0,\qquad \boldsymbol{x}\in D. \tag{3.3.12}$$

则 (3.3.11) 是 $n-1$ 阶常微分方程组. 例如当 $a_n(\boldsymbol{x})\neq 0$ 时, 微分方程组 (3.3.11) 可以写成

$$\frac{dx_i}{dx_n}=\frac{a_i(\boldsymbol{x})}{a_n(\boldsymbol{x})},\quad i=1,\cdots,n-1.$$

因此由 Picard 定理得, 微分方程组 (3.3.11) 从 D 中任一点出发的解都存在唯一. 进一步地, 由定理 34 知, 微分方程组 (3.3.11) 局部地有 $n-1$ 个函数独立的首次积分.

定理 37 假设微分方程组 (3.3.11) 满足条件 (3.3.12), 且在 D 中有 $n-1$ 个函数独立的首次积分

$$\phi_1(\boldsymbol{x})=c_1,\quad\cdots,\quad\phi_{n-1}(\boldsymbol{x})=c_{n-1},$$

则一阶线性偏微分方程 (3.3.9) 的通解为

$$u=\Psi(\phi_1(\boldsymbol{x}),\cdots,\phi_{n-1}(\boldsymbol{x})),$$

其中 $\Psi(\cdot,\cdots,\cdot)$ 是任意的 $n-1$ 元连续可微函数.

证 由已知条件, 不妨设 $a_n\neq 0$. 因而特征方程 (3.3.11) 等价于 $n-1$ 维常微分方程组

$$\frac{dx_i}{dx_n}=\frac{a_i(\boldsymbol{x})}{a_n(\boldsymbol{x})},\quad i=1,\cdots,n-1. \tag{3.3.13}$$

根据连续可微的首次积分的等价判定知, $\phi(\boldsymbol{x})$ 是 (3.3.13) 的首次积分当且仅当 $\phi(\boldsymbol{x})$ 是偏微分方程

$$\frac{\partial\phi}{\partial x_n}+\frac{a_1(\boldsymbol{x})}{a_n(\boldsymbol{x})}\frac{\partial\phi}{\partial x_1}+\cdots+\frac{a_{n-1}(\boldsymbol{x})}{a_n(\boldsymbol{x})}\frac{\partial\phi}{\partial x_{n-1}}=0,$$

即

$$a_1(\boldsymbol{x})\frac{\partial\phi}{\partial x_1}+\cdots+a_{n-1}(\boldsymbol{x})\frac{\partial\phi}{\partial x_{n-1}}+a_n(\boldsymbol{x})\frac{\partial\phi}{\partial x_n}=0$$

的解. 因此求偏微分方程 (3.3.9) 的通解等价于求常微分方程组 (3.3.13) 的所有的首次积分.

若 $\phi(\boldsymbol{x})$ 是 (3.3.13) 的首次积分, 则由定理 36 知, 存在连续可微的 $n-1$ 元函数 Ψ 使得

$$\phi(\boldsymbol{x})=\psi(\phi_1(\boldsymbol{x}),\cdots,\phi_{n-1}(\boldsymbol{x})).$$

这就证明了偏微分方程 (3.3.9) 的通解是关于 $\phi_1(\boldsymbol{x}),\cdots,\phi_{n-1}(\boldsymbol{x})$ 的任意连续可微函数. 定理证毕. □

附注

- 定理 37 中通解的表达式只是局部的.
- 一阶线性偏微分方程的通解由其特征方程的 $n-1$ 个函数独立的首次积分与一个任意的连续可微函数来表示.

例

(1) 求下列偏微分方程的通解:

$$x\frac{\partial u}{\partial x}+y\frac{\partial u}{\partial y}+(z-\sqrt{x^2+y^2+z^2})\frac{\partial u}{\partial z}=0. \tag{3.3.14}$$

解 偏微分方程 (3.3.14) 的特征方程为

$$\frac{dx}{x}=\frac{dy}{y}=\frac{dz}{z-\sqrt{x^2+y^2+z^2}}.$$

从

$$\frac{dx}{x}=\frac{dy}{y}$$

得到特征方程的一个首次积分 $\phi_1(x,y,z)=\dfrac{x}{y}$. 将特征方程变形得

$$\frac{xdx}{x^2}=\frac{ydy}{y^2}=\frac{(z+\sqrt{x^2+y^2+z^2})dz}{-(x^2+y^2)}.$$

从而有

$$xdx+ydy+(z+\sqrt{x^2+y^2+z^2})dz=0,$$

即

$$d(x^2+y^2+z^2)+2\sqrt{x^2+y^2+z^2}dz=0.$$

这样得到特征方程的第二个首次积分

$$\phi_2(x,y,z)=z+\sqrt{x^2+y^2+z^2}.$$

容易验证 ϕ_1 与 ϕ_2 是函数独立的. 因而偏微分方程 (3.3.14) 的通解为

$$u(x,y,z)=\psi\left(\frac{x}{y},z+\sqrt{x^2+y^2+z^2}\right),$$

其中 ψ 是任意连续可微的二元函数.

(2) 求偏微分方程

$$y\frac{\partial u}{\partial x}+z\frac{\partial u}{\partial z}=0 \tag{3.3.15}$$

通过曲面 $x=1, u=\ln z-\dfrac{1}{y}$ 的解.

解 偏微分方程 (3.3.15) 的特征方程为

$$\frac{dx}{y}=\frac{dy}{0}=\frac{dz}{z}.$$

易见 $\phi_1(x,y,z)=y$ 是特征方程的一个首次积分. 由于特征方程的任一条积分曲线都位于首次积分的某个等势面上, 所以在等势面 $y=c_1$ 上, 从

$$\frac{dx}{y}=\frac{dz}{z}$$

解得

$$\frac{x}{c_1}=\ln z+c.$$

所以特征方程的另一个函数独立的首次积分为

$$\phi_2(x,y,z)=\frac{x}{y}-\ln z.$$

故原方程的通解为

$$u=\psi\left(y,\frac{x}{y}-\ln z\right),$$

其中 ψ 是任意连续可微函数. 下面确定满足给定条件的函数 ψ.

由已知条件得

$$\psi\left(y,\frac{1}{y}-\ln z\right)=\ln z-\frac{1}{y}.$$

在函数 ψ 中令 $\xi=y, \eta=\dfrac{1}{y}-\ln z$, 则有 $y=\xi, z=e^{\frac{1}{\xi}-\eta}$. 从而函数

$$\psi(\xi,\eta)=-\eta.$$

故原方程满足给定条件的解为

$$u=-\eta=\ln z-\frac{x}{y}.$$

2. 一阶拟线性偏微分方程 (3.3.10) 的解的理论

为讨论一阶拟线性偏微分方程 (3.3.10), 即

$$\sum_{i=1}^{n} a_i(\boldsymbol{x},u)\frac{\partial u}{\partial x_i} = b(\boldsymbol{x},u), \quad (\boldsymbol{x},u) \in G \subset \mathbb{R}^{n+1} \text{ 开区域}$$

的解的存在性, 假设

$$a_1, \cdots, a_n, b \in C^1(G), \quad \text{且} \quad \sum_{i=1}^{n} |a_i(\boldsymbol{x},u)| > 0, \qquad (\boldsymbol{x},u) \in G. \tag{3.3.16}$$

常微分方程组

$$\frac{dx_1}{a_1(\boldsymbol{x},u)} = \cdots = \frac{dx_n}{a_n(\boldsymbol{x},u)} = \frac{du}{b(\boldsymbol{x},u)} \tag{3.3.17}$$

称为一阶拟线性偏微分方程 (3.3.10) **的特征方程**.

定理 38 假设微分方程组 (3.3.17) 满足条件 (3.3.16), 且在 D 中有 n 个函数独立的首次积分

$$\phi_1(\boldsymbol{x},u) = c_1, \quad \cdots, \quad \phi_n(\boldsymbol{x},u) = c_n,$$

则一阶拟线性偏微分方程 (3.3.10) 的通解为

$$\Psi(\phi_1(\boldsymbol{x},u), \cdots, \phi_n(\boldsymbol{x},u)) = 0, \tag{3.3.18}$$

其中 $\Psi(\cdot, \cdots, \cdot)$ 是任意的 n 元连续可微函数. 注: 这里的通解是指 (3.3.18) 包含了 (3.3.10) 的所有解, 且 (3.3.10) 的任意解都可以表示成 (3.3.18) 的形式.

证 由假设和定理 36 知, 特征方程 (3.3.17) 所有的首次积分为

$$V(\boldsymbol{x},u) = \Psi(\phi_1(\boldsymbol{x},u)), \cdots, \phi_n(\boldsymbol{x},u)),$$

其中 Ψ 是任意的连续可微的 n 元函数. 从定理 37 及其证明得, $V(\boldsymbol{x},u)$ 是线性偏微分方程

$$a_1(\boldsymbol{x},u)\frac{\partial V}{\partial x_1} + \cdots + a_n(\boldsymbol{x},u)\frac{\partial V}{\partial x_n} + b(\boldsymbol{x},u)\frac{\partial V}{\partial u} = 0 \tag{3.3.19}$$

的通解.

下面首先证明从 (3.3.18) 根据隐函数存在定理确定的函数 $u = \phi(\boldsymbol{x})$ 是偏微分方程 (3.3.10) 的解 (当然要求 $\dfrac{\partial V}{\partial u} \neq 0$). 由隐函数方程确定的函数的导数满足

$$\frac{\partial \phi(\boldsymbol{x})}{\partial x_i} = -\frac{\partial V}{\partial x_i}\bigg/\frac{\partial V}{\partial u}, \quad i = 1, \cdots, n.$$

将上述表达式代入 (3.3.19) 得到

$$a_1(\boldsymbol{x},\phi(\boldsymbol{x}))\frac{\partial \phi}{\partial x_1}+\cdots+a_n(\boldsymbol{x},\phi(\boldsymbol{x}))\frac{\partial \phi}{\partial x_n}=b(\boldsymbol{x},\phi(\boldsymbol{x})).$$

这就证明了 $u=\phi(\boldsymbol{x})$ 是拟线性偏微分方程 (3.3.10) 的解.

最后证明 (3.3.10) 的任一解可以表示成 (3.3.18) 的形式. 设 $u=\psi(\boldsymbol{x})$ 是 (3.3.10) 的任一解. 令

$$\Phi_i(\boldsymbol{x}):=\phi_i(\boldsymbol{x},\psi(\boldsymbol{x})),\quad i=1,\cdots,n,$$

则对 $i=1,\cdots,n$ 有

$$\begin{aligned}a_1\frac{\partial \Phi_i}{\partial x_1}+\cdots+a_n\frac{\partial \Phi_i}{\partial x_n}&=a_1\frac{\partial \phi_i}{\partial x_1}+\cdots+a_n\frac{\partial \phi_i}{\partial x_n}+\frac{\partial \phi_i}{\partial u}\left(a_1\frac{\partial \psi}{\partial x_1}+\cdots+a_n\frac{\partial \psi}{\partial x_n}\right)\\&=a_1\frac{\partial \phi_i}{\partial x_1}+\cdots+a_n\frac{\partial \phi_i}{\partial x_n}+b\frac{\partial \phi_i}{\partial u}=0,\end{aligned}$$

其中第二个等式中用到 $\psi(\boldsymbol{x})$ 是 (3.3.10) 的解, 第三个等式中用到 $\phi_i(\boldsymbol{x},u)$ 是特征方程 (3.3.17) 的首次积分.

这就证明了 $\Phi_1(\boldsymbol{x}),\cdots,\Phi_n(\boldsymbol{x})$ 是 $n-1$ 维常微分方程组

$$\frac{dx_1}{a_1}=\cdots=\frac{dx_n}{a_n}$$

的首次积分, 因此由定理 36 得, 其中的某个首次积分是其他首次积分的连续可微的函数. 不妨设

$$\Phi_n(\boldsymbol{x})=\Gamma(\Phi_1(\boldsymbol{x}),\cdots,\Phi_{n-1}(\boldsymbol{x})),$$

其中 Γ 是连续可微的函数. 令

$$\Psi(\phi_1(\boldsymbol{x},u),\cdots,\phi_n(\boldsymbol{x},u)):=\phi_n(\boldsymbol{x},u)-\Gamma(\phi_1(\boldsymbol{x},u),\cdots,\phi_{n-1}(\boldsymbol{x},u)),$$

则 $u=\psi(\boldsymbol{x})$ 是方程

$$\Psi(\phi_1(\boldsymbol{x},u),\cdots,\phi_n(\boldsymbol{x},u))=0$$

的解. 定理证毕. □

例

(1) 求解偏微分方程初值问题:

$$\begin{aligned}\sqrt{x}\frac{\partial z}{\partial x}+\sqrt{y}\frac{\partial z}{\partial y}&=z,\\ z\big|_{y=1}&=\cos(\omega x).\end{aligned}$$

解　特征方程

$$\frac{dx}{\sqrt{x}}=\frac{dy}{\sqrt{y}}=\frac{dz}{z}$$

有两个函数独立的首次积分

$$\phi_1(x,y,z)=\sqrt{x}-\sqrt{y},\quad \phi_2(x,y,z)=2\sqrt{y}-\ln|z|.$$

故原偏微分方程的通解为

$$\Phi(\sqrt{x}-\sqrt{y},\,2\sqrt{y}-\ln|z|)=0,\tag{3.3.20}$$

其中 Φ 是任意的二元连续可微函数, 且含有第二个变元.

对函数方程 (3.3.20) 运用隐函数存在定理解得

$$2\sqrt{y}-\ln|z|=g(\sqrt{x}-\sqrt{y}).$$

从而有

$$z=e^{2\sqrt{y}}\psi(\sqrt{x}-\sqrt{y}).$$

利用初始条件得

$$\psi(\sqrt{x}-1)=e^{-2}\cos(\omega x).$$

故有

$$\psi(\zeta)=e^{-2}\cos(\omega(1+\zeta)^2).$$

因此原初值问题的解是

$$z=e^{2(\sqrt{y}-1)}\cos(\omega(1+\sqrt{x}-\sqrt{y})^2).$$

(2) 求解一阶偏微分方程

$$x\frac{\partial u}{\partial x}+y\frac{\partial u}{\partial y}+z\frac{\partial u}{\partial z}=u+\frac{xy}{z}.$$

解　考虑特征方程

$$\frac{dx}{x}=\frac{dy}{y}=\frac{dz}{z}=\frac{du}{u+\dfrac{xy}{z}}.$$

易见它有两个函数独立的首次积分

$$\phi_1(x,y,z,u)=\frac{z}{x},\quad \phi_2(x,y,z,u)=\frac{y}{z}.$$

由于特征方程的积分曲线都位于等势面上, 因此求其他的函数独立的首次积分时可以将 $\dfrac{z}{x}$ 与 $\dfrac{y}{z}$ 当作常数看待.

在特征方程中, 考虑

$$\frac{dx}{x}=\frac{du}{u+\dfrac{xy}{z}},$$

并令 $\dfrac{y}{z}=c_1$, 则有

$$\frac{du}{dx}=\frac{1}{x}u+c_1.$$

这是一个关于 u 的线性微分方程, 它有通解

$$u=x(c_1\ln|x|+c).$$

因而原特征方程有首次积分

$$\phi_3(x,y,z,u)=\frac{u}{x}-\frac{y}{z}\ln|x|.$$

容易验证 ϕ_1,ϕ_2,ϕ_3 是函数独立. 所以原方程的通解是

$$\Phi\left(\frac{z}{x},\frac{y}{z},\frac{u}{x}-\frac{y}{z}\ln|x|\right)=0,$$

其中 $\Phi(\xi,\eta,\zeta)$ 是任意连续可微的函数, 且 Φ_ζ 不恒等于零. 利用隐函数存在定理, 原方程的通解也可写成

$$u=x\psi\left(\frac{z}{x},\frac{y}{z}\right)+\frac{xy}{z}\ln|x|,$$

其中 ψ 是任意连续可微的函数.

3.3.3 Hamilton 系统可积理论初步

Hamilton 系统是 Hamilton 从牛顿力学演化而来的, 它的可积性研究具有极其丰富的内容, 不仅联系到经典分析, 还联系到代数几何 [68]、Riemann 几何和代数拓扑 [9, 10]、辛几何和辛拓扑 [6, 82] 等. 本节介绍其中一些最浅显的基础知识.

1. 经典 Hamilton 系统的例子和定义

考虑牛顿力学方程

$$m\ddot{x}=F(x),\tag{3.3.21}$$

其中 m 是质点的质量, x 是质点所在的位置, $F(x)$ 是质点在 x 处的运动方向上所受的力, $\ddot{x}$ 是质点运动的切向加速度. 令 $q=x$, $p=m\dot{x}$. 由物理学知, p 是质点的动量. 再令

$$H(q,p)=\frac{1}{2m}p^2-\int_0^q F(s)ds,$$

则牛顿力学方程 (3.3.21) 可以等价地写成

$$\dot{q}=\frac{\partial H}{\partial p},\quad \dot{p}=-\frac{\partial H}{\partial q}.\tag{3.3.22}$$

这是因为

$$\ddot{x}=\ddot{q}=\frac{d}{dt}\frac{\partial H}{\partial p}=\frac{1}{m}\dot{p}=-\frac{1}{m}\frac{\partial H}{\partial q}=-\frac{1}{m}(-F(q))=\frac{1}{m}F(q)=\frac{1}{m}F(x).$$

微分方程组 (3.3.22) 称为 Hamilton 系统, $H(q,p)$ 称为 Hamilton 系统 (3.3.22) 的 Hamilton 函数.

由于 Hamilton 系统的结构特点, 以及众多经典力学方程都可以转化为 Hamilton 系统, 因而 Hamilton 系统动力学的研究引起了人们极大的兴趣. 它是当前动力系统的主要研究对象之一.

一般地, 设 $H(\boldsymbol{q},\boldsymbol{p})$ 是 $2n$ 维空间中的连续可微函数, 其中 $\boldsymbol{q}=(q_1,\cdots,q_n)$, $\boldsymbol{p}=(p_1,\cdots,p_n)$. 微分方程组

$$\frac{dq_i(t)}{dt}=\frac{\partial H}{\partial p_i},\qquad \frac{dp_i(t)}{dt}=-\frac{\partial H}{\partial q_i},\quad i=1,\cdots,n$$

称为 n **自由度的 Hamilton 系统**, H 称为 **Hamilton 函数**. Hamilton 函数总是相应的 Hamilton 系统的首次积分. 注: 在力学上, q 通常是质点的位置坐标, p 是动量. Hamilton 函数 H 通常是质点的总能量, 即动能与势能的和.

上述 Hamilton 系统用矩阵的形式可写成

$$\begin{pmatrix}\dot{\boldsymbol{q}}\\ \dot{\boldsymbol{p}}\end{pmatrix}=\boldsymbol{J}\nabla H,\quad \boldsymbol{J}=\begin{pmatrix}\boldsymbol{0} & \boldsymbol{E}\\ -\boldsymbol{E} & \boldsymbol{0}\end{pmatrix},\tag{3.3.23}$$

其中 $\boldsymbol{0}$ 是 n 阶零矩阵, $\boldsymbol{E}$ 是 n 阶单位矩阵, ∇H 表示 H 的梯度, 即

$$\nabla H=(\partial_{q_1}H,\cdots,\partial_{q_n}H,\partial_{p_1}H,\cdots,\partial_{p_n}H)^{\mathrm{T}},$$

其中 T 表示矩阵的转置.

以上定义的是 $\mathbb{R}^{2n}$ 中标准的 Hamilton 系统. 一般的 $\mathbb{R}^{2n}$ 中的 Hamilton 系统是通过辛矩阵代替矩阵 $\boldsymbol{J}$ 来定义的, 或更一般的 Hamilton 系统是定义在辛流形或 Poisson 流形上. 这些知识超出本书的范围, 不在此叙述. 有兴趣的读者可参见文献 [1, 5, 8, 9, 53].

例

(1) 自由落体运动方程

$$\ddot{x}(t)=-g$$

通过变换

$$q=x,\qquad p=m\dot{x}$$

可写成 Hamilton 系统

$$\dot{q}=\frac{\partial H}{\partial p},\qquad \dot{p}=-\frac{\partial H}{\partial q},$$

其中 Hamilton 函数

$$H(q,p)=\frac{1}{2m}p^2+mgq$$

由动能和重力势能构成, m 是质点的质量.

(2) 单摆运动方程

$$\ddot{x}(t)=-a^2\sin x,\quad a^2=g/l$$

通过变换

$$q=x,\qquad p=m\dot{x},\quad \text{其中 } m \text{ 是质点的质量}$$

可写成 Hamilton 系统

$$\dot{q}=\frac{\partial H}{\partial p},\quad \dot{p}=-\frac{\partial H}{\partial q},$$

其中 Hamilton 函数

$$H(q,p)=\frac{1}{2m}p^2-a^2m\cos q.$$

它也是由动能和势能构成的.

(3) 两体问题. 用 S 表示太阳, E 表示地球, 它们的质量分别是 m_S 和 m_E. 设 S 位于惯性系的中心, 用 $\boldsymbol{q}=(q_1,q_2,q_3)$ 表示惯性系的坐标. 用 $\boldsymbol{p}=(p_1,p_2,p_3)=(m_E\dot{q}_1,m_E\dot{q}_2,m_E\dot{q}_3)$ 表示动量. 在太阳系中, 相对于太阳其他星球对地球的作用力很小, 为了简单起见可以忽略, 则地球围绕太阳运转的总能量由动能和引力势能构成

$$H(\boldsymbol{q},\boldsymbol{p})=\frac{1}{2m_E}(p_1^2+p_2^2+p_3^2)-\frac{Gm_Sm_E}{\sqrt{q_1^2+q_2^2+q_3^2}},\quad \text{其中 } G \text{ 是万有引力常数.}$$

所以相应的 Hamilton 系统为

$$\begin{aligned}
\dot{q}_1&=\frac{1}{m_E}p_1,\quad \dot{p}_1=-\frac{Gm_Sm_Eq_1}{(q_1^2+q_2^2+q_3^2)^{\frac{3}{2}}},\\
\dot{q}_2&=\frac{1}{m_E}p_2,\quad \dot{p}_2=-\frac{Gm_Sm_Eq_2}{(q_1^2+q_2^2+q_3^2)^{\frac{3}{2}}},\\
\dot{q}_3&=\frac{1}{m_E}p_3,\quad \dot{p}_3=-\frac{Gm_Sm_Eq_3}{(q_1^2+q_2^2+q_3^2)^{\frac{3}{2}}}.
\end{aligned}\tag{3.3.24}$$

容易验证该 Hamilton 系统还有首次积分

$$H_1=q_3p_2-q_2p_3,\quad H_2=q_1p_3-q_3p_1,\quad H_3=q_2p_1-q_1p_2.$$

由于在地球运行的轨道上每个首次积分都取常值, 记

$$\begin{aligned}
q_3(t)p_2(t)-q_2(t)p_3(t)&=:c_1,\\
q_1(t)p_3(t)-q_3(t)p_1(t)&=:c_2,\\
q_2(t)p_1(t)-q_1(t)p_2(t)&=:c_3,
\end{aligned}$$

则

$$c_1q_1(t)+c_2q_2(t)+c_3q_3(t)\equiv 0.$$

这就证明了地球运行的轨道始终位于惯性系中通过坐标原点的平面上.

下面为了讨论方便起见, 不妨假设地球在 $q_3=0$ 的平面上运行. 从而 $p_3=0$. 设在地球运行的轨道上,

$$H(\boldsymbol{q}(t),\boldsymbol{p}(t))=:c.$$

由于 $H_3(\boldsymbol{q}(t),\boldsymbol{p}(t))=c_3$, 则有

$$\dot{q}_1^2+\dot{q}_2^2-\frac{2\mu}{\sqrt{q_1^2+q_2^2}}=\nu,\quad q_2\dot{q}_1-q_1\dot{q}_2=\nu_1,$$

其中 $\mu=Gm_S$, $\nu=2cm_E^{-1}$, $\nu_1=c_3m_E^{-1}$.

利用柱坐标变换

$$q_1=r\cos\theta,\ q_2=r\sin\theta,\quad \text{以及}\quad \dot{q}_1^2+\dot{q}_2^2=\dot{r}^2+r^2\dot{\theta}^2,$$

得到

$$\dot{r}^2+r^2\dot{\theta}^2-\frac{2\mu}{r}=\nu,\quad r^2\frac{d\theta}{dt}=-\nu_1.$$

故有

$$\dot{r}=\pm\sqrt{\nu+2\mu r^{-1}-\nu_1^2r^{-2}},\quad \dot{\theta}=-\nu_1r^{-2},$$

不妨假设 $\nu_1>0$, 将上述两个方程写成 $dr/d\theta$ 的形式, 并对其积分得

$$r=\frac{\rho}{1+e\cos(\theta-\theta_0)},\quad \rho=\frac{\nu_1^2}{\mu},\quad e=\frac{\nu_1}{\mu}\sqrt{\nu+\frac{\mu^2}{\nu_1^2}},\tag{3.3.25}$$

其中 θ_0 是积分常数. 由平面解析几何的知识, 极坐标函数 (3.3.25) 的图像当 $0<e<1$ 是椭圆, 当 $e=1$ 是抛物线, 当 $e>1$ 是双曲线. 因此地球运行的轨道是椭圆.

上述例子表明足够数目的首次积分的存在性对 Hamilton 系统动力学的理解起到非常大的帮助.

*2. Hamilton 系统可积的定义和性质

在经典力学中, n 自由度的 Hamilton 系统 (3.3.23) 称为**可积** (或 **Liouville 可积**), 如果

(1) 它有 n 个函数独立的首次积分 $H_1=H(\boldsymbol{q},\boldsymbol{p})$, $H_2(\boldsymbol{q},\boldsymbol{p})$, $\cdots$, $H_n(\boldsymbol{q},\boldsymbol{p})$,

(2) 这 n 个首次积分两两**对合**, 即 $(\nabla H_i)^{\mathrm{T}}J\nabla H_j\equiv 0$, $1\leqslant i,j\leqslant n$.

Liouville–Arnold 定理给出了可积 Hamilton 系统的本质刻画. 为叙述该定理, 需要几个基本的定义.

(1) 设 $U \subset \mathbb{R}^{2n}$ 是一个开子集, $F_1, \cdots, F_n$ 是定义在 U 上的函数. 称 $(c_1, \cdots, c_n) \in \mathbb{R}^n$ 是 $F_1, \cdots, F_n$ 的**正则值**, 如果对 $\forall P \in \bigcap_{i=1}^{n} F_i^{-1}(c_i)$, $\nabla F_1(P), \cdots, \nabla F_n(P)$ 是满秩的. 注: $F_i^{-1}(c_i) := \{p \in U; F_i(p) = c_i\}$.

(2) Hamilton 系统的解 $\phi_t(\boldsymbol{q}, \boldsymbol{p})$ 满足**流**的性质, 即对解的存在区间上的任意两点 t, s 都有 $\phi_{t+s}(\boldsymbol{q}, \boldsymbol{p}) = \phi_t(\phi_s(\boldsymbol{q}, \boldsymbol{p}))$. 事实上该结论对任何光滑自治微分系统都成立. 它可以由解的唯一性容易证明, 请读者自己完成. 因此下面也将自治微分系统的解称作该**系统的流**. 称一个流 ϕ_t 是**完备的**, 如果它的存在区间是整个 $\mathbb{R}$.

(3) 一个集合 V 是系统 (3.3.23) 的**不变集**, 如果从 V 中任一点出发的轨道都保持在 V 中.

(4) 欧氏空间中的一个集合称为**紧的**, 如果它是有界闭集.

(5) 记 $\mathbb{T}^n$ 为 n 维环面, 即 $\mathbb{T}^1 = \mathbb{S} = \mathbb{R}/(2\pi\mathbb{R})$ (单位圆周), $\mathbb{T}^2 = \mathbb{S} \times \mathbb{S}$ (轮胎面), $\mathbb{T}^n = \underbrace{\mathbb{S} \times \cdots \times \mathbb{S}}_{n}$. 显然环面是紧的. 注: 二维环面 $\mathbb{T}^2$ 可以看成三维空间 (x, y, z) 中过 z 轴平面内的圆周围绕 z 轴旋转形成的, 见图 3.2. 该环面方程可写成

$$x = (R + r\cos\alpha)\cos\beta, \quad y = (R + r\cos\alpha)\sin\beta, \quad z = r\sin\alpha,$$

其中圆周的圆心位于 (x, y) 平面, r 是圆周的半径, R 是从坐标原点到圆心的距离 $(R > r)$.

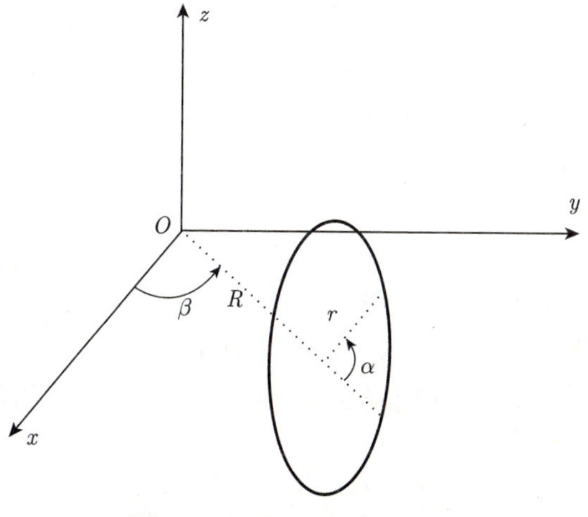

图 3.2 二维环面 $\mathbb{T}^2$ 的构型

(6) 集合 U 的一个**连通分支**是其一个子集 V, 使得 V 中任意两点都可以被包含在 V 中的一条连续曲线连接起来. 显然环面只有一个连通分支, 即其本身.

(7) 设 M, N 是两个集合.

– 映射 $\Phi: M \to N$ 是一个**同胚**, 如果该映射是双射, 且 Φ 及其逆映射都是连续的. 映射 Φ 称为**微分同胚**, 如果它是同胚, 且该映射及其逆映射都是连续可微的.

– 集合 M 和 N 是**同胚的** (**微分同胚的**), 如果存在从 M 到 N 上的同胚映射 (微分同胚).

(8) 定义在集合 M 和 N 上的两个流 ϕ_t 和 ψ_t 是**共轭**的, 如果存在双射 $\Phi: M \to N$ 使得在 M 上总有 $\Phi \circ \phi_t = \psi_t \circ \Phi$ 成立.

(9) 系统 (3.3.23) 的一条轨道 γ 在**集合** U **上稠密**, 如果 U 中任意点的任意邻域内都有 γ 上的点.

定理 39 (Liouville–Arnold 定理)　令 $U \subset \mathbb{R}^{2n}$ 是一个开子集, 函数 $H: U \to \mathbb{R}$ 是二次连续可微的. 假设 Hamilton 系统 (3.3.23) 是 Liouville 可积的, $F_1 = H, F_2, \cdots, F_n$ 是 (3.3.23) 的 n 个函数独立的对合的首次积分. 如果 $(f_1, \cdots, f_n)$ 是 $(F_1, \cdots, F_n)$ 的正则值, 且 $I_{f_1,\ldots,f_n} := \bigcap_{i=1}^{n} F_i^{-1}(f_i) \neq \varnothing$, 则下列结论成立.

(a) $I_{f_1,\cdots,f_n}$ 是系统 (3.3.23) 在 U 中的 n 维不变子集, 且其上每一点都有一个包含于 $I_{f_1,\cdots,f_n}$ 中的邻域微分同胚于 $\mathbb{R}^n$.

(b) 如果系统 (3.3.23) 的流在 $I_{f_1,\cdots,f_n}$ 的某个连通分支 $I^*_{f_1,\cdots,f_m}$ 上是完备的, 则 $I^*_{f_1,\cdots,f_n}$ 微分同胚于 $\mathbb{T}^k \times \mathbb{R}^{n-k}$, 其中 $k \in \{0, \cdots, n\}$. 当然, 如果 $I^*_{f_1,\cdots,f_n}$ 是紧的, 则 $I^*_{f_1,\cdots,f_n}$ 微分同胚于 n 维环面 $\mathbb{T}^n$.

(c) 在假设 (b) 下, 系统 (3.3.23) 限制在 $I^*_{f_1,\cdots,f_n}$ 上的流共轭于 $\mathbb{T}^k \times \mathbb{R}^{n-k}$ 上的一个线性流.

(d) 如果 $n = 2$ 且 $I^*_{f_1,f_2}$ 是假设 (b) 下的二维环面 $\mathbb{T}^2$, 则该环面上所有的轨道或者都是周期的或者都是稠密的.

(e) 如果 $n = 2$ 且 $I^*_{f_1,f_2}$ 是假设 (b) 下的二维柱面 $\mathbb{T}^1 \times \mathbb{R}$, 则该柱面上所有的轨道同胚于直线.

该定理的证明牵涉到现代数学较多的知识, 超出本书的范围, 此处不给出它的证明. 有兴趣的读者可参见文献 [5, 22, 26, 82] 等.

作为 Liouville–Arnold 定理应用的直观的例子. 考虑平面 Hamilton 系统

$$\dot{x} = 2y, \quad \dot{y} = 3x^2 - 1, \tag{3.3.26}$$

其 Hamilton 函数为 $H = y^2 - x(x^2 - 1)$. 容易验证 0 是 H 的正则值. 事实上 $H(x, y) = 0$ 具有一个椭圆分支和一条抛物线分支, 见图 3.3. 椭圆分支是 Hamilton 系统 (3.3.26) 的一维不变环面 $\mathbb{T}$, 而抛物线分支是同胚于直线的轨道.

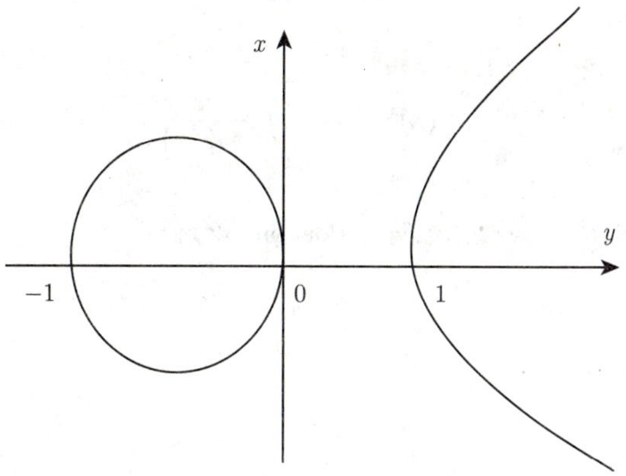

图 3.3 系统 (3.3.26) 的 Hamilton 函数 $H=0$ 的图像

习 题 3

1. 证明命题 24.

2. 证明定理 25.

3. 证明推论 27.

4. 假设 $f(x,y)\in C^1(\Omega)$, $\Omega\subset\mathbb{R}^2$ 是开区域. 若 $\phi(x,x_0,y_0)$, $x\in J$ 是初值问题

$$y'=f(x,y),\quad y(x_0)=y_0$$

的解, 则

$$\frac{\partial\phi(x,x_0,y_0)}{\partial x_0}=-f(x_0,y_0)e^{\int_{x_0}^{x}f_y(s,\phi(s,x_0,y_0))ds},\quad x\in J,$$
$$\frac{\partial\phi(x,x_0,y_0)}{\partial y_0}=e^{\int_{x_0}^{x}f_y(s,\phi(s,x_0,y_0))ds},\quad x\in J.$$

5. 假设 $y=\phi(x,x_0,y_0)$ 是初值问题

$$y'=\sin(xy\lambda),\quad y(x_0)=y_0$$

的解. 试求

$$\left.\frac{\partial\phi(x,x_0,y_0)}{\partial\lambda}\right|_{x_0=0,y_0=0},\quad \left.\frac{\partial\phi(x,x_0,y_0)}{\partial x_0}\right|_{x_0=0,y_0=0},\quad \left.\frac{\partial\phi(x,x_0,y_0)}{\partial y_0}\right|_{x_0=0,y_0=0}.$$

6. 假设 $p(x)$, $q(x)$, $f(x)$ 在区间 $|x-x_0|<r$ 上可展成收敛的幂级数, 则二阶微分方程初值问题

$$y''+p(x)y'+q(x)y=f(x),\quad y(x_0)=y_0,\quad y'(x_0)=y_1$$

有唯一的定义在 $|x-x_0|<r$ 上的解, 且该解在 $|x-x_0|<r$ 上可展成收敛的幂级数.

7. 求 Bessel 方程当 $2\mu\in\mathbb{Z}$ 时的通解.

8. 在 Bessel 方程中,

(a) 对任意的 $\mu > 0$,

$$y_2(x) = J_\mu(x) \int \frac{dx}{xJ_\mu^2(x)}$$

是 Bessel 方程的与 $J_\mu(x)$ 线性无关的解.

(b) 当 $\mu = n \in \mathbb{N}$ 时, Bessel 函数满足 Poisson 积分公式

$$J_n(x) = \frac{(2x)^n n!}{(2n)!\pi} \int_0^\pi \cos(x\cos s)\sin^{2n} sds.$$

9. Airy 方程

$$y'' + xy = 0$$

是英国天文学家 George B. Airy 研究光学时得到的.

(a) 求 Airy 方程的幂级数解;

(b) 证明 Airy 方程在变换 $u(t) = x^{-\frac{1}{2}}y(x),\ t = \frac{2}{3}x^{\frac{3}{2}}$ 下可以转化成 $\frac{1}{3}$ 阶的 Bessel 方程;

(c) 试用 $\frac{1}{3}$ 阶的 Bessel 函数表示 Airy 方程的通解.

10. 证明 Riccati 方程

$$y' = y^2 + g(x)y + h(x)$$

在变换 $u(x) = e^{-\int y(x)dx}$ 下可以化成二阶线性齐次微分方程

$$u'' - g(x)u' + h(x)u = 0.$$

进一步证明 Ricatti 方程 $y' = y^2 + x^2$ 的通解可以表示成

$$y(x,c) = x\frac{cJ_{-\frac{3}{4}}\left(\frac{x^2}{2}\right) + J_{\frac{3}{4}}\left(\frac{x^2}{2}\right)}{J_{-\frac{1}{4}}\left(\frac{x^2}{2}\right) - cJ_{\frac{1}{4}}\left(\frac{x^2}{2}\right)}$$

或

$$y(x,c) = x\frac{J_{-\frac{3}{4}}\left(\frac{x^2}{2}\right) + cJ_{\frac{3}{4}}\left(\frac{x^2}{2}\right)}{cJ_{-\frac{1}{4}}\left(\frac{x^2}{2}\right) - J_{\frac{1}{4}}\left(\frac{x^2}{2}\right)},$$

其中 $c \in \mathbb{R}$ 是任意常数.

11. 证明

$$e^{\frac{x}{2}\left(t-\frac{1}{t}\right)} = \sum_{n=-\infty}^{\infty} J_n(x)t^n.$$

称上式左端为整数阶的第一类 Bessel 函数的生成函数. 利用生成函数证明

$$\begin{aligned} 2nJ_n(x) &= xJ_{n+1}(x) + xJ_{n-1}(x), \\ J_n'(x) &= \frac{1}{2}(J_{n-1}(x) - J_{n+1}(x)). \end{aligned}$$

12. 用幂级数解法求下列方程在 $x=0$ 邻域的幂级数解或通解:

(12.1) $y''-xy=0$;

(12.2) $y''+x^2y'+2xy=0$;

(12.3) $y''-2xy'+\lambda y=0,\quad \lambda\in\mathbb{R}$ 是参数;

(12.4) $xy''+y'+xy=0$;

(12.5) $x^2(1-x)y''-xy'-3y=0$;

(12.6) $x(1-x^2)y''-2y'+xy=0$.

13. 证明命题 33.

14. 求微分方程组

$$\frac{dx}{dt}=-y+x(x^2+y^2)(x^2+y^2-1),\quad \frac{dy}{dt}=x+y(x^2+y^2)(x^2+y^2-1)$$

的首次积分, 并结合这些首次积分判定该微分方程组在相平面上的轨线及其性态.

15. 证明定理 34 的第 1 个附注.

16. 证明定理 36 的第 4 个附注.

17. 设 $\Phi_1(\boldsymbol{y}),\cdots,\Phi_k(\boldsymbol{y})$, $k<n-1$, 是自治微分方程组

$$\boldsymbol{y}'(x)=\boldsymbol{f}(\boldsymbol{y})$$

在开区域 $\Omega\subset\mathbb{R}^n$ 上的连续可微的函数独立的首次积分. 设 $\Phi(\boldsymbol{y})$ 是该微分方程组在 Ω 上的另一个连续可微的首次积分, 且

$$\nabla_{\boldsymbol{y}}\Phi(\boldsymbol{y})=c_1(\boldsymbol{y})\nabla_{\boldsymbol{y}}\Phi_1(\boldsymbol{y})+\cdots+c_k(\boldsymbol{y})\nabla_{\boldsymbol{y}}\Phi_k(\boldsymbol{y}),$$

其中

$$\nabla_{\boldsymbol{y}}\Phi(\boldsymbol{y})=\left(\frac{\partial\Phi(\boldsymbol{y})}{\partial y_1},\cdots,\frac{\partial\Phi(\boldsymbol{y})}{\partial y_n}\right)$$

表示 Φ 关于 $\boldsymbol{y}$ 的梯度. 试证上式中的系数函数 $c_i(\boldsymbol{y})$ 若不是常数, 则必是上述自治微分系统的首次积分.

18. 求下列偏微分方程的通解:

(18.1) $x\dfrac{\partial u}{\partial x}+y\dfrac{\partial u}{\partial y}+z\dfrac{\partial u}{\partial z}=0$;

(18.2) $(x-z)\dfrac{\partial u}{\partial x}+(y-z)\dfrac{\partial u}{\partial y}+2z\dfrac{\partial u}{\partial z}=0$;

(18.3) $2x\dfrac{\partial u}{\partial x}+(y-x)\dfrac{\partial u}{\partial y}-x^2\dfrac{\partial u}{\partial z}=0$;

(18.4) $x\dfrac{\partial z}{\partial x}+2y\dfrac{\partial z}{\partial y}=x^2y+z$;

(18.5) $(x^2+y^2)\dfrac{\partial z}{\partial x}+2xy\dfrac{\partial z}{\partial y}=-z^2$;

(18.6) $(y+z)\dfrac{\partial u}{\partial x}+(z+x)\dfrac{\partial u}{\partial y}+(x+y)\dfrac{\partial u}{\partial z}=u$.

19. 求下列偏微分方程满足给定条件的解:

(19.1) $\frac{\partial u}{\partial x}+(2e^x-y)\frac{\partial u}{\partial y}=0,\ u|_{x=0}=y;$

(19.2) $\sqrt{x}\frac{\partial u}{\partial x}+\sqrt{y}\frac{\partial u}{\partial y}+z\frac{\partial u}{\partial z}=0,\ u|_{x=1}=yz+1;$

(19.3) $x\frac{\partial u}{\partial x}+y\frac{\partial u}{\partial y}+xy\frac{\partial u}{\partial z}=u-x^2-y^2,\ u|_{z=0}=x^2+y^2;$

(19.4) $xy\frac{\partial z}{\partial x}+x^2\frac{\partial z}{\partial y}=y,\ z|_{y=0}=x^2;$

(19.5) $xz\frac{\partial z}{\partial x}+yz\frac{\partial z}{\partial y}=-xy,\ y=x^2,\ z=x^3;$

(19.6) $x\frac{\partial z}{\partial x}+y\frac{\partial z}{\partial y}=z-x^2-y^2,\ x=-2,\ z=y-y^2;$

(19.7) $z\frac{\partial z}{\partial x}+(z^2-x^2)\frac{\partial z}{\partial y}=-x,\ y=x^2,\ z=2x.$

20. 人造地球卫星通常在围绕地球的某个平面上运动. 试求人造地球卫星围绕地球运行的轨道.

第 4 章　线性微分方程组和高阶线性微分方程的基本理论和解法

本章集中讨论线性微分方程组和高阶线性微分方程解的一般理论和解法.

4.1　线性微分方程组解的基本理论

考虑线性微分方程组

$$\frac{d\boldsymbol{y}}{dx} = \boldsymbol{A}(x)\boldsymbol{y} + \boldsymbol{f}(x), \quad x \in J := (\alpha, \beta) \subset \mathbb{R}, \tag{4.1.1}$$

其中 $\boldsymbol{A}(x) = (a_{ij}(x))_{n\times n}$ 是 n 阶方阵,

$$\boldsymbol{y} = \begin{pmatrix} y_1 \\ \vdots \\ y_n \end{pmatrix}, \quad \boldsymbol{f}(x) = \begin{pmatrix} f_1(x) \\ \vdots \\ f_n(x) \end{pmatrix}.$$

(1) 如果 $\boldsymbol{f}(x) \not\equiv \boldsymbol{0}$, $x \in J$, 称 (4.1.1) 为 n **维线性非齐次微分方程组**.

(2) 如果 $\boldsymbol{f}(x) \equiv \boldsymbol{0}$, $x \in J$, 即

$$\frac{d\boldsymbol{y}}{dx} = \boldsymbol{A}(x)\boldsymbol{y} \tag{4.1.2}$$

称为 n **维线性齐次微分方程组**.

对于纯量线性微分方程, 通过直接求解得到线性微分方程的解在系数函数连续的区间上都存在且连续. 本节将讨论线性微分方程组解的存在区间. 本书的证明将用到在很多数学学科中广泛使用的 **Gronwall 不等式**. 它有很多不同的形式 (有兴趣的读者可以参见文献 [20] 及其中的参考文献), 下面是其中较为基础的一个.

命题 40　*假设 $c(t), \phi(t), g(t)$ 是 $[a,b]$ 上的连续函数, 且 $g(t)$, $\dot{c}(t) \geqslant 0$, $t \in [a,b]$. 若*

$$\phi(t) \leqslant c(t) + \int_a^t g(s)\phi(s)ds, \quad t \in [a,b], \tag{4.1.3}$$

则

$$\phi(t) \leqslant c(t)e^{\int_a^t g(s)ds}, \qquad t \in [a,b]. \tag{4.1.4}$$

证 令

$$\Phi(t) := c(t) + \int_a^t g(s)\phi(s)ds,$$

则

$$\Phi'(t) = c'(t) + g(t)\phi(t) \leqslant c'(t) + g(t)\Phi(t).$$

从而有

$$\left(\Phi(t)\, e^{-\int_a^t g(s)ds}\right)' \leqslant c'(t)e^{-\int_a^t g(s)ds} \leqslant c'(t).$$

两边从 a 到 t 积分得

$$\Phi(t)\, e^{-\int_a^t g(s)ds} - \Phi(a) \leqslant c(t) - c(a).$$

由于 $\Phi(a) = c(a)$, 所以由上式和 (4.1.3) 即可得到 (4.1.4). 证毕. □

4.1.1 线性微分方程组解的存在区间

定理 41 设 $\boldsymbol{A}(x)$, $\boldsymbol{f}(x) \in C(J)$, $(x_0, \boldsymbol{y}_0) \in J \times \mathbb{R}^n$, 则微分方程组 (4.1.1) 满足初始条件 $\boldsymbol{y}(x_0) = \boldsymbol{y}_0$ 的解在 J 上存在、唯一且连续可微.

证 由于微分方程组 (4.1.1) 的右端函数

$$\boldsymbol{F}(x, \boldsymbol{y}) := \boldsymbol{A}(x)\boldsymbol{y} + \boldsymbol{f}(x)$$

在 $J \times \mathbb{R}^n$ 上连续, 且关于 $\boldsymbol{y}$ 的 Jacobi 矩阵 $\boldsymbol{A}(x)$ 连续, 所以由定理 25 得, 初值问题的解在包含 x_0 的某区间 $I = (\alpha_0, \beta_0) \subset J$ 上存在、唯一且连续可微, 其中 I 是存在区间. 记 $\boldsymbol{y} = \boldsymbol{w}(x)$ 是该解.

下证 $I = J$. 反证, 如果 $I \neq J$, 不妨设 $\beta_0 < \beta$. 我们证当 $x \to \beta_0^-$ 时, $\boldsymbol{w}(x)$ 不趋于无穷, 从而与 I 是解的存在区间矛盾.

从 $\boldsymbol{w}(x)$ 是微分方程组 (4.1.1) 的解得

$$\boldsymbol{w}(x) - \boldsymbol{w}(x_0) = \int_{x_0}^x \boldsymbol{A}(s)\boldsymbol{w}(s)ds + \int_{x_0}^x \boldsymbol{f}(s)ds, \quad x \in [x_0, \beta_0), \tag{4.1.5}$$

由于 $\boldsymbol{A}(x)$, $\boldsymbol{f}(x)$ 在 $[x_0, \beta_0]$ 上连续, 所以

$$A_0 := \max_{1\leqslant i,j\leqslant n}\{\max_{x\in[x_0,\beta_0]} |a_{ij}(x)|\} < \infty, \quad B_0 := \max_{1\leqslant i\leqslant n}\{\max_{x\in[x_0,\beta_0]} |f_i(x)|\} < \infty.$$

令

$$\psi(x) = \|\boldsymbol{w}(x)\| := |w_1(x)| + \cdots + |w_n(x)|.$$

从 (4.1.5) 得, $\boldsymbol{w}(x)$ 的每个分量 $w_i(x)$ 都满足

$$|w_i(x)| \leqslant A_0 \int_{x_0}^x \psi(s)ds + B_0(\beta_0 - x_0) + |w_i(x_0)|, \qquad x \in [x_0, \beta_0).$$

令 $c := nB_0(\beta_0 - x_0) + \psi(x_0) \geqslant 0$, 则有

$$\psi(x) \leqslant c + \int_{x_0}^{x} nA_0\,\psi(s)ds, \quad x \in [x_0, \beta_0),$$

从而由 Gronwall 不等式得

$$\psi(x) \leqslant ce^{nA_0(x-x_0)}, \quad x \in [x_0, \beta_0),$$

因此

$$\lim_{x\to\beta_0^-} \|\boldsymbol{w}(x)\| = \lim_{x\to\beta_0^-} \psi(x) \leqslant ce^{nA_0(\beta-x_0)} < \infty.$$

这与 $I = (\alpha_0, \beta_0)$ 是微分方程组 (4.1.1) 过 $(x_0, \boldsymbol{y}_0)$ 的解 $\boldsymbol{w}(x)$ 的存在区间矛盾. 这个矛盾说明微分方程组 (4.1.1) 过 $(x_0, \boldsymbol{y}_0)$ 的解的存在区间为 J. 命题证毕. □

4.1.2 线性微分方程组通解的结构

定义在区间 J 上的 n 维向量函数 $\boldsymbol{y}_1(x), \cdots, \boldsymbol{y}_k(x)$, $k \in \mathbb{N}$,

(1) 称为在 J **上线性相关**, 如果存在不全为零的常数 $c_1, \cdots, c_k$ 使得

$$c_1\boldsymbol{y}_1(x) + \cdots + c_k\boldsymbol{y}_k(x) \equiv \boldsymbol{0}, \quad x \in J.$$

(2) 称为在 J **上线性无关**, 如果

$$c_1\boldsymbol{y}_1(x) + \cdots + c_k\boldsymbol{y}_k(x) \equiv \boldsymbol{0}, \quad x \in J,$$

必有 $c_1 = \cdots = c_k = 0$.

下面的结果给出线性微分方程组通解的结构.

定理 42 假设 $\boldsymbol{A}(x), \boldsymbol{f}(x)$ 在开区间 J 上连续, 下列结论成立.

(a) 线性齐次微分方程组 (4.1.2) 的解的全体构成的集合在向量的加法和数与向量的乘法下构成 n 维线性空间.

(b) 设 $\widetilde{\boldsymbol{y}}_1(x), \cdots, \widetilde{\boldsymbol{y}}_n(x)$ 是线性齐次微分方程组 (4.1.2) 的线性无关解, $\boldsymbol{y}^*(x)$ 是线性非齐次微分方程组 (4.1.1) 的一个解, 则

(b_1) 线性齐次微分方程组 (4.1.2) 的通解为

$$\boldsymbol{y}(x) = c_1\widetilde{\boldsymbol{y}}_1(x) + \cdots + c_n\widetilde{\boldsymbol{y}}_n(x), \quad x \in J, \tag{4.1.6}$$

其中 $c_1, \cdots, c_n$ 是任意常数, 且它包含了微分方程组 (4.1.2) 的所有解.

(b_2) 线性非齐次微分方程组 (4.1.1) 的通解为

$$\boldsymbol{y}(x) = c_1\widetilde{\boldsymbol{y}}_1(x) + \cdots + c_n\widetilde{\boldsymbol{y}}_n(x) + \boldsymbol{y}^*(x), \quad x \in J, \tag{4.1.7}$$

其中 $c_1, \cdots, c_n$ 是任意常数, 且它包含了微分方程组 (4.1.1) 的所有解.

证　(a) 用 S 表示线性齐次微分方程组 (4.1.2) 的解的全体构成的集合. 对 $\forall \boldsymbol{y}_1(x), \boldsymbol{y}_2(x) \in S, \forall c_1, c_2 \in \mathbb{R}$, 容易验证 $c_1\boldsymbol{y}_1(x) + c_2\boldsymbol{y}_2(x) \in S$, 即 S 是一个线性空间.

下面首先证明 S 含有 n 个线性无关的元素, 即微分方程组 (4.1.2) 在 J 上有 n 个线性无关的解. 取定 $x_0 \in J$, 设 $\boldsymbol{e}_j (j = 1, \cdots, n)$ 是第 j 个分量为 1, 其他都为零的 n 维单位向量. 由定理 41, 线性齐次微分方程组 (4.1.2) 满足初始条件 $\boldsymbol{y}(x_0) = \boldsymbol{e}_j$ 的解在 J 上存在唯一且连续可微, 记之为 $\widetilde{\boldsymbol{y}}_j(x), x \in J, j = 1, \cdots, n$, 则 $\widetilde{\boldsymbol{y}}_1(x), \cdots, \widetilde{\boldsymbol{y}}_n(x)$ 在 J 上线性无关. 事实上, 如果有

$$c_1\widetilde{\boldsymbol{y}}_1(x) + \cdots + c_n\widetilde{\boldsymbol{y}}_n(x) \equiv \mathbf{0}, \quad x \in J,$$

则

$$c_1\boldsymbol{e}_1 + \cdots + c_n\boldsymbol{e}_n = c_1\widetilde{\boldsymbol{y}}_1(x_0) + \cdots + c_n\widetilde{\boldsymbol{y}}_n(x_0) = \mathbf{0}.$$

显然这个线性齐次代数方程组有唯一的解 $c_1 = \cdots = c_n = 0$. 这就证明了 S 中有 n 个线性无关的解向量.

其次证明 S 中任一个元素可以由 $\widetilde{\boldsymbol{y}}_1(x), \cdots, \widetilde{\boldsymbol{y}}_n(x)$ 在 J 上线性表示. 设 $\boldsymbol{y}(x)$ 是微分方程组 (4.1.2) 在 J 上的任一个解. 令 $\boldsymbol{y}_0 := \boldsymbol{y}(x_0)$. 令 $c_{10}, \cdots, c_{n0}$ 是线性非齐次代数方程组

$$c_1\boldsymbol{e}_1 + \cdots + c_n\boldsymbol{e}_n = \boldsymbol{y}_0$$

的唯一解, 则由解的唯一性知

$$\boldsymbol{y}(x) = c_{10}\widetilde{\boldsymbol{y}}_1(x) + \cdots + c_{n0}\widetilde{\boldsymbol{y}}_n(x), \quad x \in J,$$

这是因为它们都是线性齐次微分方程组 (4.1.2) 的解且满足相同的初始条件. 这就证明了 S 是一个 n 维线性空间.

(b) (b_1) 的证明由 (a) 容易得到.

(b_2) 直接验证知, 对任意的常数 $c_1, \cdots, c_n$, 函数

$$\boldsymbol{w}(x, \boldsymbol{c}) = c_1\widetilde{\boldsymbol{y}}_1(x) + \cdots + c_n\widetilde{\boldsymbol{y}}_n(x) + \boldsymbol{y}^*(x), \quad x \in J$$

是线性非齐次微分方程组 (4.1.1) 的解, 其中 $\boldsymbol{c} = (c_1, \cdots, c_n) \in \mathbb{R}^n$. 又

$$\frac{\partial \boldsymbol{w}}{\partial \boldsymbol{c}} = (\widetilde{\boldsymbol{y}}_1(x), \cdots, \widetilde{\boldsymbol{y}}_n(x)),$$

所以常数向量 $\boldsymbol{c}$ 是独立的. 因而 $\boldsymbol{w}(x, \boldsymbol{c})$ 是线性微分方程组 (4.1.1) 的通解.

下证

$$\{c_1\widetilde{\boldsymbol{y}}_1(x) + \cdots + c_n\widetilde{\boldsymbol{y}}_n(x) + \boldsymbol{y}^*(x);\ x \in J, c_1, \cdots, c_n \text{ 是任意常数}\}$$

包含了线性非齐次微分方程组 (4.1.1) 的所有解. 设 $\boldsymbol{y}(x), x \in J$ 是微分方程组 (4.1.1) 的一个解, 则 $\boldsymbol{y}(x)-\boldsymbol{y}^*(x)$ 是线性齐次微分方程组 (4.1.2) 的解. 由 (a) 得, 存在 $c_1, \cdots, c_n$ 使得

$$\boldsymbol{y}(x)-\boldsymbol{y}^*(x)=c_1\widetilde{\boldsymbol{y}}_1(x)+\cdots+c_n\widetilde{\boldsymbol{y}}_n(x), \quad x \in J.$$

这就证明了 (4.1.7) 包含了线性非齐次微分方程组 (4.1.1) 的所有解.

定理证毕. □

注 在定理 42(a) 的证明中, 向量组 $\boldsymbol{e}_1, \cdots, \boldsymbol{e}_n$ 可以用任意 n 个线性无关的常数向量组代替.

定理 42 确保了 n 维线性齐次微分方程组 (4.1.2) 的 n 个线性无关的解的存在性. 线性齐次微分方程组 (4.1.2) 的任意 n 个线性无关的解称为它的一个**基本解组**.

例 运用定理 41 和定理 42 很容易判定齐次微分方程组

$$\begin{aligned}\dot{y}_1&=(\tan x+1)y_1+(\sin 2x)^2y_2,\\ \dot{y}_2&=(1-\cos x)y_1-e^x y_2\end{aligned}$$

在 $\left(-\dfrac{\pi}{2}, \dfrac{\pi}{2}\right)$ 上有连续可微的基本解组.

如何用简洁的方法判定 n 个解是否线性无关? 设

$$\boldsymbol{y}_1(x)=\begin{pmatrix}y_{11}\\ \vdots\\ y_{n1}\end{pmatrix}, \quad \cdots, \quad \boldsymbol{y}_n(x)=\begin{pmatrix}y_{1n}\\ \vdots\\ y_{nn}\end{pmatrix} \tag{4.1.8}$$

是线性齐次微分方程组 (4.1.2) 的 n 个解.

(1) 矩阵函数

$$\boldsymbol{Y}(x)=(y_{ij})_{1\leqslant i,j\leqslant n}=\begin{pmatrix}y_{11} & \cdots & y_{1n}\\ \vdots & & \vdots\\ y_{i1} & \cdots & y_{in}\\ \vdots & & \vdots\\ y_{n1} & \cdots & y_{nn}\end{pmatrix}$$

称为微分方程组 (4.1.2) 的**解矩阵**.

(2) 如果 $\boldsymbol{y}_1(x), \cdots, \boldsymbol{y}_n(x)$ 线性无关, 称 $\boldsymbol{Y}(x)$ 为微分方程组 (4.1.2) 的**基解矩阵**.

(3) 解矩阵的行列式 $\det \boldsymbol{Y}(x)$ 称为解组 (4.1.8) 的 **Wronsky 行列式**, 记为 $W(x)$.

命题 43　关于线性齐次微分方程组 (4.1.2) 的解组 (4.1.8), 下列结论成立.

(a) 微分方程组 (4.1.2) 的解组 (4.1.8) 线性相关当且仅当 $W(x) \equiv 0, x \in J$;

(b) 微分方程组 (4.1.2) 的解组 (4.1.8) 线性无关当且仅当 $W(x) \neq 0, x \in J$.

证　首先证对 $\forall x_0 \in J$ 有

$$W(x) = W(x_0)e^{\int_{x_0}^{x} \mathrm{tr}\boldsymbol{A}(s)ds}, \quad \text{称为 \textbf{Liouville} 公式},$$

其中 $\mathrm{tr}\boldsymbol{A}(x) = a_{11}(x) + \cdots + a_{nn}(x)$ 为矩阵函数 $\boldsymbol{A}(x)$ 的**迹**. 事实上, 对 $W(x)$ 求导数, 并利用行列式的求导法则得

$$\begin{aligned}
\frac{dW(x)}{dx} &= \sum_{i=1}^{n} \begin{vmatrix} y_{11} & \cdots & y_{1n} \\ \vdots & & \vdots \\ \dfrac{dy_{i1}}{dx} & \cdots & \dfrac{dy_{in}}{dx} \\ \vdots & & \vdots \\ y_{n1} & \cdots & y_{nn} \end{vmatrix} \\
&= \sum_{i=1}^{n} \begin{vmatrix} y_{11} & \cdots & y_{1n} \\ \vdots & & \vdots \\ \sum\limits_{j=1}^{n} a_{ij}y_{j1} & \cdots & \sum\limits_{j=1}^{n} a_{ij}y_{jn} \\ \vdots & & \vdots \\ y_{n1} & \cdots & y_{nn} \end{vmatrix} \\
&= \sum_{i=1}^{n} \begin{vmatrix} y_{11} & \cdots & y_{1n} \\ \vdots & & \vdots \\ a_{ii}y_{i1} & \cdots & a_{ii}y_{in} \\ \vdots & & \vdots \\ y_{n1} & \cdots & y_{nn} \end{vmatrix} = (\mathrm{tr}\boldsymbol{A}(x))W(x).
\end{aligned}$$

对上述关于 W 的变量分离方程从 x_0 到 x 积分, 即可得到 Liouville 公式.

Liouville 公式说明解组的 Wronsky 行列式在 J 上要么恒等于零, 要么恒不等于零.

(a) 必要性显然. 下证充分性. 由假设, 对 $\forall x_0 \in J$ 有 $W(x_0) = 0$. 从而解组 $\boldsymbol{y}_1(x), \cdots, \boldsymbol{y}_n(x)$ 在 x_0 线性相关, 故存在不全为零的常数 $c_1, \cdots, c_n$ 使得

$$c_1\boldsymbol{y}_1(x_0) + \cdots + c_n\boldsymbol{y}_n(x_0) = 0.$$

记

$$\widetilde{\boldsymbol{y}}(x)=c_1\boldsymbol{y}_1(x)+\cdots+c_n\boldsymbol{y}_n(x),$$

则 $\widetilde{\boldsymbol{y}}(x)$ 是线性齐次微分方程组 (4.1.2) 的解, 且满足初始条件 $\widetilde{\boldsymbol{y}}(x_0)=0$. 而显然 $\overline{\boldsymbol{y}}(x)\equiv 0, x\in J$ 是线性齐次微分方程组 (4.1.2) 的解. 所以由初值问题解的唯一性得

$$c_1\boldsymbol{y}_1(x)+\cdots+c_n\boldsymbol{y}_n(x)\equiv 0,\quad x\in J.$$

这就证明了命题 (a).

(b) 充分性显然. 必要性利用反证法及 (a) 可证. 证毕. □

例 用命题 43 判定下列函数组:

$$\begin{pmatrix}1\\x\end{pmatrix},\quad\begin{pmatrix}x\\x^3\end{pmatrix}\tag{4.1.9}$$

是否是某二维线性齐次微分方程组在 $\mathbb{R}$ 上的两个解.

解 因为

$$W(x)=\begin{vmatrix}1&x\\x&x^3\end{vmatrix}=x^3-x^2$$

在 $\mathbb{R}$ 上既有零点也有非零点, 因此 (4.1.9) 中的函数组不可能是任何二维线性齐次微分方程组在 $\mathbb{R}$ 上的解.

下面的结论给出线性齐次微分方程组 (4.1.2) 基解矩阵的性质.

推论 44 设 $\boldsymbol{\Phi}(x)$ 是线性齐次微分方程组 (4.1.2) 的一个基解矩阵, 则下列结论成立:

(a) $\boldsymbol{y}(x)=\boldsymbol{\Phi}(x)\boldsymbol{c}$ 是微分方程组 (4.1.2) 的通解, 其中 $\boldsymbol{c}\in\mathbb{R}^n$ 是任意常数向量;

(b) 设 $\boldsymbol{C}$ 是 n 阶非奇异常数矩阵, 则 $\boldsymbol{\Phi}(x)\boldsymbol{C}$ 是微分方程组 (4.1.2) 的基解矩阵;

(c) 若 $\boldsymbol{\Psi}(x)$ 也是微分方程组 (4.1.2) 的一个基解矩阵, 则存在非奇异的 n 阶常数矩阵 $\boldsymbol{C}$ 使得 $\boldsymbol{\Psi}(x)=\boldsymbol{\Phi}(x)\boldsymbol{C}$.

证 该结论容易证明, 请读者自己完成. □

定理 42 指出线性非齐次微分方程组 (4.1.1) 的通解由线性齐次微分方程组 (4.1.2) 的通解与线性非齐次微分方程组 (4.1.1) 的任一个解的和构成. 下面的定理给出如何从线性齐次微分方程组的通解得到线性非齐次微分方程组的通解.

定理 45 设 $\boldsymbol{\Phi}(x)$ 是线性齐次微分方程组 (4.1.2) 的基解矩阵, 则线性非齐次微分方程组 (4.1.1) 的通解为

$$\boldsymbol{y}(x)=\boldsymbol{\Phi}(x)\left(\boldsymbol{c}+\int_{x_0}^{x}\boldsymbol{\Phi}^{-1}(s)\boldsymbol{f}(s)ds\right),\tag{4.1.10}$$

其中 $\boldsymbol{c}\in\mathbb{R}^n$ 是任意常数向量.

证　可以直接验证 (4.1.10) 是线性非齐次微分方程组 (4.1.1) 的解, 且 $\boldsymbol{c}$ 是独立的常数向量, 因而 (4.1.10) 是线性非齐次微分方程组 (4.1.1) 的通解.

下面给出 (4.1.10) 的推导过程. 把线性齐次微分方程组 (4.1.2) 的通解 $\boldsymbol{y}(x)=\boldsymbol{\Phi}(x)\boldsymbol{c}$ 中的常数向量 $\boldsymbol{c}$ 换成 x 的函数, 即

$$\boldsymbol{y}^*(x):=\boldsymbol{\Phi}(x)\boldsymbol{c}(x),$$

将其代入微分方程组 (4.1.1), 并化简得

$$\boldsymbol{\Phi}(x)\boldsymbol{c}'(x)=\boldsymbol{f}(x),\quad \text{即}\quad \boldsymbol{c}'(x)=\boldsymbol{\Phi}^{-1}(x)\boldsymbol{f}(x).$$

对该微分方程组从 x_0 到 x 积分得

$$\boldsymbol{c}(x)=\int_{x_0}^{x}\boldsymbol{\Phi}^{-1}(s)\boldsymbol{f}(s)ds+\boldsymbol{c},$$

其中 $\boldsymbol{c}$ 是积分常数. 故线性非齐次微分方程组 (4.1.1) 有解

$$\boldsymbol{y}^*(x)=\boldsymbol{\Phi}(x)\int_{x_0}^{x}\boldsymbol{\Phi}^{-1}(s)\boldsymbol{f}(s)ds$$

和通解 (4.1.10). 定理证毕. □

附注

- 在定理 45 的证明过程中, 通过将线性齐次微分方程组 (4.1.2) 的通解中的任意常数向量 $\boldsymbol{c}$ 变换成关于 x 的函数, 从而求出线性非齐次微分方程组 (4.1.1) 的通解. 这种方法称为**常数变易法**. 通解公式 (4.1.10) 称为**常数变易公式**.
- 由通解公式 (4.1.10) 容易求得线性微分方程组 (4.1.1) 满足初始条件 $\boldsymbol{y}(x_0)=\boldsymbol{y}_0$ 的初值问题的解的常数变易公式

$$\boldsymbol{y}(x)=\boldsymbol{\Phi}(x)\left(\boldsymbol{\Phi}^{-1}(x_0)\boldsymbol{y}_0+\int_{x_0}^{x}\boldsymbol{\Phi}^{-1}(s)\boldsymbol{f}(s)ds\right).$$

- 常数变易公式也可运用于非线性微分方程组. 设 $\boldsymbol{A}(x)$ 在 J 上连续, $\boldsymbol{\Phi}(x)$ 是 (4.1.2) 的基解矩阵. 如果 $\boldsymbol{f}(x,\boldsymbol{y})$ 在 $J\times\mathbb{R}^n$ 上连续, 则初值问题

$$\boldsymbol{y}'=\boldsymbol{A}(x)\boldsymbol{y}+\boldsymbol{f}(x,\boldsymbol{y}),\quad \boldsymbol{y}(x_0)=\boldsymbol{y}_0$$

的解 $\boldsymbol{y}=\boldsymbol{w}(x)$ 满足积分方程

$$\boldsymbol{w}(x)=\boldsymbol{\Phi}(x)\left(\boldsymbol{\Phi}^{-1}(x_0)\boldsymbol{y}_0+\int_{x_0}^{x}\boldsymbol{\Phi}^{-1}(s)\boldsymbol{f}(s,\boldsymbol{w}(s))ds\right).$$

上述定理表明, 要求解一个线性非齐次微分方程组, 必须首先得到其相应的线性齐次微分方程组的基解矩阵. 一般来说, 求解一个线性齐次微分方程组的基解矩阵是非常困难的. 下节将给出常系数线性齐次微分方程组基解矩阵的求法.

下面举一个求解线性非齐次微分方程组的简单的例子.

例 求解下列二阶线性非齐次微分方程组初值问题:

$$\begin{aligned} x'(t) &= -\frac{2}{t}x+1, & x(1) &= \frac{1}{3}, \\ y'(t) &= \left(1+\frac{2}{t}\right)x+y-1, & y(1) &= -\frac{1}{3}. \end{aligned}$$

解 从线性齐次微分方程组

$$x'(t) = -\frac{2}{t}x, \quad y'(t) = \left(1+\frac{2}{t}\right)x+y$$

的第一个方程先解出 $x = c_1t^{-2}$, 再代入第二个方程解出 $y = -c_1t^{-2}+c_2e^t$ (或用 $x'+y' = x+y$ 求出 y). 从而得到线性齐次微分方程组的基解矩阵

$$\boldsymbol{\Phi}(t) = \begin{pmatrix} t^{-2} & 0 \\ -t^{-2} & e^t \end{pmatrix}$$

故原线性齐次微分方程组初值问题的解为

$$\begin{pmatrix} x \\ y \end{pmatrix} = \boldsymbol{\Phi}(t)\left(\boldsymbol{\Phi}^{-1}(1)\begin{pmatrix} 3^{-1} \\ -3^{-1} \end{pmatrix} + \int_1^t \begin{pmatrix} s^2 & 0 \\ e^{-s} & e^{-s} \end{pmatrix}\begin{pmatrix} 1 \\ -1 \end{pmatrix} ds\right) = \begin{pmatrix} \frac{1}{3}t \\ -\frac{1}{3}t \end{pmatrix}.$$

□

上述例子的求解过程希望运用线性微分方程组的常数变易公式. 事实上, 因该例子比较简单, 读者可以直接从 x 满足的初值问题解出 $x(t)$, 然后代入第 2 个方程求解关于 y 的初值问题.

下面的例子给出前文一些结论在求微分方程组近似解方面的一个综合应用.

对于 $k \in \mathbb{N} \cup \{\infty, \omega\}$, 且 $k \geqslant 2$, 考虑含小参数的 C^k 微分方程组初值问题

$$\boldsymbol{x}' = \boldsymbol{f}(t, \boldsymbol{x}, \varepsilon), \quad \boldsymbol{x}(0) = \boldsymbol{z}, \tag{4.1.11}$$

其中 $\boldsymbol{f}(t,\boldsymbol{x},\varepsilon) \in C^k(\mathbb{R}\times\Omega\times(-\delta,\delta),\mathbb{R}^n)$, $\Omega\subset\mathbb{R}^n$ 是一个开区域, $\delta > 0$ 是一个给定的常数, $\boldsymbol{z}\in\Omega$ 是初始值. 由假设及 Picard 定理知, 初值问题

$$\boldsymbol{x}_0' = \boldsymbol{f}(t, \boldsymbol{x}_0, 0), \quad \boldsymbol{x}_0(0) = \boldsymbol{z} \tag{4.1.12}$$

有唯一的连续可微的解. 若该解有显示表示 $\boldsymbol{x}=\boldsymbol{x}_0(t,\boldsymbol{z})$, 则可以求初值问题 (4.1.11) 的高阶近似解. 事实上, 将微分方程组 (4.1.11) 的右端按 ε 展开

$$\boldsymbol{x}'=\boldsymbol{f}_0(t,\boldsymbol{x})+\boldsymbol{f}_1(t,\mathbf{x})\varepsilon+\boldsymbol{f}_2(t,\mathbf{x})\varepsilon^2+O(\varepsilon^3),\quad \boldsymbol{x}(0)=\boldsymbol{z}. \tag{4.1.13}$$

设 $\boldsymbol{x}(t,\boldsymbol{z},\varepsilon)$ 是初值问题 (4.1.13) 的解, 由解关于参数的连续依赖性, 可将 $\boldsymbol{x}(t,\boldsymbol{z},\varepsilon)$ 按 ε 展开

$$\boldsymbol{x}(t,\boldsymbol{z},\varepsilon)=\boldsymbol{x}_0(t,\boldsymbol{x})+\boldsymbol{x}_1(t,\boldsymbol{x})\varepsilon+\boldsymbol{x}_2(t,\boldsymbol{x})\varepsilon^2+O(\varepsilon^3). \tag{4.1.14}$$

把 (4.1.14) 代入 (4.1.13), 并比较 ε 的同次幂的系数得到

$$\boldsymbol{x}_0'(t,z)=\boldsymbol{f}_0(t,\boldsymbol{x}),\qquad \boldsymbol{x}_0(0,z)=\boldsymbol{z}, \tag{4.1.15}$$

$$\boldsymbol{x}_1'(t,z)=\partial_{\boldsymbol{x}}\boldsymbol{f}_0(t,\boldsymbol{x}_0(t,z))\boldsymbol{x}_1(t,\boldsymbol{z})+\boldsymbol{f}_1(t,\boldsymbol{x}_0(t,\boldsymbol{z})),\quad \boldsymbol{x}_1(0,z)=\mathbf{0}. \tag{4.1.16}$$

根据假设, 初值问题 (4.1.15) 有解的显示表示 $\boldsymbol{x}_0(t,\boldsymbol{z})$. 微分方程组 (4.1.16) 的齐次部分

$$\boldsymbol{x}_1'(t,z)=\partial_{\boldsymbol{x}}\boldsymbol{f}_0(t,\boldsymbol{x}_0(t,z))\boldsymbol{x}_1(t,\boldsymbol{z})$$

是微分方程组 (4.1.15) 沿着解 $\boldsymbol{x}_0(t,\boldsymbol{z})$ 的变分方程, 它有一个基解矩阵, 记为 $\boldsymbol{\Phi}(t)$, 满足 $\boldsymbol{\Phi}(0)=\boldsymbol{E}$. 利用常数变易法即可得到线性微分方程组 (4.1.16) 的解的显示表示

$$\boldsymbol{x}_1(t,\boldsymbol{z})=\boldsymbol{\Phi}(t)\int_0^t\boldsymbol{\Phi}^{-1}(s)\boldsymbol{f}_1(s,\boldsymbol{x}_0(s,\boldsymbol{z}))ds.$$

这样得到了微分方程组初值问题 (4.1.11) 的一阶近似解. 类似于上述方法, 如果微分方程组 (4.1.11) 的右端函数足够光滑, 可以得到高阶近似解. □

4.1.3 高阶线性微分方程通解的结构

尽管高阶线性微分方程可以转化成线性微分方程组, 但由于高阶线性微分方程自身的特点, 为以后运用方便, 本节单独讨论.

n 阶线性微分方程

$$y^{(n)}+a_1(x)y^{(n-1)}+\cdots+a_{n-1}(x)y'+a_n(x)y=f(x),\quad x\in J \tag{4.1.17}$$

(1) 称为**非齐次的**, 如果 $f(x)\not\equiv 0$, $x\in J$.

(2) 称为**齐次的**, 如果 $f(x)\equiv 0$, $x\in J$, 即

$$y^{(n)}+a_1(x)y^{(n-1)}+\cdots+a_{n-1}(x)y'+a_n(x)y=0,\quad x\in J. \tag{4.1.18}$$

高阶线性微分方程 (4.1.17) 在变换

$$y_1=y(x),\quad y_2=y'(x),\quad \cdots,\quad y_n=y^{(n-1)}(x)$$

下可化为线性微分方程组

$$\frac{d\boldsymbol{y}}{dx}=\boldsymbol{A}(x)\boldsymbol{y}+\boldsymbol{f}(x), \tag{4.1.19}$$

其中

$$\boldsymbol{A}(x)=\begin{pmatrix} 0 & 1 & 0 & \cdots & 0 \\ 0 & 0 & 1 & \cdots & 0 \\ \vdots & \vdots & \vdots & \ddots & \vdots \\ 0 & 0 & 0 & \cdots & 1 \\ -a_n(x) & -a_{n-1}(x) & -a_{n-2}(x) & \cdots & -a_1(x) \end{pmatrix},$$

$$\boldsymbol{y}(x)=\begin{pmatrix} y_1 \\ y_2 \\ \vdots \\ y_{n-1} \\ y_n \end{pmatrix}, \quad \boldsymbol{f}(x)=\begin{pmatrix} 0 \\ 0 \\ \vdots \\ 0 \\ f(x) \end{pmatrix}.$$

注　n 阶线性微分方程 (4.1.17) 与 n 维线性微分方程组 (4.1.19) 的解之间有下列已知的关系.

(1) $y=\phi(x)$ 是 (4.1.17) 的解当且仅当 $\boldsymbol{y}=(\phi(x),\phi'(x),\cdots,\phi^{(n-1)}(x))^{\mathrm{T}}$ 是 (4.1.19) 的解, 其中 T 表示向量的转置.

(2) $\phi_1(x),\cdots,\phi_n(x)$ 是 (4.1.17) 的线性无关解当且仅当

$$(\phi_1(x),\phi_1'(x),\cdots,\phi_1^{(n-1)}(x))^{\mathrm{T}},\quad \cdots,\quad (\phi_n(x),\phi_n'(x),\cdots,\phi_n^{(n-1)}(x))^{\mathrm{T}}$$

是 (4.1.19) 的线性无关解.

鉴于上述关系, 我们可以定义线性齐次微分方程 (4.1.18) 的解组 $\phi_1(x),\cdots,\phi_n(x)$ 的 **Wronsky 行列式**为

$$W(x)=\begin{vmatrix} \phi_1(x) & \phi_2(x) & \cdots & \phi_n(x) \\ \phi_1'(x) & \phi_2'(x) & \cdots & \phi_n'(x) \\ \vdots & \vdots & \ddots & \vdots \\ \phi_1^{(n-1)}(x) & \phi_2^{(n-1)}(x) & \cdots & \phi_n^{(n-1)}(x) \end{vmatrix}.$$

利用命题 43 的证明及 (4.1.19) 中 $\boldsymbol{A}$ 的特殊形式可得, 对 $\forall x_0\in J$ 有

$$W(x)=W(x_0)e^{-\int_{x_0}^{x}a_1(s)ds},\quad x\in J,\quad \text{称为 \textbf{Liouville} 公式}.$$

从线性微分方程组解的理论, 可以得到如下结论.

定理 46 对于 n 阶线性非齐次微分方程 (4.1.17) 和线性齐次微分方程 (4.1.18), 下列结论成立:

(a) 假设 $a_1(x),\cdots,a_n(x),f(x)\in C(J)$, 则对 $\forall(x_0,y_0,y_1,\cdots,y_{n-1})\in J\times\mathbb{R}^n$, 微分方程 (4.1.17) 满足初始条件

$$y(x_0)=y_0,y'(x_0)=y_1,\cdots,y^{(n-1)}(x_0)=y_{n-1}$$

的解在 J 上存在唯一且连续可微.

(b) 设 $\phi_1(x),\cdots,\phi_n(x)$ 是齐次微分方程 (4.1.18) 的解, 则它们在 J 上线性无关的充要条件是它们的 Wronsky 行列式 $W(x)\neq 0,\ x\in J$. 此时称 $\phi_1(x),\cdots,\phi_n(x)$ 为齐次微分方程 (4.1.18) 的**基本解组**.

(c) 设 $\phi_1(x),\cdots,\phi_n(x)$ 是齐次微分方程 (4.1.18) 的基本解组, 则

(c_1) 齐次微分方程 (4.1.18) 的通解为

$$y(x)=c_1\phi_1(x)+\cdots+c_n\phi_n(x),\quad x\in J,$$

其中 $c_1,\cdots,c_n$ 是任意常数;

(c_2) 非齐次微分方程 (4.1.17) 的通解为

$$y(x)=c_1\phi_1(x)+\cdots+c_n\phi_n(x)+\phi^*(x),\quad x\in J,$$

其中$c_1,\cdots,c_n$是任意常数, ϕ^*是 (4.1.17) 的任一解. 特别地, ϕ^* 可由 $\phi_1(x),\cdots,\phi_n(x)$ 表示, 即

$$\phi^*(x)=\sum_{k=1}^{n}\phi_k(x)\int_{x_0}^{x}\frac{W_k(s)}{W(s)}f(s)ds,$$

而 $W_k(x)$ 是 $W(x)$ 的 (n,k) 元素的代数余子式, 即

$$W_k(x)=(-1)^{n+k}\begin{vmatrix}\phi_1(x) & \cdots & \phi_{k-1}(x) & \phi_{k+1}(x) & \cdots & \phi_n(x)\\ \vdots & & \vdots & \vdots & & \vdots\\ \phi_1^{(n-2)}(x) & \cdots & \phi_{k-1}^{(n-2)}(x) & \phi_{k+1}^{(n-2)}(x) & \cdots & \phi_n^{(n-2)}(x)\end{vmatrix}.$$

证 (a), (b) 和 (c_1) 的证明可以由微分方程组的解的理论容易得到, 请读者自己完成.

下证 (c_2). 令

$$\boldsymbol{\Phi}(x):=\begin{pmatrix}\phi_1(x) & \phi_2(x) & \cdots & \phi_n(x)\\ \phi_1'(x) & \phi_2'(x) & \cdots & \phi_n'(x)\\ \vdots & \vdots & \ddots & \vdots\\ \phi_1^{(n-1)}(x) & \phi_2^{(n-1)}(x) & \cdots & \phi_n^{(n-1)}(x)\end{pmatrix},$$

则微分方程组 (4.1.19) 的通解为

$$\boldsymbol{y}(x)=\begin{pmatrix} y(x)\\ y'(x)\\ \vdots\\ y^{(n-1)}(x)\end{pmatrix}=\boldsymbol{\Phi}(x)\boldsymbol{c}+\boldsymbol{\Phi}(x)\int_{x_0}^{x}\boldsymbol{\Phi}^{-1}(s)\boldsymbol{f}(s)ds.$$

下面求 $y(x)$ 的表达式. 显然 $\boldsymbol{\Phi}(x)\boldsymbol{c}$ 的第一行元素为 $c_1\phi_1(x)+\cdots+c_n\phi_n(x)$. 由逆矩阵的代数余子式表示得

$$\boldsymbol{\Phi}^{-1}(s)=\frac{1}{W(s)}\begin{pmatrix} * & \cdots & * & W_1(s)\\ \vdots & \ddots & \vdots & \vdots\\ * & \cdots & * & W_n(s)\end{pmatrix},$$

其中 $*$ 是没有给出显式表达式的量. 从而有

$$\boldsymbol{\Phi}^{-1}(s)\boldsymbol{f}(s)=\frac{1}{W(s)}\begin{pmatrix} f(s)W_1(s)\\ \vdots\\ f(s)W_n(s)\end{pmatrix},$$

故 $\boldsymbol{\Phi}(x)\displaystyle\int_{x_0}^{x}\boldsymbol{\Phi}^{-1}(s)\boldsymbol{f}(s)ds$ 的第一行元素为 $\phi^*(x)$. 定理证毕. □

附注

- 当 $n=2$ 时, 微分方程 (4.1.17) 的通解可以写成

$$y(x)=c_1\phi_1(x)+c_2\phi_2(x)+\int_{x_0}^{x}\frac{\phi_1(s)\phi_2(x)-\phi_2(s)\phi_1(x)}{\phi_1(s)\phi_2'(s)-\phi_2(s)\phi_1'(s)}f(s)ds. \tag{4.1.20}$$

- n 阶非齐次微分方程 (4.1.17) 的通解也可以从齐次微分方程 (4.1.18) 的通解通过**常数变易法**得到：令

$$\phi(x):=c_1(x)\phi_1(x)+\cdots+c_n(x)\phi_n(x).$$

对 $\phi(x)$ 逐次求导数, 且在 $\phi^{(k)}(x),\ k=1,\cdots,n-1$, 中令

$$c_1'(x)\phi_1^{(k-1)}(x)+\cdots+c_n'(x)\phi_n^{(k-1)}(x)=0,\quad k=1,\cdots,n-1, \tag{4.1.21}$$

并将 $\phi^{(k)}(x),\ k=0,1,\cdots,n$, 代入线性非齐次微分方程 (4.1.17) 通过化简得

$$c_1'(x)\phi_1^{(n-1)}(x)+\cdots+c_n'(x)\phi_n^{(n-1)}(x)=f(x). \tag{4.1.22}$$

从 n 阶线性非齐次代数方程组 (4.1.21) 和 (4.1.22) 中解出 $c_1'(x),\cdots,c_n'(x)$, 并积分即可得到 n 阶线性非齐次微分方程 (4.1.17) 的通解.

例 设 $y=\phi(x)$ 是二阶微分方程

$$y''+p(x)y'+q(x)y=0,\quad x\in(a,b) \tag{4.1.23}$$

的非零解 (本书中的非零解是指不恒等于零的解), 且 $p(x)$, $q(x)$ 在 (a,b) 上连续, 则

(a) $\phi(x)$ 在 (a,b) 的任意闭子区间上至多有有限个零点, 且在 $\phi(x)$ 的零点处其导数不为零;

(b) 如果 $\phi(x)\neq 0$, $x\in(a,\,b)$, 微分方程 (4.1.23) 的通解为

$$y(x)=\phi(x)\left(c_1+c_2\int_{x_0}^{x}\frac{1}{\phi^2(s)}e^{-\int_{x_0}^{s}p(t)dt}ds\right),$$

其中 c_1,c_2 是任意常数.

证 由假设知, 微分方程 (4.1.23) 的解在 (a,b) 上连续可微.

(a) 反证法. 如果 $\phi(x)$ 在 (a,b) 的某闭子区间上有无穷多个零点, 则 $\phi(x)$ 的这些零点必至少有一个聚点, 记为 x^*. 设 $\{x_n\}$ 是 $\phi(x)$ 的零点, 且 $\lim\limits_{n\to\infty}x_n=x^*$, 则

$$\phi(x^*)=\lim_{n\to\infty}\phi(x_n)=0,\quad \phi'(x^*)=\lim_{n\to\infty}\frac{\phi(x_n)-\phi(x^*)}{x_n-x^*}=0.$$

由解的唯一性得 $\phi(x)\equiv 0$, 与假设矛盾. 从而 $\phi(x)$ 在 (a,b) 的任何闭子区间上至多有有限个零点.

如果 x^* 是 $\phi(x)$ 的零点, 则 $\phi'(x^*)\neq 0$. 否则由解的唯一性得 $\phi(x)\equiv 0$, $x\in(a,b)$, 矛盾.

(b) 设 $y(x)$ 是微分方程 (4.1.23) 的任一个解. 因为 $\phi(x)\neq 0$, $x\in(a,b)$, 所以由 Liouville 公式得

$$\phi(x)y'(x)-y(x)\phi'(x)=ce^{-\int_{x_0}^{x}p(t)dt}\Rightarrow\frac{d}{dx}\left(\frac{y}{\phi}\right)=\frac{c}{\phi^2}e^{-\int_{x_0}^{x}p(t)dt}.$$

故

$$\frac{y}{\phi}=c\int_{x_0}^{x}\frac{1}{\phi^2(s)}e^{-\int_{x_0}^{s}p(t)dt}ds+c_1.$$

这就得到了微分方程 (4.1.23) 的通解. 证毕. □

附注

- 类似于变系数线性齐次微分方程组, 高阶变系数线性齐次微分方程也没有一般的解法. 但如果知道其一个非零解, 则原高阶微分方程可以降低一阶. 作为练习请读者自己完成.
- **Euler 方程**

$$x^n\frac{d^ny}{dx^n}+a_1x^{n-1}\frac{d^{n-1}y}{dx^{n-1}}+\cdots+a_{n-1}x\frac{dy}{dx}+a_ny=0,$$

其中 $a_1,\cdots,a_n\in\mathbb{R}$ 是常数, 可以通过自变量变换 $x=e^t$ 化为常系数线性微分方程.

下两节讨论常系数线性微分方程组和高阶线性微分方程的解法.

4.2 常系数线性微分方程组的解法

考虑常系数线性微分方程组

$$\frac{d\boldsymbol{y}}{dx}=\boldsymbol{A}\boldsymbol{y}+\boldsymbol{f}(x),\quad x\in J=(a,b), \tag{4.2.1}$$

其中 $\boldsymbol{A}$ 是 n 阶实常数矩阵, $\boldsymbol{f}(x)\in C(J)$. 当 $n=1$ 时, 记 $\boldsymbol{A}=a$, 微分方程 (4.2.1) 对应的齐次微分方程有通解 $y=ce^{ax}$. 试想当 $n>1$ 时线性非齐次微分方程组 (4.2.1) 对应的线性齐次微分方程组的通解是否有类似的形式?

4.2.1 矩阵指数函数与常系数线性微分方程组的解

用 $\mathcal{M}$ 表示 n 阶实常数矩阵的全体构成的集合, 则 $\mathcal{M}$ 在矩阵的加法和矩阵与实数的乘法下构成一个线性空间. 对 $\boldsymbol{A}=(a_{ij})\in\mathcal{M}$, 定义 $\boldsymbol{A}$ 的模为

$$\|\boldsymbol{A}\|=\sum_{i,j=1}^{n}|a_{ij}|,$$

则矩阵的模满足下列性质: 对 $\forall\boldsymbol{A},\boldsymbol{B}\in\mathcal{M}$, $\forall\lambda\in\mathbb{R}$,

(1) $\|\boldsymbol{A}\|\geqslant 0$, $\|\boldsymbol{A}\|=0\Leftrightarrow\boldsymbol{A}=0$;

(2) $\|\lambda\boldsymbol{A}\|=|\lambda|\|\mathbf{A}\|$, $\lambda\in\mathbb{R}$;

(3) $\|\boldsymbol{A}+\boldsymbol{B}\|\leqslant\|\boldsymbol{A}\|+\|\boldsymbol{B}\|$;

(4) $\|\boldsymbol{A}\boldsymbol{B}\|\leqslant\|\boldsymbol{A}\|\,\|\boldsymbol{B}\|$, $\|\boldsymbol{A}^k\|\leqslant\|\boldsymbol{A}\|^k$, $k\in\mathbb{N}$.

前 3 条性质是显然的. 下证第 4 条: 对 $\boldsymbol{A}=(a_{ij}),\boldsymbol{B}=(b_{ij})$, 令

$$c_{ij}:=\sum_{k=1}^{n}a_{ik}b_{kj},$$

则 $\boldsymbol{A}\boldsymbol{B}=(c_{ij})$. 从而

$$\begin{aligned}\|\boldsymbol{A}\boldsymbol{B}\|=\sum_{i,j=1}^{n}|c_{ij}|&\leqslant\sum_{i=1}^{n}\sum_{j=1}^{n}\sum_{k=1}^{n}|a_{ik}||b_{kj}|=\sum_{i=1}^{n}\sum_{k=1}^{n}|a_{ik}|\sum_{j=1}^{n}|b_{kj}|\\&\leqslant\sum_{i=1}^{n}\sum_{k=1}^{n}|a_{ik}|\sum_{k,j=1}^{n}|b_{kj}|=\|\boldsymbol{A}\|\,\|\boldsymbol{B}\|.\end{aligned}$$

进一步地, $\|\boldsymbol{A}^k\|\leqslant\|\boldsymbol{A}^{k-1}\|\,\|\boldsymbol{A}\|\leqslant\|\boldsymbol{A}\|^k$.

命题 47 对 $\forall \boldsymbol{A},\boldsymbol{B}\in\mathcal{M}$, 下列结论成立:

(a) 矩阵幂级数

$$\boldsymbol{E}+\boldsymbol{A}+\frac{1}{2!}\boldsymbol{A}^2+\cdots+\frac{1}{k!}\boldsymbol{A}^k+\cdots$$

绝对收敛. 记其和为 $e^{\boldsymbol{A}}$ 或 $\exp(\boldsymbol{A})$, 称为**矩阵指数函数**;

(b) 如果 $\boldsymbol{A},\boldsymbol{B}$ 可交换, 即 $\boldsymbol{AB}=\boldsymbol{BA}$, 则 $e^{\boldsymbol{A}+\boldsymbol{B}}=e^{\boldsymbol{A}}e^{\boldsymbol{B}}$;

(c) 对任意的 $\boldsymbol{A}\in\mathcal{M}$, 则 $e^{\boldsymbol{A}}$ 可逆, 且 $\left(e^{\boldsymbol{A}}\right)^{-1}=e^{-\boldsymbol{A}}$;

(d) 对任意的可逆矩阵 $\boldsymbol{P}\in\mathcal{M}$ 有 $e^{\boldsymbol{PAP}^{-1}}=\boldsymbol{P}e^{\boldsymbol{A}}\boldsymbol{P}^{-1}$.

证 (a) 记 $a=\|\boldsymbol{A}\|$, 则

$$\sum_{k=0}^{\infty}\frac{\|\boldsymbol{A}^k\|}{k!}\leqslant\sum_{k=0}^{\infty}\frac{a^k}{k!}<\infty. \tag{4.2.2}$$

注意到矩阵幂级数

$$\sum_{k=0}^{\infty}\frac{1}{k!}\boldsymbol{A}^k,\quad \boldsymbol{A}^0=\boldsymbol{E} \tag{4.2.3}$$

的 (i,j), $i,j\in\{1,\cdots,n\}$, 元素为

$$\sum_{k=0}^{\infty}\frac{1}{k!}a_{ij}^{(k)}, \tag{4.2.4}$$

其中 $a_{ij}^{(k)}$ 是矩阵 $\boldsymbol{A}^k$ 的 (i,j) 元素. 由于 $\left|a_{ij}^{(k)}\right|\leqslant\|\boldsymbol{A}^k\|$, 所以由 (4.2.2) 知, 幂级数 (4.2.4) 绝对收敛. 这就证明了矩阵幂级数 (4.2.3) 中的 n^2 个幂级数都绝对收敛. 从而 $\sum\limits_{k=0}^{\infty}\frac{1}{k!}\boldsymbol{A}^k\in\mathcal{M}$.

(b) 直接计算得

$$e^{\boldsymbol{A}+\boldsymbol{B}}=\sum_{k=0}^{\infty}\frac{(\boldsymbol{A}+\boldsymbol{B})^k}{k!}=\sum_{k=0}^{\infty}\frac{\sum\limits_{i=0}^{k}\begin{pmatrix}k\\i\end{pmatrix}\boldsymbol{A}^i\boldsymbol{B}^{k-i}}{k!}=\sum_{k=0}^{\infty}\sum_{i=0}^{k}\frac{\boldsymbol{A}^i\boldsymbol{B}^{k-i}}{i!(k-i)!}=e^{\boldsymbol{A}}e^{\boldsymbol{B}},$$

其中 $\begin{pmatrix}k\\i\end{pmatrix}=\frac{k!}{i!(k-i)!}$, 最后一个等式用到 $e^{\boldsymbol{A}}$ 的幂级数表示和两个幂级数乘积的 k 次齐次式的表示.

(c) 和 (d) 的证明容易得到, 从略. 证毕. □

对于任意的实或复 n 阶矩阵 $\boldsymbol{A}$, 下列结论成立:

$$\det e^{t\boldsymbol{A}}=1+t\operatorname{tr}\boldsymbol{A}+O(t^2),\quad |t|\ll 1,$$
$$\det e^{\boldsymbol{A}}=e^{\operatorname{tr}\boldsymbol{A}},$$

其中 det 表示矩阵的行列式, tr 表示矩阵的迹. 注: 第一个等式可以通过对行列式关于 t Taylor 展开得到. 第二个等式可以利用 $f(t) := \det e^{t\boldsymbol{A}}$ 满足 $f(t+s) = f(t)f(s)$, 以及第一个等式得到.

定理 48 对于常系数线性微分方程组, 下列结论成立:

(a) 矩阵指数函数 $\boldsymbol{Y}(x) = e^{x\boldsymbol{A}}$ 是常系数线性齐次微分方程组

$$\frac{d\boldsymbol{Y}}{dx} = \boldsymbol{AY} \tag{4.2.5}$$

的基解矩阵;

(b) 设 $\boldsymbol{f}(x) \in C(J)$, $x_0 \in J$, 则常系数线性非齐次微分方程组 (4.2.1)

– 的通解为

$$\boldsymbol{y}(x) = e^{x\boldsymbol{A}}\boldsymbol{c} + \int_{x_0}^{x} e^{(x-s)\boldsymbol{A}}\boldsymbol{f}(s)ds,$$

其中 $\boldsymbol{c}$ 是任意 n 维常数向量.

– 过 $(x_0, \boldsymbol{y}_0) \in J \times \mathbb{R}^n \subset \mathbb{R}^{n+1}$ 的初值问题的解为

$$\boldsymbol{y}(x) = e^{(x-x_0)\boldsymbol{A}}\boldsymbol{y}_0 + \int_{x_0}^{x} e^{(x-s)\boldsymbol{A}}\boldsymbol{f}(s)ds.$$

证 (a) 对任意的 $x \in \mathbb{R}$, 令 $I \subset \mathbb{R}$ 是以 x 为内点的一个有界开区间. 因为

$$e^{x\boldsymbol{A}} = \sum_{k=0}^{\infty} \frac{x^k\boldsymbol{A}^k}{k!}$$

在 I 上绝对一致收敛, 所以对矩阵指数函数逐项求导得

$$\frac{de^{x\boldsymbol{A}}}{dx} = \sum_{k=1}^{\infty} \frac{x^{k-1}\boldsymbol{A}^k}{(k-1)!} = \boldsymbol{A}\sum_{k=1}^{\infty} \frac{x^{k-1}\boldsymbol{A}^{k-1}}{(k-1)!} = \boldsymbol{A}\, e^{x\boldsymbol{A}},$$

即 $e^{x\boldsymbol{A}}$ 是线性齐次微分方程组 (4.2.5) 的解矩阵. 又 $e^{x\boldsymbol{A}}$ 可逆, 所以 $e^{x\boldsymbol{A}}$ 是线性齐次微分方程组 (4.2.5) 的基解矩阵.

(b) 由 (a) 和线性非齐次微分方程组的解的常数变易公式立得. 定理证毕.

□

附注

- 定理 48 从理论上解决了常系数线性微分方程组的求解问题.
- 对于给定的 $\boldsymbol{A} \in \mathcal{M}$, 如何求 $e^{x\boldsymbol{A}}$ 有待解决?

4.2.2 常系数线性齐次微分方程组基解矩阵的求法

1. 用 Jordan 标准型求基解矩阵

对 $\forall \boldsymbol{A} \in \mathcal{M}$, 由线性代数的 Jordan 标准型理论知, 存在非奇异矩阵 $\boldsymbol{P}$ (实或复的) 使得

$$\boldsymbol{A} = \boldsymbol{PJP}^{-1},$$

其中

$$
\boldsymbol{J}=\operatorname{diag}(\boldsymbol{J}_1,\cdots,\boldsymbol{J}_m)=\begin{pmatrix}\boldsymbol{J}_1 & & & \\ & \boldsymbol{J}_2 & & \\ & & \ddots & \\ & & & \boldsymbol{J}_m\end{pmatrix},
$$

$$
\boldsymbol{J}_i=\lambda_i\boldsymbol{E}_{n_i}+\boldsymbol{N}_i,\quad \boldsymbol{N}_i=\begin{pmatrix}0&0&0&\cdots&0&0\\1&0&0&\cdots&0&0\\0&1&0&\cdots&0&0\\\vdots&\ddots&\ddots&\ddots&\vdots&\vdots\\0&0&0&\cdots&0&0\\0&0&0&\cdots&1&0\end{pmatrix},
$$

其中 $\lambda_i(i=1,\cdots,m)$ 是 $\boldsymbol{A}$ 的特征值, n_i 是矩阵 $\boldsymbol{J}_i$ 的阶数, $n_1+\cdots+n_m=n$, $\boldsymbol{E}_{n_i}$ 是 n_i 阶单位矩阵. 故

$$
e^{x\boldsymbol{A}}=\boldsymbol{P}e^{x\boldsymbol{J}}\boldsymbol{P}^{-1}=\boldsymbol{P}\operatorname{diag}\left(e^{x\boldsymbol{J}_1},\cdots,e^{x\boldsymbol{J}_m}\right)\boldsymbol{P}^{-1}.
$$

又对 $i=1,\cdots,m$,

$$
\begin{aligned}
e^{x\boldsymbol{J}_i}&=e^{x\lambda_i\boldsymbol{E}_{n_i}}e^{x\boldsymbol{N}_i}=e^{\lambda_i x}e^{x\boldsymbol{N}_i}\\
&=e^{\lambda_i x}\begin{pmatrix}
1 & 0 & 0 & \cdots & 0 & 0 & 0\\
x & 1 & 0 & \cdots & 0 & 0 & 0\\
\dfrac{x^2}{2!} & x & 1 & & 0 & 0 & 0\\
\vdots & & & & & \vdots & \vdots\\
\dfrac{x^{n_i-3}}{(n_i-3)!} & \ddots & \ddots & \ddots & & \vdots & \vdots\\
 & & & \ddots & \ddots & & \\
\dfrac{x^{n_i-2}}{(n_i-2)!} & \dfrac{x^{n_i-3}}{(n_i-3)!} & \ddots & \ddots & x & 1 & 0\\
\dfrac{x^{n_i-1}}{(n_i-1)!} & \dfrac{x^{n_i-2}}{(n_i-2)!} & \dfrac{x^{n_i-3}}{(n_i-3)!} & \cdots & \dfrac{x^2}{2!} & x & 1
\end{pmatrix}.
\end{aligned}
$$

这样就从理论上解决了基解矩阵 $e^{x\boldsymbol{A}}$ 的求法问题.

附注　从矩阵指数函数法求基解矩阵, 以及 $e^{x\boldsymbol{A}}\boldsymbol{P}$ 仍是基解矩阵知, 线性齐次微分方程组 (4.2.5) 有基解矩阵 $\boldsymbol{P}e^{x\boldsymbol{J}}$. 显然, 它的每一个列向量是由 $e^{\lambda_i x}$ 与次数不超过 n_i-1 的多项式的乘积构成的. 基解矩阵的这种结构为下面寻找新的求解方法提供了思路.

例 求解下列常系数线性非齐次微分方程组:

$$\frac{d\boldsymbol{y}}{dx}=\boldsymbol{A}\boldsymbol{y}+\boldsymbol{f}(x),$$

其中

$$\boldsymbol{y}=\begin{pmatrix}y_1\\y_2\\y_3\end{pmatrix},\quad \boldsymbol{A}=\begin{pmatrix}2&0&0\\0&-1&0\\0&1&-1\end{pmatrix},\quad \boldsymbol{f}(x)=\begin{pmatrix}0\\1\\x\end{pmatrix}.$$

解 因 $\boldsymbol{A}$ 是 Jordan 标准型, 直接计算得

$$e^{x\boldsymbol{A}}=\begin{pmatrix}e^{2x}&\boldsymbol{0}^{\mathrm{T}}\\ \boldsymbol{0}&e^{-x}\exp\left(x\begin{pmatrix}0&0\\1&0\end{pmatrix}\right)\end{pmatrix}=\begin{pmatrix}e^{2x}&0&0\\0&e^{-x}&0\\0&xe^{-x}&e^{-x}\end{pmatrix}.$$

所以由常数变易公式得到原方程的通解为

$$\boldsymbol{y}(x)=e^{x\boldsymbol{A}}\boldsymbol{c}+\int_0^x e^{(x-s)\boldsymbol{A}}\boldsymbol{f}(s)ds=e^{x\boldsymbol{A}}\boldsymbol{c}+\begin{pmatrix}0\\1-e^{-x}\\x-xe^{-x}\end{pmatrix},$$

其中 $\boldsymbol{c}$ 是任意 3 维常数向量.

尽管矩阵指数函数法解决了常系数线性微分方程组基解矩阵的求法问题, 但实际计算却是非常困难的, 因为求一个矩阵的 Jordan 标准型本来就是一件十分困难的事. 下面提供另一个易于计算的方法.

2. 特征值与特征向量法求基解矩阵

为阐述该方法需要线性代数的下列结论 (参见 [41, § 6.1, 定理 3]):

命题 49 设 $\lambda_1,\cdots,\lambda_s$ 是矩阵 $\boldsymbol{A}$ 的所有互不相同的特征值, 它们的重数分别为 $n_1,\cdots,n_s$ 且 $n_1+\cdots+n_s=n$, 则

(1) 线性代数方程组

$$(\boldsymbol{A}-\lambda_i\boldsymbol{E})^{n_i}\boldsymbol{r}_0^{(i)}=\boldsymbol{0} \tag{4.2.6}$$

有 n_i 个线性无关的解, 记为 $\boldsymbol{r}_{j0}^{(i)}$, $j=1,\cdots,n_i$;

(2) n 个向量 $\boldsymbol{r}_{10}^{(1)},\cdots,\boldsymbol{r}_{n_10}^{(1)},\cdots,\boldsymbol{r}_{10}^{(s)},\cdots,\boldsymbol{r}_{n_s0}^{(s)}$ 线性无关.

定理 50 设 $\lambda_1,\cdots,\lambda_s$ 是矩阵 $\boldsymbol{A}$ 的所有互不相同的特征值, 它们的重数分别为 $n_1,\cdots,n_s$ 且 $n_1+\cdots+n_s=n$. 记 $\boldsymbol{r}_{10}^{(i)},\cdots,\boldsymbol{r}_{n_i0}^{(i)}$ 为线性齐次代数方程组 (4.2.6) 的 n_i 个线性无关解, $i=1,\cdots,s$, 则下列结论成立.

(a) 如果 $s=n$, 则 $n_i=1$, $i=1,\cdots,n$, $\boldsymbol{r}_{10}^{(i)}$ 是 λ_i 的特征向量. 矩阵函数

$$\boldsymbol{\Phi}(x)=\left(e^{\lambda_1x}\boldsymbol{r}_{10}^{(1)},\cdots,e^{\lambda_nx}\boldsymbol{r}_{10}^{(n)}\right)$$

是常系数线性齐次微分方程组 (4.2.5) 的基解矩阵;

(b) 如果 $s<n$, 对 $n_i>1$, $j=1,\cdots,n_i$, 令

$$\boldsymbol{r}_{jl}^{(i)}:=(\boldsymbol{A}-\lambda_i\boldsymbol{E})\boldsymbol{r}_{j,l-1}^{(i)},\quad l=1,\cdots,n_i-1,$$

则矩阵函数

$$\boldsymbol{\Phi}(x)=\left(e^{\lambda_1 x}\boldsymbol{P}_1^{(1)}(x),\cdots,e^{\lambda_1 x}\boldsymbol{P}_{n_1}^{(1)}(x),\cdots,e^{\lambda_s x}\boldsymbol{P}_1^{(s)}(x),\cdots,e^{\lambda_s x}\boldsymbol{P}_{n_s}^{(s)}(x)\right)$$

是常系数线性齐次微分方程组 (4.2.5) 的基解矩阵, 其中

$$\boldsymbol{P}_j^{(i)}(x)=\sum_{k=0}^{n_i-1}\frac{x^k}{k!}\boldsymbol{r}_{jk}^{(i)},\quad i=1,\cdots,s,\ j=1,\cdots,n_i.$$

证 (a) 由于对应不同特征值的特征向量线性无关, 所以

$$\boldsymbol{\Phi}(0)=\left(\boldsymbol{r}_{10}^{(1)},\cdots,\boldsymbol{r}_{10}^{(n)}\right)$$

是非奇异矩阵. 又

$$\frac{d\boldsymbol{\Phi}(x)}{dx}=\left(e^{\lambda_1 x}\lambda_1\boldsymbol{r}_{10}^{(1)},\cdots,e^{\lambda_n x}\lambda_n\boldsymbol{r}_{10}^{(n)}\right)=\left(e^{\lambda_1 x}\boldsymbol{A}\boldsymbol{r}_{10}^{(1)},\cdots,e^{\lambda_n x}\boldsymbol{A}\boldsymbol{r}_{10}^{(n)}\right)=\boldsymbol{A}\boldsymbol{\Phi}(x).$$

这就证明了 $\boldsymbol{\Phi}(x)$ 是常系数线性齐次微分方程组 (4.2.5) 的基解矩阵.

(b) 由命题 49 得

$$\boldsymbol{\Phi}(0)=\left(\boldsymbol{r}_{10}^{(1)},\cdots,\boldsymbol{r}_{n_1 0}^{(1)},\cdots,\boldsymbol{r}_{10}^{(s)},\cdots,\boldsymbol{r}_{n_s 0}^{(s)}\right)$$

非奇异. 下面只需证明 $e^{\lambda_i x}\boldsymbol{P}_j^{(i)}(x)$, $i=1,\cdots,s,\ j=1,\cdots,n_i$ 是线性齐次微分方程组 (4.2.5) 的解. 事实上,

$$\begin{aligned}\frac{d}{dx}\left(e^{\lambda_i x}\boldsymbol{P}_j^{(i)}(x)\right)&=\lambda_i e^{\lambda_i x}\sum_{k=0}^{n_i-1}\frac{x^k}{k!}\boldsymbol{r}_{jk}^{(i)}+e^{\lambda_i x}\sum_{k=1}^{n_i-1}\frac{x^{k-1}}{(k-1)!}\boldsymbol{r}_{jk}^{(i)}\\&=\lambda_i e^{\lambda_i x}\sum_{k=0}^{n_i-1}\frac{x^k}{k!}\boldsymbol{r}_{jk}^{(i)}+e^{\lambda_i x}\sum_{k=1}^{n_i-1}\frac{x^{k-1}}{(k-1)!}\left(\boldsymbol{A}-\lambda_i\boldsymbol{E}\right)\boldsymbol{r}_{j,k-1}^{(i)}\\&=\lambda_i e^{\lambda_i x}\frac{x^{n_i-1}}{(n_i-1)!}\boldsymbol{r}_{j,n_i-1}^{(i)}+e^{\lambda_i x}\sum_{k=0}^{n_i-2}\frac{x^k}{k!}\boldsymbol{A}\boldsymbol{r}_{jk}^{(i)}\\&=\boldsymbol{A}e^{\lambda_i x}\sum_{k=0}^{n_i-1}\frac{x^k}{k!}\boldsymbol{r}_{jk}^{(i)}=\boldsymbol{A}e^{\lambda_i x}\boldsymbol{P}_j^{(i)}(x),\end{aligned}$$

其中在第 4 个等式中用到 $\lambda_i\boldsymbol{r}_{j,n_i-1}^{(i)}=\boldsymbol{A}\boldsymbol{r}_{j,n_i-1}^{(i)}$, 这是由于

$$(\boldsymbol{A}-\lambda_i\boldsymbol{E})\boldsymbol{r}_{j,n_i-1}^{(i)}=(\boldsymbol{A}-\lambda_i\boldsymbol{E})^2\boldsymbol{r}_{j,n_i-2}^{(i)}=\cdots=(\boldsymbol{A}-\lambda_i\boldsymbol{E})^{n_i}\boldsymbol{r}_{j0}^{(i)}=\boldsymbol{0}.$$

这就证明了 $\boldsymbol{\Phi}(x)$ 是常系数线性齐次微分方程组 (4.2.5) 的基解矩阵. 定理证毕. □

附注

- 定理 50 (a) 要求 n 个互不相同的特征值, 其实从证明可以得到: 如果 $\boldsymbol{A}$ 有 n 个线性无关的特征向量 $\boldsymbol{r}_1, \cdots, \boldsymbol{r}_n$, 对应的特征值是 $\lambda_1, \cdots, \lambda_n$ (它们有可能相等), 则

$$\boldsymbol{\Phi}(x) = \left(e^{\lambda_1 x}\boldsymbol{r}_1, \cdots, e^{\lambda_n x}\boldsymbol{r}_n\right)$$

是微分方程组 (4.2.5) 的基解矩阵.

- 若实矩阵 $\boldsymbol{A}$ 有复特征值 λ_i, 则 $\lambda_j = \overline{\lambda}_i$ 也是特征值 (横表示共轭). 记 $\boldsymbol{r}_{m0}^{(i)}$, $\boldsymbol{r}_{m0}^{(j)} = \overline{\boldsymbol{r}}_{m0}^{(i)}$, $m \in \{1, \cdots, n_i\}$ 分别是线性代数方程组 (4.2.6) 对应于 λ_i 和 λ_j 的解, 则基解矩阵 $\boldsymbol{\Phi}(x)$ 是复的. 一方面可以从 $e^{x\boldsymbol{A}} = \boldsymbol{\Phi}(x)\boldsymbol{\Phi}^{-1}(0)$ 得到实基解矩阵. 另一方面对于线性齐次微分方程组 (4.2.5) 的任一对共轭复解 $e^{\lambda_i x}\boldsymbol{P}_m^{(i)}(x)$ 和 $e^{\lambda_j x}\boldsymbol{P}_m^{(j)}(x) = e^{\overline{\lambda}_i x}\overline{\boldsymbol{P}}_m^{(i)}(x)$, 可以取该共轭复解的实部和虚部, 即

$$e^{\lambda_i x}\boldsymbol{P}_m^{(i)}(x) = \boldsymbol{u}(x) + \sqrt{-1}\boldsymbol{v}(x), \quad e^{\overline{\lambda}_i x}\overline{\boldsymbol{P}}_m^{(i)}(x) = \boldsymbol{u}(x) - \sqrt{-1}\boldsymbol{v}(x),$$

得到线性齐次微分方程组 (4.2.5) 的两个线性无关的实解 $\boldsymbol{u}(x)$ 和 $\boldsymbol{v}(x)$. 再用这两个实解代替基解矩阵中的这一对共轭复解即可得到实基解矩阵.

例

(1) 求常系数线性齐次微分方程组

$$\frac{d\boldsymbol{y}}{dx} = \boldsymbol{A}\boldsymbol{y}, \quad \boldsymbol{A} = \begin{pmatrix} 2 & -1 & -1 \\ -2 & 1 & 3 \\ 0 & -1 & 1 \end{pmatrix}$$

的基解矩阵.

解 因为

$$\det(\boldsymbol{A} - \lambda\boldsymbol{E}) = (2-\lambda)\left((\lambda-1)^2+1\right),$$

所以 $\boldsymbol{A}$ 的特征值为

$$\lambda_1 = 2, \quad \lambda_2 = 1+\sqrt{-1}, \quad \lambda_3 = 1-\sqrt{-1}.$$

它们对应的特征向量分别为

$$\boldsymbol{r}_1 = \begin{pmatrix} 2 \\ -1 \\ 1 \end{pmatrix}, \quad \boldsymbol{r}_2 = \begin{pmatrix} 1 \\ -\sqrt{-1} \\ 1 \end{pmatrix}, \quad \boldsymbol{r}_3 = \begin{pmatrix} 1 \\ \sqrt{-1} \\ 1 \end{pmatrix}.$$

取 $e^{(1+\sqrt{-1})x}\boldsymbol{r}_2$ 或 $e^{(1-\sqrt{-1})x}\boldsymbol{r}_3$ 的实部和虚部得到原方程的两个线性无关的实解

$$e^x\begin{pmatrix}\cos x\\ \sin x\\ \cos x\end{pmatrix},\quad e^x\begin{pmatrix}\sin x\\ -\cos x\\ \sin x\end{pmatrix}.$$

故原齐次微分方程组有基解矩阵

$$\boldsymbol{\Phi}(x)=\begin{pmatrix}2e^{2x} & e^x\cos x & e^x\sin x\\ -e^{2x} & e^x\sin x & -e^x\cos x\\ e^{2x} & e^x\cos x & e^x\sin x\end{pmatrix}.$$

(2) 求常系数线性齐次微分方程组

$$\frac{d\boldsymbol{y}}{dx}-\boldsymbol{A}\boldsymbol{y},\quad \boldsymbol{A}-\begin{pmatrix}0 & 1 & 0 & 0\\ -1 & 2 & 0 & 0\\ -2 & 2 & 1 & 0\\ 0 & 1 & 0 & -1\end{pmatrix}$$

的基解矩阵.

解 因为

$$\det(\boldsymbol{A}-\lambda\boldsymbol{E})=(\lambda+1)(\lambda-1)^3,$$

所以 $\boldsymbol{A}$ 的特征值为

$$\lambda_1=-1,\quad \lambda_2=1(\text{三重}).$$

特征值 $\lambda_1=-1$ 对应的特征向量为 $\boldsymbol{r}_1=(0,0,0,1)^{\mathrm{T}}$.

对于 $\lambda_2=1$, 从线性代数方程组

$$(\boldsymbol{A}-\boldsymbol{E})^3\boldsymbol{r}=\boldsymbol{0}$$

解得

$$\boldsymbol{r}_{10}^{(2)}=\begin{pmatrix}-1\\ 1\\ 0\\ 0\end{pmatrix},\quad \boldsymbol{r}_{20}^{(2)}=\begin{pmatrix}0\\ 0\\ 1\\ 0\end{pmatrix},\quad \boldsymbol{r}_{30}^{(2)}=\begin{pmatrix}4\\ 0\\ 0\\ 1\end{pmatrix}.$$

进一步地,

$$\boldsymbol{r}_{11}^{(2)}=(\boldsymbol{A}-\boldsymbol{E})\boldsymbol{r}_{10}^{(2)}=\begin{pmatrix}2\\2\\4\\1\end{pmatrix},\quad \boldsymbol{r}_{12}^{(2)}=(\boldsymbol{A}-\boldsymbol{E})\boldsymbol{r}_{11}^{(2)}=\begin{pmatrix}0\\0\\0\\0\end{pmatrix},$$

$$\boldsymbol{r}_{21}^{(2)}=(\boldsymbol{A}-\boldsymbol{E})\boldsymbol{r}_{20}^{(2)}=\begin{pmatrix}0\\0\\0\\0\end{pmatrix},$$

$$\boldsymbol{r}_{31}^{(2)}=(\boldsymbol{A}-\boldsymbol{E})\boldsymbol{r}_{30}^{(2)}=\begin{pmatrix}-4\\-4\\-8\\-2\end{pmatrix},\quad \boldsymbol{r}_{32}^{(2)}=(\boldsymbol{A}-\boldsymbol{E})\boldsymbol{r}_{31}^{(2)}=\begin{pmatrix}0\\0\\0\\0\end{pmatrix}.$$

所以原齐次微分方程组有基解矩阵

$$\begin{aligned}\boldsymbol{\Phi}(x)&=\left(e^{-x}\boldsymbol{r}_1\ \ e^{x}(\boldsymbol{r}_{10}^{(2)}+x\boldsymbol{r}_{11}^{(2)})\ \ e^{x}\boldsymbol{r}_{20}^{(2)}\ \ e^{x}(\boldsymbol{r}_{30}^{(2)}+x\boldsymbol{r}_{31}^{(2)})\right)\\&=\begin{pmatrix}0 & -e^{x}+2xe^{x} & 0 & 4e^{x}-4xe^{x}\\ 0 & e^{x}+2xe^{x} & 0 & -4xe^{x}\\ 0 & 4xe^{x} & e^{x} & -8xe^{x}\\ e^{-x} & xe^{x} & 0 & e^{x}-2xe^{x}\end{pmatrix}.\end{aligned}$$

下面利用定理 50 给出常系数线性齐次微分方程组的解的估计.

推论 51 设 $\boldsymbol{A}\in\mathcal{M}$. 如果 $\boldsymbol{A}$ 的特征值的实部都为负, 则 $\exists\rho>0, a>0$ 使得对 $\forall\boldsymbol{v}=(v_1,\cdots,v_n)^{\mathrm{T}}\in\mathbb{R}^n$ 有

$$\|e^{x\boldsymbol{A}}\boldsymbol{v}\|_2\leqslant ae^{-\rho x}\|\boldsymbol{v}\|_2,\quad x\geqslant 0.$$

其中 $\|\boldsymbol{v}\|_2=\sqrt{v_1^2+\cdots+v_n^2}$.

证 由定理 50,

$$\boldsymbol{\Phi}(x)=\left(e^{\lambda_1 x}\boldsymbol{P}_1^{(1)}(x),\cdots,e^{\lambda_1 x}\boldsymbol{P}_{n_1}^{(1)}(x),\cdots,e^{\lambda_s x}\boldsymbol{P}_1^{(s)}(x),\cdots,e^{\lambda_s x}\boldsymbol{P}_{n_s}^{(s)}(x)\right)$$

是齐次微分方程组 (4.2.5) 的基解矩阵, 所以存在非奇异的常数矩阵 $\boldsymbol{C}\in\mathcal{M}$ 使得

$$e^{x\boldsymbol{A}}=\boldsymbol{\Phi}(x)\boldsymbol{C}=:(\boldsymbol{w}_1(x),\cdots,\boldsymbol{w}_n(x)),$$

其中

$$\boldsymbol{w}_i(x)=\sum_{j=1}^{s}\boldsymbol{P}_{ij}(x)e^{\lambda_j x},\quad i=1,\cdots,n,$$

$\boldsymbol{P}_{ij}(x)$ 是次数 $\leqslant n-1$ 的 n 维向量值多项式.

记 $\lambda_j=\alpha_j+\sqrt{-1}\beta_j$, $\alpha=\max\limits_{1\leqslant j\leqslant s}\alpha_j$, 则由三角不等式和 Cauchy 不等式得

$$\begin{aligned}\sum_{i=1}^{n}\|\boldsymbol{w}_i(x)\|_2^2&\leqslant\sum_{i=1}^{n}\left(\sum_{j=1}^{s}\|\boldsymbol{P}_{ij}(x)e^{\lambda_j x}\|_2\right)^2=\sum_{i=1}^{n}\left(\sum_{j=1}^{s}\|\boldsymbol{P}_{ij}(x)\|_2e^{\alpha_j x}\right)^2\\&\leqslant\sum_{i=1}^{n}\sum_{j=1}^{s}\|\boldsymbol{P}_{ij}(x)\|_2^2\sum_{j=1}^{s}e^{2\alpha_j x}\leqslant ne^{2\alpha x}\sum_{i=1}^{n}\sum_{j=1}^{s}\|\boldsymbol{P}_{ij}(x)\|_2^2\\&\leqslant ne^{2\alpha x}\sum_{i=1}^{n}\sum_{j=1}^{s}nM^2\left(\sum_{k=0}^{n-1}|x|^k\right)^2\leqslant n^4M^2e^{2\alpha x}\left(\sum_{k=0}^{n-1}|x|^k\right)^2,\end{aligned}$$

其中 M 是 $\boldsymbol{P}_{ij}(x)$, $i=1,\cdots,n, j=1,\cdots,s$ 的系数的绝对值的最大值. 所以再由三角不等式和 Cauchy 不等式得

$$\|e^{x\boldsymbol{A}}\boldsymbol{v}\|_2\leqslant\sum_{i=1}^{n}\|\boldsymbol{w}_i(x)\|_2\,|v_i|\leqslant\|\boldsymbol{v}\|_2\left(\sum_{i=1}^{n}\|\boldsymbol{w}_i(x)\|_2^2\right)^{\frac{1}{2}}\leqslant\|\boldsymbol{v}\|_2\,n^2Me^{\alpha x}\sum_{k=0}^{n-1}|x|^k.$$

取 $\rho\in(0,-\alpha)$. 由于

$$\lim_{x\to\infty}e^{x(\alpha+\rho)}\sum_{k=0}^{n-1}|x|^k=0,$$

所以存在 $K_0>0$ 使得

$$e^{x\alpha}\sum_{k=0}^{n-1}|x|^k\leqslant K_0e^{-\rho x},\quad x\in[0,\infty).$$

令 $a:=n^2MK_0$ 即可得到推论的证明. 证毕. □

4.2.3 应用: 平面常系数线性微分系统的局部结构

作为常系数线性齐次微分方程组解法的应用, 本小节讨论平面常系数线性微分方程组

$$\frac{d}{dt}\begin{pmatrix}x\\y\end{pmatrix}=\boldsymbol{A}\begin{pmatrix}x\\y\end{pmatrix},\quad\boldsymbol{A}=\begin{pmatrix}a&b\\c&d\end{pmatrix}\neq\boldsymbol{0}\tag{4.2.7}$$

在奇点 $(0,0)$ 邻域轨线的局部结构, 其中 $\boldsymbol{0}$ 表示 2 阶零矩阵.

对于一般的二维微分方程组

$$\frac{dx}{dt}=P(x,y),\quad \frac{dy}{dt}=Q(x,y),$$

(1) 点 $(x_0,y_0)\in\mathbb{R}^2$ 称为该方程组的**奇点**, 如果 $P(x_0,y_0)=0$, $Q(x_0,y_0)=0$.

(2) 奇点 (x_0,y_0) 称为**初等奇点** (或**非初等奇点**), 如果 P,Q 在 (x_0,y_0) 的 Jacobi 矩阵

$$\left.\frac{\partial(P,Q)}{\partial(x,y)}\right|_{(x_0,y_0)}$$

的特征值至少有一个不为零 (或都为零).

(3) 如果初等奇点的两个特征值都不为零, 称之为**非退化的**. 否则称之为**退化的**.

(4) 如果非退化初等奇点的特征值的实部都不为零, 称之为**双曲的**. 否则称之为**非双曲的**.

(5) 如果非初等奇点的 Jacobi 矩阵不为零 (为零), 称之为**幂零奇点** (**高阶奇点**).

综合上述定义, 给出平面微分系统奇点的如下分类:

$$\text{奇点}\begin{cases}\text{初等奇点}\begin{cases}\text{非退化初等奇点}\begin{cases}\text{双曲奇点}\\ \text{非双曲奇点}\end{cases}\\ \text{退化初等奇点}\end{cases}\\ \text{非初等奇点}\begin{cases}\text{幂零奇点}\\ \text{高阶奇点}\end{cases}\end{cases}$$

由 Jordan 标准型理论知, 存在实可逆矩阵 $\boldsymbol{P}$ 使得 $\boldsymbol{P}^{-1}\boldsymbol{A}\boldsymbol{P}$ 为下列 Jordan 标准型之一:

$$\begin{pmatrix}\lambda & 0\\ 0 & \mu\end{pmatrix},\quad \begin{pmatrix}\lambda & 0\\ 1 & \lambda\end{pmatrix},\quad \begin{pmatrix}\alpha & -\beta\\ \beta & \alpha\end{pmatrix},\quad \begin{pmatrix}\lambda & 0\\ 0 & 0\end{pmatrix},\quad \begin{pmatrix}0 & 0\\ 1 & 0\end{pmatrix},$$

其中 $\lambda,\mu,\beta\neq 0$. 容易验证在变换

$$\begin{pmatrix}x\\ y\end{pmatrix}=\boldsymbol{P}\begin{pmatrix}\xi\\ \eta\end{pmatrix}$$

下, 微分方程组 (4.2.7) 可化为

$$\frac{d}{dt}\begin{pmatrix}\xi\\ \eta\end{pmatrix}=\boldsymbol{P}^{-1}\boldsymbol{A}\boldsymbol{P}\begin{pmatrix}\xi\\ \eta\end{pmatrix}.$$

由于线性变换只起到拉伸和旋转的作用, 因此不失一般性, 下面只讨论当 $\boldsymbol{A}$ 具有上述标准型之一时微分方程组 (4.2.7) 的轨线在奇点 $(0,0)$ 邻域的性质.

(Ⅰ) $\boldsymbol{A}=\begin{pmatrix}\lambda & 0\\ 0 & \mu\end{pmatrix}$.

线性齐次微分方程组 (4.2.7) 的通解为

$$x=c_1e^{\lambda t},\quad y=c_2e^{\mu t},$$

其中 c_1,c_2 是任意常数. 进一步地, 微分方程组 (4.2.7) 的轨线可表示成

$$x=0,\quad \text{或}\quad y(x)=c|x|^{\frac{\mu}{\lambda}},$$

其中 c 是任意常数.

(1) $\lambda=\mu$. 微分方程组 (4.2.7) 的解为 $x=0$, 或 $y=cx$, 其中 c 是任意常数. 微分方程组 (4.2.7) 的解在 $(0,0)$ 的局部结构如图 4.1. 此时 $(0,0)$ 称为**临界结点**. 当 $\lambda=\mu<0$ 时, 称为**稳定的临界结点**; 当 $\lambda=\mu>0$ 时, 称为**不稳定的临界结点**.

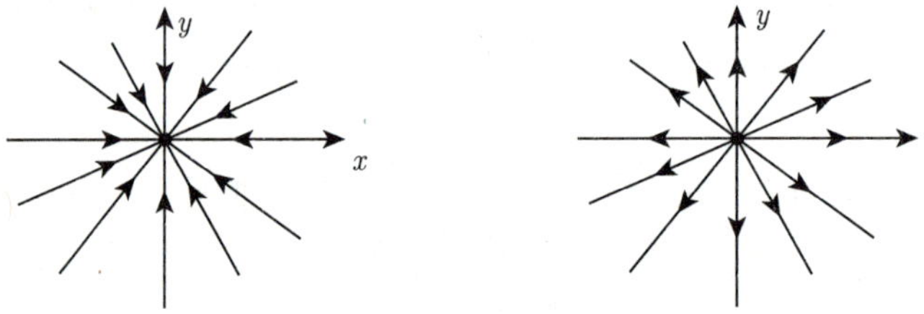

$\lambda=\mu<0$　　　　$\lambda=\mu>0$

图 4.1　稳定的临界结点与不稳定的临界结点

(2) $\lambda\neq\mu$, $\lambda\mu>0$.

* 当 $\dfrac{\mu}{\lambda}>1$ 时, 所有轨线 (除 $x=0$ 外) 在原点处与 x 轴相切.
* 当 $\dfrac{\mu}{\lambda}<1$ 时, 所有轨线 (除 $y=0$ 外) 在原点处与 y 轴相切.

所以微分方程组 (4.2.7) 的轨线在 $(0,0)$ 的局部结构如图 4.2. 因为任一条轨线都或者沿着 x 轴方向或者沿着 y 轴方向趋于原点, 此时称 $(0,0)$ 为**两向结点**, 简称为**结点**. 当 $\lambda>0$ (或 $\lambda<0$) 时, 称为**不稳定的结点** (或**稳定的结点**).

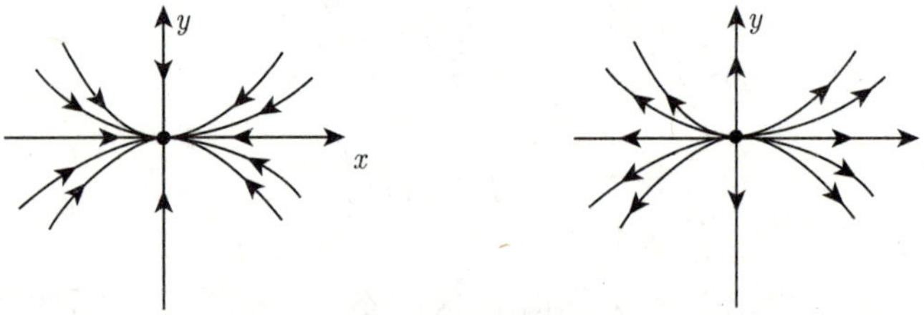

$\lambda<0,\mu<0,\dfrac{\mu}{\lambda}>1$　　　　$\lambda>0,\mu>0,\dfrac{\mu}{\lambda}>1$

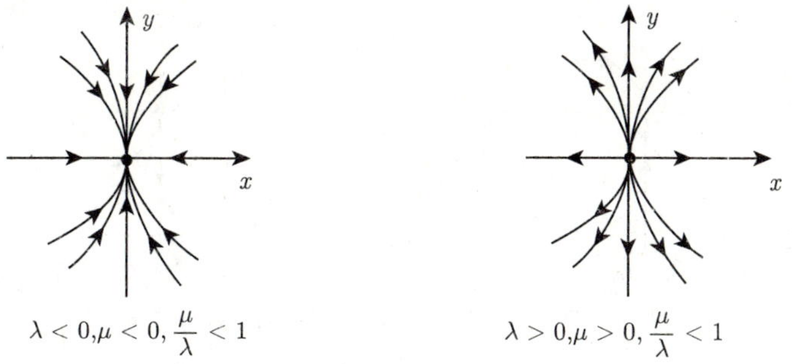

图 4.2 稳定的两向结点与不稳定的两向结点

(3) $\lambda\mu < 0$. 由于

$$\lim_{x\to\pm\infty} c|x|^{\frac{\mu}{\lambda}} = 0, \quad \lim_{x\to\pm 0} c|x|^{\frac{\mu}{\lambda}} = \infty,$$

所以微分方程组 (4.2.7) 的轨线在 $(0,0)$ 的局部结构如图 4.3. 此时 $(0,0)$ 称为**鞍点**.

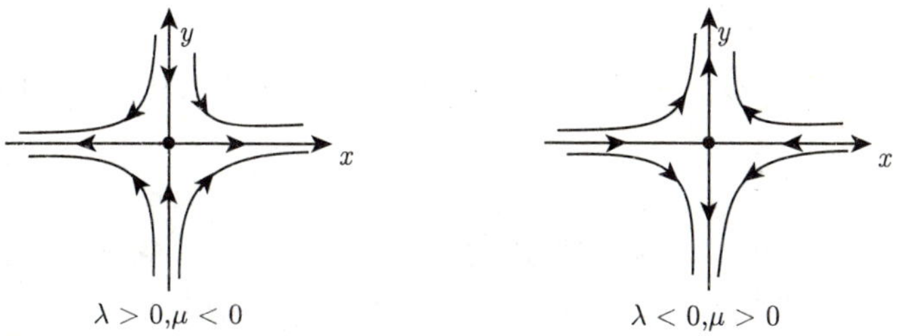

图 4.3 鞍点

(Ⅱ) $\boldsymbol{A} = \begin{pmatrix} \lambda & 0 \\ 1 & \lambda \end{pmatrix}$.

线性齐次微分方程组 (4.2.7) 的轨线为

$$x = 0, \quad 或 \quad y(x) = cx + \frac{x}{\lambda}\ln|x|,$$

其中 c 是任意常数. 又

$$\lim_{x\to 0} y(x) = 0, \quad \lim_{x\to 0}\frac{dy(x)}{dx} = \lim_{x\to 0}\left(c + \frac{1}{\lambda}\ln|x| + \frac{1}{\lambda}\right) = \begin{cases} -\infty, & \lambda > 0, \\ \infty, & \lambda < 0, \end{cases}$$

所以微分方程组 (4.2.7) 的轨线在 $(0,0)$ 的局部结构如图 4.4. 因所有轨线都沿着 y 轴方向趋于原点, 此时称 $(0,0)$ 为**单向结点**.

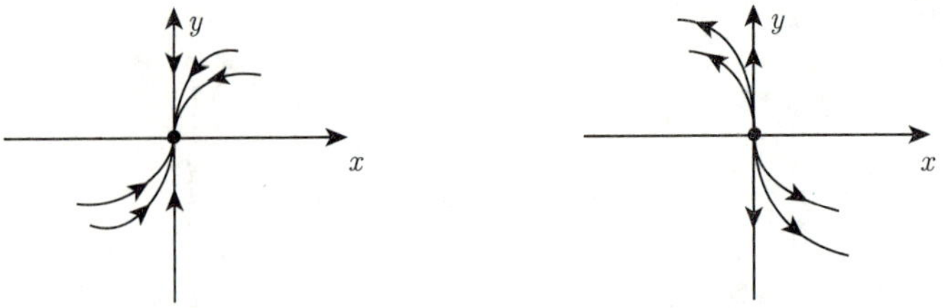

$\lambda < 0$　　　　$\lambda > 0$

图 4.4　稳定的单向结点与不稳定的单向结点

(III) $\boldsymbol{A} = \begin{pmatrix} \alpha & -\beta \\ \beta & \alpha \end{pmatrix}$.

通过极坐标变换 $x = r\cos\theta$, $y = r\sin\theta$, 线性齐次微分方程组 (4.2.7) 转化为

$$\frac{dr}{dt} = \alpha r, \quad \frac{d\theta}{dt} = \beta.$$

它的所有轨线为

$$r = c\exp\left(\frac{\alpha}{\beta}\theta\right),$$

其中 $c \geqslant 0$ 是任意常数. 所以微分方程组 (4.2.7) 的轨线在 $(0,0)$ 的局部结构如图 4.5. 进一步地,

- 当 $\alpha = 0$ 时, $r = c$, $(0,0)$ 称为**中心**. 此时 $(0,0)$ 的邻域充满了周期轨道.
- 当 $\alpha > 0$ 时, $(0,0)$ 称为**不稳定的焦点**. 此时 $(0,0)$ 邻域的轨道当 t 增加时都盘旋地离开该奇点. 当 $\beta > 0\ (< 0)$ 时, 所有轨线都逆 (顺) 时针方向旋转.
- 当 $\alpha < 0$ 时, $(0,0)$ 称为**稳定的焦点**. 此时 $(0,0)$ 邻域的轨道当 t 增加时都盘旋地逼近该奇点. 当 $\beta > 0\ (< 0)$ 时, 所有轨线都逆 (顺) 时针方向旋转.

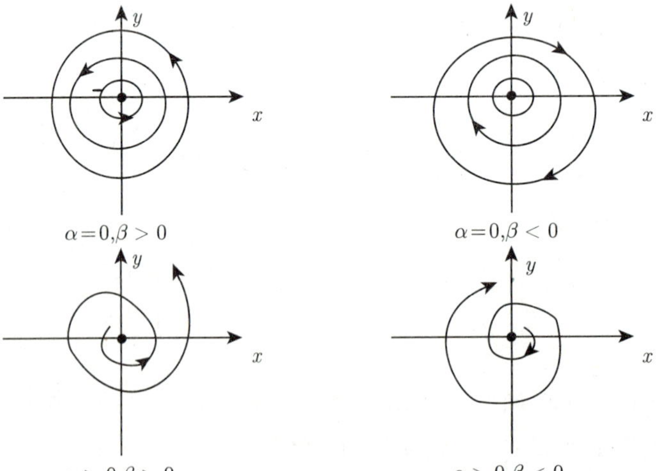

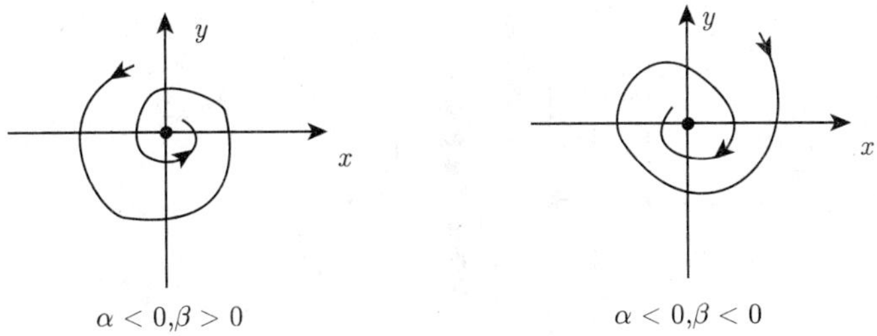

图 4.5 中心、稳定的焦点与不稳定的焦点

(Ⅳ) $\boldsymbol{A} = \begin{pmatrix} \lambda & 0 \\ 0 & 0 \end{pmatrix}$.

此时 y 轴上的点都是奇点. 线性齐次微分方程组 (4.2.7) 的通解为

$$x = c_1 e^{\lambda t}, \quad y = c_2,$$

其中 c_1, c_2 是任意常数. 所以微分方程组 (4.2.7) 的轨线在 $(0,0)$ 的局部结构如图 4.6. 此时 y 轴上充满了奇点, 这些奇点称为**非孤立的**, 且是**法向双曲的退化初等奇点**. 注: 此处法向双曲是指在奇点处 Jacobi 矩阵的不在 y 轴方向的特征向量对应的特征值的实部不为零.

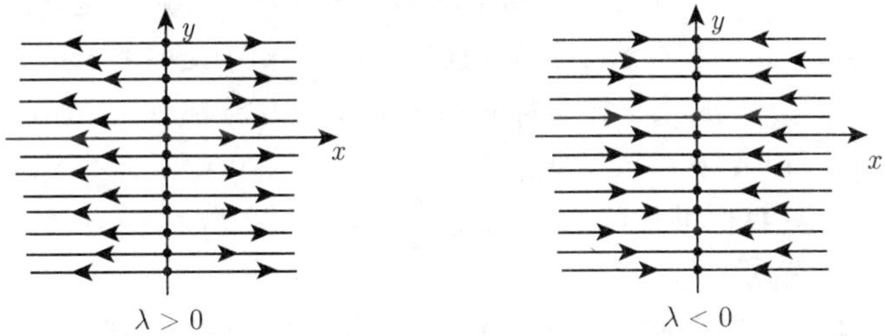

图 4.6 线性非孤立的法向双曲的退化初等奇点

(Ⅴ) $\boldsymbol{A} = \begin{pmatrix} 0 & 0 \\ 1 & 0 \end{pmatrix}$.

此时 y 轴上的点仍都是奇点. 线性齐次微分方程组 (4.2.7) 的通解为

$$x = c_1, \quad y = c_1 t + c_2,$$

其中 c_1, c_2 是任意常数. 所以微分方程组 (4.2.7) 的轨线在 $(0,0)$ 的局部结构如图 4.7. 此时 y 轴上充满了奇点, 这些奇点是非孤立的, 它们的 Jacobi 矩阵的两个特征值都为零, 但 Jacobi 矩阵本身不为零, 因而它们都是幂零奇点.

上述对二维常系数线性齐次微分方程组 (4.2.7) 在奇点 $(0,0)$ 邻域的轨线局部结构的分析知, 微分方程组 (4.2.7) 在 $(0,0)$ 附近的局部结构完全由它的系数矩阵的特征值和相应的 Jordan 标准型确定的. 总结上述分析可得如下结论.

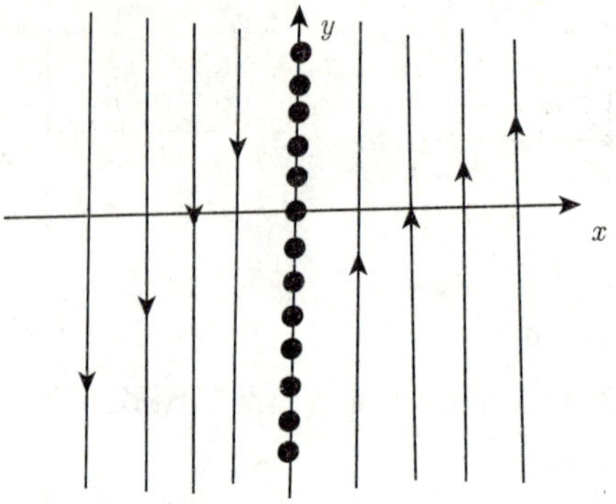

图 4.7 线性非孤立的幂零奇点

定理 52 记 $\det(\boldsymbol{A}-\lambda\boldsymbol{E})=\lambda^2+p\lambda+q$, 其中

$$p=-\mathrm{tr}\boldsymbol{A}=-(a+d),\quad q=\det\boldsymbol{A}=ad-bc.$$

二维常系数线性齐次微分方程组 (4.2.7) 的原点有下列性质.

(a) $q<0$ ($\boldsymbol{A}$ 有两个异号特征根), $(0,0)$ 是鞍点;

(b) $q=0$ ($\boldsymbol{A}$ 有至少一个零特征根), $(0,0)$ 是退化初等奇点或非初等奇点;

(c) $q>0,\ p^2>4q$ ($\boldsymbol{A}$ 有两个不相等的同号特征根), $(0,0)$ 是结点;

(d) $q>0,\ p^2=4q$ ($\boldsymbol{A}$ 有两个相等的特征根), $(0,0)$ 是临界结点或单向结点;

(e) $q>0,\ 0<p^2<4q$ ($\boldsymbol{A}$ 有一对实部不为零的复特征根), $(0,0)$ 是焦点;

(f) $q>0,\ p=0$ ($\boldsymbol{A}$ 有一对纯虚特征根), $(0,0)$ 是中心.

注 当 $\boldsymbol{A}$ 不具有标准型时, 微分方程组 (4.2.7) 在奇点 $(0,0)$ 邻域轨线的局部相图可按下列步骤解决:

- 首先利用 $\boldsymbol{A}$ 的特征值确定微分方程组 (4.2.7) 的奇点 $(0,0)$ 的类型.
- 当奇点是中心或焦点时, 系统在奇点附近的局部相图容易画出, 关键是确定轨线的运动方向. 这可以从 x 轴上 $\dfrac{dy}{dt}$ 的符号和 y 轴上 $\dfrac{dx}{dt}$ 的符号来确定.
- 当微分方程组 (4.2.7) 的原点是鞍点或结点时, 需要确定轨线正向或负向沿着某个方向进入原点的方向. 注意到当 A 是 Jordan 标准型时, 微分方程组 (4.2.7) 有两条轨线是直线. 结点情况下所有其他的轨线都沿着这两条直线轨线之一趋向原点. 而从 $\boldsymbol{A}$ 到 Jordan 标准型变换只是对原系统进行旋转和拉伸, 因此以 $\boldsymbol{A}$ 作为系数矩阵的微分方程组 (4.2.7) 也有两条轨线是直线.
  - 在鞍点和结点情况下确定两条直线轨线的简便方法: 求出 $\boldsymbol{A}$ 的特征值 λ_1 和 λ_2 及其对应的特征向量 $\boldsymbol{r}_1$ 和 $\boldsymbol{r}_2$, 则 $e^{\lambda_1 t}\boldsymbol{r}_1$ 和 $e^{\lambda_2 t}\boldsymbol{r}_2$ 就是微分方程组的两条直线轨线. 直线轨线随着时间 t 的增加是趋向原点还是远离原点由该直线轨线对应的特征值是负还是正确定.

– 鞍点的相图很容易作出. 结点的相图关键是确定轨线从那个方向趋向原点. 从前文 $\boldsymbol{A}$ 具有 Jordan 标准型的分析知, 除掉一条轨线外所有其他轨线都沿着绝对值小的特征值对应的特征向量的方向进入或离开原点. 再结合 x 轴上 $\frac{dy}{dt}$ 的符号和 y 轴上 $\frac{dx}{dt}$ 的符号就可以把相图画出来.

• 临界结点和单向结点的判定. 此时 $\boldsymbol{A}$ 有一个二重特征值, 且 $\boldsymbol{A}$ 的 Jordan 标准型 J 是

$$\boldsymbol{J}_1 = \begin{pmatrix} \lambda & 0 \\ 0 & \lambda \end{pmatrix} \quad \text{或} \quad \boldsymbol{J}_2 = \begin{pmatrix} \lambda & 0 \\ 1 & \lambda \end{pmatrix}.$$

即存在可逆矩阵 $\boldsymbol{P}$ 使得

$$\boldsymbol{A} = \boldsymbol{P}\boldsymbol{J}_1\boldsymbol{P}^{-1} \quad \text{或} \quad \boldsymbol{A} = \boldsymbol{P}\boldsymbol{J}_2\boldsymbol{P}^{-1}.$$

显然前者是对角矩阵 $\boldsymbol{J}_1$, 又容易验证后者是非对角矩阵. 因而当 $\boldsymbol{A}$ 有一个二重特征值时,

– 奇点 $(0,0)$ 是临界结点当且仅当 $\boldsymbol{A}$ 是对角矩阵.

– 而当 $\boldsymbol{A}$ 是非对角矩阵时, 奇点 $(0,0)$ 是单向结点. 相应于该二重特征值, $\boldsymbol{A}$ 有唯一的特征向量. 微分方程组 (4.2.7) 的唯一的直线轨线由该特征值和特征向量确定. 从而利用 x 轴上 $\frac{dy}{dt}$ 的符号和 y 轴上 $\frac{dx}{dt}$ 的符号可以作出相图.

例

(1) 二维微分系统

$$x' = x + y, \quad y' = 3x - y$$

的系数矩阵的特征值为 $\lambda_1 = 2$ 和 $\lambda_2 = -2$. 相应于 λ_1 和 λ_2 的特征向量分别是 $\boldsymbol{r}_1 = (1,1)$ 和 $\boldsymbol{r}_2 = (1,-3)$. 从而得到相图 4.8(a).

(2) 二维微分系统

$$x' = x - 6y, \quad y' = x - 4y$$

的系数矩阵的特征值为 $\lambda_1 = -2, \lambda_2 = -1$. 相应于 λ_1 和 λ_2 的特征向量分别是 $\boldsymbol{r}_1 = (2,1)$ 和 $\boldsymbol{r}_2 = (3,1)$. 由于在 y 的正 (负) 半轴上 $\frac{dx}{dt} = -6y < 0\ (> 0)$, 在 x 的正 (负) 半轴上 $\frac{dy}{dt} = x > 0\ (< 0)$, 从而原点是稳定的结点, 且沿着 $y = \frac{1}{3}x$ 方向有无穷多条轨线趋向于原点. 这样得到相图 4.8(b).

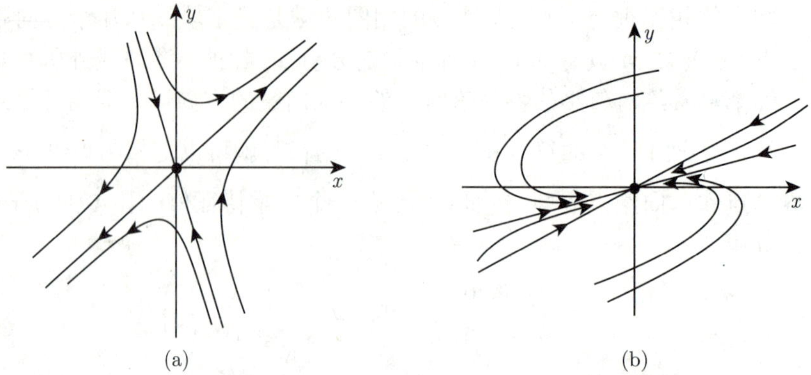

图 4.8 两个系数矩阵非 Jordan 标准型的线性齐次系统的相图

下面通过例子介绍如何运用 Mathematica 作线性微分方程组的局部相图.

4.2.4 用 Mathematica 求方程组的解和作平面微分方程组的局部相图

下面通过简单的例子说明如何用 Mathematica 求解微分方程组, 以及用 Mathematica 作平面微分方程组在奇点的局部相图.

例

(1) 用 Mathematica 求微分方程组的通解

$$x'(t) = 2x - y, \quad y'(t) = x - 2y.$$

输入:

DSolve[{$x'[t] == 2\,x[t] - y[t], y'[t] == x[t] - 2\,y[t]$}, {$x[t], y[t]$}, t]

Shift+Enter 输出结果

$$\left\{\{x[t] \to \frac{1}{6}e^{-\sqrt{3}t}(3 - 2\sqrt{3} + 3e^{2\sqrt{3}t} + 2\sqrt{3}e^{2\sqrt{3}t})C[1] - \frac{e^{-\sqrt{3}t}(-1 + e^{2\sqrt{3}t})C[2]}{2\sqrt{3}},\right.$$

$$\left. y[t] \to \frac{e^{-\sqrt{3}t}(-1 + e^{2\sqrt{3}t})C[1])}{2\sqrt{3}} - \frac{1}{6}e^{-\sqrt{3}t}(-3 - 2\sqrt{3} - 3e^{2\sqrt{3}t} + 2\sqrt{3}e^{2\sqrt{3}t})C[2]\}\right\}$$

(2) 用 Mathematica 求微分方程组初值问题的解

$$x'(t) = 2x - 3y + e^{-t}, \quad y'(t) = x - 2y + e^{2t}, \qquad x(0) = 1, \ y(0) = -1$$

输入:

DSolve[{$x'[t] == 2\,x[t] - 3\,y[t] + Exp[-t], y'[t] == x[t] - 2\,y[t] + Exp[2\,t]$,

$x[0] == 1, y[0] == -1$}, {$x[t], y[t]$}, t]

Shift+Enter 输出

$$\left\{\left\{x[t] \to -\frac{1}{4}e^{-t}(13 - 21e^{2t} + 4e^{3t} + 2t), y[t] \to \frac{1}{4}e^{-t}(-11 + 7e^{2t} - 2t)\right\}\right\}$$

(3) 用 Mathematica 作出平面微分方程组

$$x'(t) = x - y, \quad y'(t) = x + y$$

在原点邻域的相图. 注：容易计算得, 原点是一个焦点.

输入：

$s1 = \text{NDSolve}[\{x'[t] == x[t] - y[t], y'[t] == x[t] + y[t], x[0] == 0.5, y[0] == 0.5\},$
$\{x[t], y[t]\}, \{t, -15, 15\}];$

$s2 = \text{NDSolve}[\{x'[t] == x[t] - y[t], y'[t] == x[t] + y[t], x[0] == 1.1, y[0] == 0.0\},$
$\{x[t], y[t]\}, \{t, -15, 15\}];$

$s3 = \text{NDSolve}[\{x'[t] == x[t] - y[t], y'[t] == x[t] + y[t], x[0] == -1.1, y[0] ==$
$1.1\}, \{x[t], y[t]\}, \{t, -15, 15\}];$

$\text{ParametricPlot}[\{\text{Evaluate}[\{x[t], y[t]\}/.s1], \text{Evaluate}[\{x[t], y[t]\}/.s2], \text{Evaluate}[\{x[t],$
$y[t]\}/.s3]\}, \{t, -15, 15\}, \text{ImageSize} \to 500, \text{PlotRange} \to \{-1.5, 1.5\}]$

Shift+Enter 即可输出三条轨线.

附注 例 (3) 中画出了三条轨线. 如果希望通过更多的轨线来了解微分方程组在原点邻域的结构, 可以取更多的初始点, 也可以将运算的时间 t 取得更长一些.

本例中提供了一种画局部相图的方法, 读者也可以探索其他的画法.

4.3 高阶常系数线性微分方程的解法

由于高阶微分方程可以转化成方程组, 因此高阶常系数线性微分方程的求解问题也完全解决了. 但将高阶线性微分方程转化成微分方程组在计算上带来很多不便. 鉴于高阶常系数线性微分方程自身的特点, 需要探求直接求解的简便方法.

考虑 n 阶常系数线性非齐次微分方程

$$L(y) := y^{(n)} + a_1 y^{(n-1)} + \cdots + a_{n-1}y' + a_n y = f(x) \tag{4.3.1}$$

和其对应的线性齐次微分方程

$$y^{(n)} + a_1 y^{(n-1)} + \cdots + a_{n-1}y' + a_n y = 0, \tag{4.3.2}$$

其中 $a_1, \cdots, a_n \in \mathbb{R}$, $f(x)$ 在开区间 $J = (a, b)$ 上连续. 下面讨论它们的新解法.

4.3.1 常系数线性齐次微分方程的解法

通过将 n 阶常系数线性微分方程转化成常系数线性微分方程组, 以及线性微分方程组的系数矩阵对应的特征方程, 可以得到高阶线性微分方程 (4.3.1) 或 (4.3.2) **的特征方程**

$$P(\lambda) = \lambda^n + a_1\lambda^{n-1} + \cdots + a_{n-1}\lambda + a_n = 0. \tag{4.3.3}$$

由此可见, 高阶常系数线性微分方程的特征方程无须计算就可以直接从微分方程本身得到.

下面的结果给出高阶常系数线性齐次微分方程的基本解组.

定理 53 设代数方程 (4.3.3) 有 s 个互不相等的根 $\lambda_1,\cdots,\lambda_s\in\mathbb{C}$, 它们的重数分别是 $n_1,\cdots,n_s$, 且 $n_1+\cdots+n_s=n$, 则函数组

$$e^{\lambda_1 x},xe^{\lambda_1 x},\cdots,x^{n_1-1}e^{\lambda_1 x},\cdots,e^{\lambda_s x},xe^{\lambda_s x},\cdots,x^{n_s-1}e^{\lambda_s x} \tag{4.3.4}$$

是 n 阶常系数线性齐次微分方程 (4.3.2) 的一个基本解组.

证 为了记号方便起见, 下面记 $a_0=1$. 首先证明每个

$$x^k e^{\lambda_l x},\quad l=1,\cdots,s,\quad k=0,1,\cdots,n_l-1$$

是线性齐次微分方程 (4.3.2) 的一个解.

由于 $\lambda_l(l=1,\cdots,s)$ 是特征方程 (4.3.3) 的 n_l 重根, 故有

$$\frac{d^j}{d\lambda^j}\left(\sum_{i=0}^n a_i\lambda^{n-i}\right)\Bigg|_{\lambda=\lambda_l}=0,\quad j=0,1,\cdots,n_l-1,$$

即

$$\sum_{i=0}^n a_i\frac{(n-i)!}{(n-i-j)!}\lambda_l^{n-i-j}=0,\quad l=1,\cdots,s,\ \ j=0,1,\cdots,n_l-1.$$

利用乘积函数导数的 Leibniz 公式

$$(f(x)g(x))^{(m)}=\sum_{j=0}^m\begin{pmatrix} m\\ j\end{pmatrix}f^{(j)}g^{(m-j)}$$

可得

$$\begin{aligned}\sum_{i=0}^n a_i\left(x^k e^{\lambda_l x}\right)^{(n-i)}=&\sum_{i=0}^n a_i\left(\sum_{j=0}^{n-i}\begin{pmatrix} n-i\\ j\end{pmatrix}(x^k)^{(j)}(e^{\lambda_l x})^{(n-i-j)}\right)\\ =&\sum_{i=0}^n a_i\sum_{j=0}^k\begin{pmatrix} n-i\\ j\end{pmatrix}\frac{k!}{(k-j)!}x^{k-j}\lambda_l^{n-i-j}e^{\lambda_l x}\\ =&\sum_{i=0}^n a_i\sum_{j=0}^k\begin{pmatrix} k\\ j\end{pmatrix}\frac{(n-i)!}{(n-i-j)!}x^{k-j}\lambda_l^{n-i-j}e^{\lambda_l x}\\ =&\sum_{j=0}^k\begin{pmatrix} k\\ j\end{pmatrix}x^{k-j}e^{\lambda_l x}\left(\sum_{i=0}^n a_i\frac{(n-i)!}{(n-i-j)!}\lambda_l^{n-i-j}\right)\\ =&0,\end{aligned} \tag{4.3.5}$$

其中在第二个等式中用到事实 $(x^k)^{(j)}=0,\ j>k;\ \begin{pmatrix} n-i \\ j \end{pmatrix}=0,\ j>n-i$. 这就证明了 $x^k e^{\lambda_l x}(l=1,\cdots,s,k=0,1,\cdots,n_l-1)$ 是微分方程 (4.3.2) 的解.

其次证明解组 (4.3.4) 在 $\mathbb{R}$ 上线性无关. 记 (4.3.4) 中的函数依次为 $y_1(x),\cdots,y_n(x)$, 则它们在 $\mathbb{R}$ 上线性无关当且仅当它们的 Wronsky 行列式

$$W(x)=\begin{vmatrix} y_1(x) & y_2(x) & \cdots & y_n(x) \\ y_1'(x) & y_2'(x) & \cdots & y_n'(x) \\ \vdots & \vdots & & \vdots \\ y_1^{(n-2)}(x) & y_2^{(n-2)}(x) & \cdots & y_n^{(n-2)}(x) \\ y_1^{(n-1)}(x) & y_2^{(n-1)}(x) & \cdots & y_n^{(n-1)}(x) \end{vmatrix}\neq 0,\quad x\in\mathbb{R}.$$

反证. 由 Liouville 公式, 假设 $W(x)\equiv 0,\ x\in\mathbb{R}$. 取 $x_0\neq 0$. 则上述 Wronsky 行列式中的行向量在 x_0 线性相关. 从而存在不全为零的常数 $b_0,b_1,\cdots,b_{n-1}$ 使得

$$b_0 y_j^{(n-1)}(x)+b_1 y_j^{(n-2)}(x)+\cdots+b_{n-2}y_j'(x)+b_{n-1}y_j(x)\Big|_{x=x_0}=0,\quad j=1,\cdots,n.$$

由于 $y_j(x)\in\{x^k e^{\lambda_l x};\ l=1,\cdots,s,k=0,1,\cdots,n_l-1\}$, 所以从等式 (4.3.5) 得

$$\sum_{i=0}^{n-1} b_i\left(x^k e^{\lambda_l x}\right)^{(n-1-i)}=\sum_{j=0}^{k}\begin{pmatrix} k \\ j \end{pmatrix}x^{k-j}e^{\lambda_l x}\left(\sum_{i=0}^{n-1} b_i\frac{(n-1-i)!}{(n-1-i-j)!}\lambda_l^{n-1-i-j}\right).$$

故对 $l=1,\cdots,s,\ k=0,1,\cdots,n_l-1$ 有

$$\sum_{j=0}^{k}\begin{pmatrix} k \\ j \end{pmatrix}x^{k-j}e^{\lambda_l x}\left(\sum_{i=0}^{n-1} b_i\frac{(n-1-i)!}{(n-1-i-j)!}\lambda_l^{n-1-i-j}\right)\Bigg|_{x=x_0}=0. \tag{4.3.6}$$

对 $\forall l\in\{1,\cdots,s\}$, 在 (4.3.6) 中取 $k=0$, 从而 $j=0$, 则有

$$\sum_{i=0}^{n-1} b_i\frac{(n-1-i)!}{(n-1-i)!}\lambda_l^{n-1-i}=0.$$

在 (4.3.6) 中取 $k=1$, 结合上式得

$$\sum_{i=0}^{n-1} b_i\frac{(n-1-i)!}{(n-2-i)!}\lambda_l^{n-2-i}=0.$$

按照上述方法依次可得

$$\sum_{i=0}^{n-1} b_i\frac{(n-1-i)!}{(n-1-i-j)!}\lambda_l^{n-1-i-j}=0,\quad j=2,\cdots,n_l-1.$$

从而对 $\forall l \in \{1, \cdots, s\}$,

$$\frac{d^j}{d\lambda^j}\left(\sum_{i=0}^{n-1} b_i \lambda^{n-1-i}\right)\Bigg|_{\lambda=\lambda_l} = 0, \quad j = 0, 1, \cdots, n_l - 1.$$

这说明 λ_l, $l \in \{1, \cdots, s\}$ 是代数方程

$$\sum_{i=0}^{n-1} b_i \lambda^{n-1-i} = 0$$

的至少 n_l 重根. 因而该代数方程至少有 $n_1 + \cdots + n_s = n$ 个根 (计算重数). 但次数至多 $n-1$ 次的代数方程不可能有 n 个根. 这个矛盾说明解组 (4.3.4) 的 Wronsky 行列式 $W(x) \neq 0$, $x \in \mathbb{R}$. 所以 (4.3.4) 是线性齐次方程 (4.3.2) 的基本解组.

定理证毕. □

附注

- 如果特征方程 (4.3.3) 有复特征值, 比如 $\lambda_l, \overline{\lambda}_l$, 取微分方程 (4.3.2) 的一对共轭复解 $x^k e^{\lambda_l x}$ 或 $x^k e^{\overline{\lambda}_l x}$ 的实部和虚部, 可得到微分方程 (4.3.2) 的一对线性无关的实解, 从而可得到常系数线性齐次微分方程 (4.3.2) 的实基本解组.

例

(1) 求微分方程

$$y^{(7)} + 3y^{(6)} + 5y^{(5)} + 7y^{(4)} + 7y''' + 5y'' + 3y' + y = 0$$

的通解.

解 微分方程的特征方程为

$$\lambda^7 + 3\lambda^6 + 5\lambda^5 + 7\lambda^4 + 7\lambda^3 + 5\lambda^2 + 3\lambda + 1 = (\lambda+1)^3(\lambda^2+1)^2 = 0,$$

其根为 $\lambda_1 = -1$ (三重根), $\lambda_2 = \pm\sqrt{-1}$ (二重共轭复根). 所以原微分方程有基本解组

$$e^{-x}, \quad xe^{-x}, \quad x^2e^{-x}, \quad e^{\sqrt{-1}x}, \quad xe^{\sqrt{-1}x}, \quad e^{-\sqrt{-1}x}, \quad xe^{-\sqrt{-1}x}.$$

故原微分方程的通解为

$$y(x) = c_1e^{-x} + c_2xe^{-x} + c_3x^2e^{-x} + c_4\cos x + c_5x\cos x + c_6\sin x + c_7x\sin x,$$

其中 $c_1, \cdots, c_7$ 是任意常数.

(2) 设 $\beta \in \mathbb{R}$ 是非零常数, $f(x)$ 是以 ω 为周期的连续函数. 证明二阶微分方程

$$\ddot{y} + 2\beta\dot{y} + y = f(x)$$

有且只有一个周期为 ω 的周期解.

证 易于计算原微分方程对应的特征方程的特征根为 $\lambda_{1,2}=-\beta\pm\sqrt{\beta^2-1}$.

(i) $|\beta|=1$. 则 $\lambda=-\beta$ (二重根). 由二阶线性非齐次微分方程的通解公式 (4.1.20) 得, 原微分方程的通解为

$$y(x)=c_1e^{-\beta x}+c_2xe^{-\beta x}+\int_0^x(x-s)e^{\beta(s-x)}f(s)ds,$$

其中 c_1,c_2 是任意常数.

由于

$$y(x+\omega)=c_1e^{-\beta(x+\omega)}+c_2(x+\omega)e^{-\beta(x+\omega)}+\int_{-\omega}^x(x-t)e^{\beta(t-x)}f(t)dt,\quad x\in\mathbb{R},$$

且 $y(x)$ 是周期为 ω 的周期解的充要条件是

$$y(x+\omega)\equiv y(x),\quad x\in\mathbb{R},$$

所以对最后一个等式化简得, $y(x)$ 是以 ω 为周期的周期解的充要条件是

$$\begin{aligned}&\left[c_1(e^{-\beta\omega}-1)+c_2\omega e^{-\beta\omega}-\int_{-\omega}^0te^{\beta t}f(t)dt\right]\\&+\left[c_2(e^{-\beta\omega}-1)+\int_{-\omega}^0e^{\beta t}f(t)dt\right]x\equiv0,\quad x\in\mathbb{R}.\end{aligned}$$

此方程等价于

$$\begin{aligned}c_1(e^{-\beta\omega}-1)+c_2\omega e^{-\beta\omega}-\int_{-\omega}^0te^{\beta t}f(t)dt=0,\\c_2(e^{-\beta\omega}-1)+\int_{-\omega}^0e^{\beta t}f(t)dt=0.\end{aligned}$$

因为 $\beta\omega\neq0$, 所以上述线性代数方程组有唯一的解

$$c_1=\frac{1}{1-e^{-\beta\omega}}\int_{-\omega}^0\left(\frac{\omega}{e^{\beta\omega}-1}-t\right)e^{\beta t}f(t)dt,\quad c_2=\frac{1}{1-e^{-\beta\omega}}\int_{-\omega}^0e^{\beta t}f(t)dt.$$

故原微分方程有唯一的以 ω 为周期的周期解.

(ii) $|\beta|\neq1$. 令 $\varrho:=\sqrt{\beta^2-1}$. 则原微分方程的通解为

$$y(x)=c_1e^{(-\beta+\varrho)x}+c_2e^{(-\beta-\varrho)x}+\frac{1}{2\varrho}\int_0^x\left(e^{(-\beta+\varrho)(x-s)}-e^{(-\beta-\varrho)(x-s)}\right)f(s)ds,$$

其中 c_1,c_2 是任意常数. 由于

$$\begin{aligned}y(x+\omega)=&c_1e^{(-\beta+\varrho)(x+\omega)}+c_2e^{(-\beta-\varrho)(x+\omega)}\\&+\frac{1}{2\varrho}\int_{-\omega}^x\left(e^{(-\beta+\varrho)(x-t)}-e^{(-\beta-\varrho)(x-t)}\right)f(t)dt,\end{aligned}$$

所以对 $y(x+\omega) \equiv y(x)$ 化简得, $y(x)$ 是以 ω 为周期的周期解的充要条件是

$$e^{\varrho x}\left[c_1(e^{(-\beta+\varrho)\omega}-1)+\frac{1}{2\varrho}\int_{-\omega}^{0} e^{(\beta-\varrho)t}f(t)dt\right]$$
$$+e^{-\varrho x}\left[c_2(e^{(-\beta-\varrho)\omega}-1)-\frac{1}{2\varrho}\int_{-\omega}^{0} e^{(\beta+\varrho)t}f(t)dt\right]\equiv 0, \quad x\in\mathbb{R}.$$

此方程等价于

$$c_1(e^{(-\beta+\varrho)\omega}-1)+\frac{1}{2\varrho}\int_{-\omega}^{0} e^{(\beta-\varrho)t}f(t)dt=0,$$
$$c_2(e^{(-\beta-\varrho)\omega}-1)-\frac{1}{2\varrho}\int_{-\omega}^{0} e^{(\beta+\varrho)t}f(t)dt=0.$$

它有唯一的解

$$c_1=\frac{1}{2\varrho(1-e^{(-\beta+\varrho)\omega})}\int_{-\omega}^{0} e^{(\beta-\varrho)t}f(t)dt, \quad c_2=\frac{-1}{2\varrho(1-e^{(-\beta-\varrho)\omega})}\int_{-\omega}^{0} e^{(\beta+\varrho)t}f(t)dt.$$

故原微分方程有唯一的以 ω 为周期的周期解.

4.3.2 常系数线性非齐次微分方程的待定系数法

本节讨论当微分方程 (4.3.1) 的非线性项 $f(x)$ 具有一些特殊形式时, 通过待定系数法求线性非齐次微分方程 (4.3.1) 的解的方法:

(1) 当

$$f(x)=P_m(x)e^{\mu x},$$

其中 $P_m(x)$ 是一个 m 次多项式, 微分方程 (4.3.1) 有形如

$$\phi^*(x)=x^kQ_m(x)e^{\mu x}$$

的解, 其中 k 是当 μ 为特征方程 (4.3.3) 的根时的重数 (如果 μ 不是特征方程 (4.3.3) 的根, 则 $k=0$), $Q_m(x)$ 是待定的 m 次多项式. 将 $\phi^*(x)$ 代入微分方程 (4.3.1), 通过化简并消去 $e^{\mu x}$, 再比较方程两边 x 的同次幂的系数求出 $Q_m(x)$.

(2) 当

$$f(x)=(A_m(x)\cos(\beta x)+B_m(x)\sin(\beta x))e^{\alpha x},$$

其中 $A_m(x)$, $B_m(x)$ 是多项式, 且 $\max\{\deg A_m, \deg B_m\}=m$, 微分方程 (4.3.1) 有形如

$$\phi^*(x)=x^k(C_m(x)\cos(\beta x)+D_m(x)\sin(\beta x))e^{\alpha x}$$

的解, 其中 k 是当 $\alpha+\sqrt{-1}\beta$ 为特征方程 (4.3.3) 的根时的重数 (如果 $\alpha+\sqrt{-1}\beta$ 不是特征方程 (4.3.3) 的根, 则 $k=0$), $C_m(x)$, $D_m(x)$ 是待定的 m 次多项式. 将 $\phi^*(x)$

代入微分方程 (4.3.1), 通过化简并消去 $e^{\alpha x}$, 再比较方程两边 $\cos\beta x$ 和 $\sin\beta x$ 的系数求出 $C_m(x)$ 和 $D_m(x)$.

附注 如果微分方程 (4.3.1) 中的 $f(x)$ 不具有上面给定的形式, 但它可以分成几项的和, 如

$$f(x) = f_1(x) + \cdots + f_k(x),$$

其中每个 $f_i(x)$ $(i = 1, \cdots, k)$ 都具有上述给定的形式, 则通过求 $L(y) = f_i(x)$ 的解 $\phi_i^*(x)$, 可以得到原微分方程 (4.3.1) 的解

$$\phi^*(x) = \phi_1^*(x) + \cdots + \phi_k^*(x).$$

例 求微分方程

$$y'' + 2y' + y = (x^2 - 5)e^{-x} + \sin(2x) \tag{4.3.7}$$

的通解.

解 由特征方程 $\lambda^2 + 2\lambda + 1 = 0$ 得到特征根 $\lambda = -1$ (二重). 从而微分方程 (4.3.7) 对应的齐次方程的通解为

$$y(x) = c_1 e^{-x} + c_2 x e^{-x},$$

其中 c_1, c_2 是任意常数.

考虑非齐次方程

$$y'' + 2y' + y = (x^2 - 5)e^{-x}. \tag{4.3.8}$$

由于 $\mu = -1$ 是二重特征值, 所以微分方程 (4.3.8) 有形如

$$\phi_1^*(x) = x^2(ax^2 + bx + c)e^{-x}$$

的解. 将其代入 (4.3.8) 并化简得

$$12ax^2 + 6bx + 2c = x^2 - 5.$$

比较该方程两边 x 的同次幂的系数得 $a = 1/12, b = 0, c = -5/2$. 故微分方程 (4.3.8) 有解

$$\phi_1^*(x) = x^2\left(\frac{1}{12}x^2 - \frac{5}{2}\right)e^{-x}.$$

考虑非齐次方程

$$y'' + 2y' + y = \sin(2x). \tag{4.3.9}$$

由于 $\alpha + \sqrt{-1}\beta = 0 + 2\sqrt{-1}$ 不是特征方程的根, 所以微分方程 (4.3.9) 有形如

$$\phi_2^*(x) = a\cos(2x) + b\sin(2x)$$

的解. 将其代入 (4.3.9) 并化简得

$$(-3a+4b)\cos(2x)-(4a+3b)\sin(2x)=\sin(2x).$$

比较该方程两边 $\sin(2x)$, $\cos(2x)$ 的系数得 $a=-4/25$, $b=-3/25$. 故方程 (4.3.9) 有解

$$\phi_2^*(x)=-\frac{4}{25}\cos(2x)-\frac{3}{25}\sin(2x).$$

综合上述两个微分方程的解, 得到微分方程 (4.3.7) 的通解为

$$y(x)=c_1e^{-x}+c_2xe^{-x}+x^2\left(\frac{1}{12}x^2-\frac{5}{2}\right)e^{-x}-\frac{4}{25}\cos(2x)-\frac{3}{25}\sin(2x),$$

其中 c_1, c_2 是任意常数.

习 题 4

1. 假设 $b(x)>0$, $x\in I=[c,d]$. 如果 $\phi(x)$, $a(x)$, $b(x)\in C(I)$, 且满足不等式

$$\phi(x)\leqslant a(x)+\int_c^x b(s)\phi(s)ds,$$

则

$$\phi(x)\leqslant a(x)+\int_c^x a(s)b(s)e^{\int_s^x b(t)dt}ds.$$

2. 试利用 Gronwall 不等式证明定理 18 中解的唯一性.

3. 在定理 42 的假设和记号下, 证明

$$\widetilde{\boldsymbol{y}}_1(x)+\boldsymbol{y}^*(x),\cdots,\widetilde{\boldsymbol{y}}_n(x)+\boldsymbol{y}^*(x),\ \boldsymbol{y}^*(x)$$

是线性非齐次微分方程组 (4.1.1) 的 $n+1$ 个线性无关解. 进一步地, 微分方程 (4.1.1) 至多有 $n+1$ 个线性无关的解.

4. 证明函数组

$$\begin{pmatrix}1\\ \sin x\end{pmatrix},\quad \begin{pmatrix}0\\ x^2\end{pmatrix},\quad x\in\mathbb{R}$$

不可能是任何二维线性齐次微分方程组的解组.

5. 证明推论 44.

6. 对于线性齐次微分方程组 (4.1.2), 称 $\boldsymbol{y}'=-\boldsymbol{A}^{\mathrm{T}}(x)\boldsymbol{y}$ 为 (4.1.2) 的**共轭方程组**, 其中 T 表示矩阵的转置. 试证下列结论:

(a) 如果 $\boldsymbol{\Phi}(x)$ 是微分方程组 (4.1.2) 的基解矩阵, 则 $(\boldsymbol{\Phi}^{\mathrm{T}}(x))^{-1}$ 是 (4.1.2) 的**共轭方程组**的基解矩阵.

(b) 如果 $\boldsymbol{\Phi}(x)$, $\boldsymbol{\Psi}(x)$ 分别是微分方程组 (4.1.2) 及其共轭方程组的基解矩阵, 则它们的乘积 $\boldsymbol{\Phi}^{\mathrm{T}}(x)\boldsymbol{\Psi}(x)$ 是非奇异的常数矩阵.

(c) 如果 $\boldsymbol{w}(x)$, $\boldsymbol{v}(x)$ 分别是微分方程组 (4.1.2) 及其共轭方程组的解, 则它们的内积 $\boldsymbol{w}(x)\cdot\boldsymbol{v}(x)$ 是一常数.

7. 证明定理 45 的附注 2 和 3.

8. 求下列方程组的通解:

(8.1) $x'(t)=\dfrac{2}{t}x-1,\ y'(t)=-\dfrac{1}{t^3}x+\dfrac{1}{t}y+\dfrac{1}{t^2},\quad x(1)=1,\ y(1)=1.$

(8.2) $x'(t)=-\dfrac{1}{t}x+y,\ y'(t)=-\dfrac{2}{t^2}x+\dfrac{1}{t}y,\quad x(1)=1,\ y(1)=2.$

9. 如果知道高阶线性齐次微分方程的一个非零解, 则该线性微分方程可以降低一阶.

10. 将下列变系数线性微分方程化成常系数线性微分方程:

(10.1) $x^2y''+3xy'-2y=0.$

(10.2) $x^3y'''-5x^2y''+2xy'+7y=0.$

11. 令 $\mathcal{M}(\mathbb{C})$ 是 n 阶复矩阵的全体构成的集合. 对任意的 $\boldsymbol{A},\boldsymbol{B}\in\mathcal{M}(\mathbb{C})$, 定义它们的交换子为 $[\boldsymbol{A},\,\boldsymbol{B}]:=\boldsymbol{AB}-\boldsymbol{BA}$. 证明: 如果 $[\boldsymbol{A},\,\boldsymbol{B}]=\boldsymbol{E}$ ($\boldsymbol{E}$ 是 n 阶单位矩阵), 则

$$e^{t\boldsymbol{A}}e^{t\boldsymbol{B}}=e^{t\boldsymbol{B}}e^{t\boldsymbol{A}}e^{t^2[\boldsymbol{A},\,\boldsymbol{B}]},\quad t\in\mathbb{R}.$$

提示: 第一步证明

$$[\boldsymbol{A},\,\boldsymbol{B}^n]=n\boldsymbol{B}^{n-1},\quad [\boldsymbol{B}^n,\,\boldsymbol{A}]=n\boldsymbol{B}^{n-1},\quad n\in\mathbb{N}\setminus\{0\}.$$

第二步利用上述关系计算 $[e^{t\boldsymbol{A}},\,\boldsymbol{B}]$ 和 $[\boldsymbol{A},\,e^{t\boldsymbol{B}}]$. 最后找到矩阵函数 $\boldsymbol{X}(t)=e^{t\boldsymbol{A}}e^{t\boldsymbol{B}}e^{-t\boldsymbol{A}}e^{-t\boldsymbol{B}}$ 满足的方程, 并求其满足初始条件 $\boldsymbol{X}(0)=\boldsymbol{E}$ 的解.

12. 用矩阵指数函数法求解下列常系数线性微分方程:

$$\frac{d\boldsymbol{y}}{dx}=\boldsymbol{A}\boldsymbol{y}+\boldsymbol{f}(x),$$

其中

(12.1) $\boldsymbol{A}=\begin{pmatrix}2&0\\1&2\end{pmatrix},\ \boldsymbol{f}(x)=\begin{pmatrix}-1\\x\end{pmatrix};$

(12.2) $\boldsymbol{A}=\begin{pmatrix}-1&0&0\\1&-1&0\\0&1&-1\end{pmatrix},\ \boldsymbol{f}(x)=\begin{pmatrix}-1\\x\\x\end{pmatrix}.$

13. 证明常系数线性齐次微分方程组 (4.2.5) 系数矩阵 $\boldsymbol{A}$ 的特征值的实部都小于零的充要条件是该微分方程组所有的解当 $x\to\infty$ 时都趋于零.

14. 设 $\boldsymbol{\Phi}(x)$ 是 $\mathbb{R}$ 上连续的 n 阶矩阵, $\det\boldsymbol{\Phi}(0)\neq 0$, $\dot{\boldsymbol{\Phi}}(0)$ 存在, 且满足

$$\boldsymbol{\Phi}(t+s)=\boldsymbol{\Phi}(t)\boldsymbol{\Phi}(s),\quad \forall\, t,s\in\mathbb{R}.$$

试证明 $\boldsymbol{\Phi}(x)$ 是某 n 维常系数线性齐次微分方程组的基解矩阵.

15. 求解下列常系数线性微分方程组的通解:

(15.1) $\dot{x}=3x-y,\ \dot{y}=2x+y;$

(15.2) $\dot{x}=y,\ \dot{y}=4x+2y-4z,\ \dot{z}=x-y+z$;

(15.3) $\dot{x}=-n^2y+\cos nt,\ \dot{y}=-n^2x+\sin nt$;

(15.4) $\dot{x}=4x+y-2,\ \dot{y}=-2x+y+e^{3t}$;

(15.5) $\dot{x}=-2x+y-z+e^t,\ \dot{y}=x+z,\ \dot{z}=3x-y+2z-e^t$;

(15.6) $\dot{x}=x+y-t^2,\ \dot{y}=y+z-2t,\ \dot{z}=z-t$.

16. 求解下列常系数线性微分方程组初值问题:

(16.1) $\dot{x}=x+5y,\ \dot{y}=-x-3y,\ x(0)=1,\ y(0)=2$;

(16.2) $\dot{x}=x+2y+z,\ \dot{y}=x-y+z,\ \dot{z}=2x+z,\ x(0)=1,\ y(0)=0,\ z(0)=-1$;

(16.3) $\dot{x}=4x-4y+2z,\ \dot{y}=x,\ \dot{z}=-x+2y-z,\ x(0)=1,\ y(0)=0,\ z(0)=0$;

(16.4) $\dot{x}=3x-2y-e^t,\ \dot{y}=2x-y+e^t,\ x(0)=0,\ y(0)=-1$;

(16.5) $\dot{x}=x+1+\frac{1}{2}e^2,\ \dot{y}=-2y+\frac{1}{2}e^2,\ \dot{z}=-2z+2-\frac{1}{2}e^2,\ x(0)=0,\ y(0)=1,\ z(0)=0$;

(16.6) $\dot{x}=2x-y+z+2,\ \dot{y}=x+z+1,\ \dot{z}=-3x+y-2z-3,\ x(0)=-1,\ y(0)=1,$ $z(0)=2$.

17. 判定下列平面线性微分方程组奇点的性质, 并画出局部相图:

(17.1) $\dot{x}=3x-y,\ \dot{y}=2x-3y$;

(17.2) $\dot{x}=x-y,\ \dot{y}=2x-y$;

(17.3) $\dot{x}=-y,\ \dot{y}=2x-2y$;

(17.4) $\dot{x}=x-y,\ \dot{y}=3x-2y$;

(17.5) $\dot{x}=x-y,\ \dot{y}=-2y$;

(17.6) $\dot{x}=-x+y,\ \dot{y}=-3x-5y$;

(17.7) $\dot{x}=x+2y,\ \dot{y}=-x+y$;

(17.8) $\dot{x}=x-2y,\ \dot{y}=-x+y$;

(17.9) $\dot{x}=2x+2y,\ \dot{y}=x+2y$;

(17.10) $\dot{x}=-2x-3y,\ \dot{y}=x-2y$;

(17.11) $\dot{x}=-2y,\ \dot{y}=x$;

(17.12) $\dot{x}=3x+2y,\ \dot{y}=3y$;

(17.13) $\dot{x}=2x+2y,\ \dot{y}=x+y$;

(17.14) $\dot{x}=x-y,\ \dot{y}=x+3y$.

18. 设 $a,b\in\mathbb{R}$ 是常数. 对于二阶线性微分方程

$$y''+ay'+by=0, \tag{*}$$

试问

(a) 当 a,b 为何值时, 微分方程 $(*)$ 的所有解在 $\mathbb{R}$ 上有界;

(b) 当 a,b 为何值时, 微分方程 $(*)$ 的所有解当 $x\to\infty$ 时都趋于零;

(c) 当 a,b 为何值时, 微分方程 $(*)$ 的所有解在 $\mathbb{R}$ 上都有无穷多个零点.

19. 设 $f(x)$ 在 $[0,\infty)$ 上连续. 对于二阶线性微分方程

$$y''+4y'+3y=f(x), \tag{**}$$

试证

(a) 如果 $f(x)$ 在 $[0,\infty)$ 上有界, 微分方程 (**) 的所有解在 $[0,\infty)$ 上有界;

(b) 如果 $\lim\limits_{x\to\infty} f(x)=0$, 微分方程 (**) 的所有解当 $x\to\infty$ 时都趋于零.

20. 求解下列常系数线性微分方程:

(20.1) $x^{(4)}-x=0$;

(20.2) $x^{(6)}-4x^{(5)}+4x^{(4)}=0$;

(20.3) $x'''-3x''-x'+3x=0$;

(20.4) $x''+2x'+x=0,\ x(0)=1,\ x'(0)=-1$;

(20.5) $x^{(4)}+8x''+16x=0,\ x(0)=1,\ x'(0)=2,\ x''(0)=0,\ x'''(0)=0$;

(20.6) $x'''-2x''+x'-2x=0,\ x(0)=-1,\ x'(0)=0,\ x''(0)=0$;

(20.7) $x'''+x'=1+2\cos(2t)$;

(20.8) $x''+x'=t-e^{-t}$;

(20.9) $x^{(4)}+2x''+x=e^{-t}$;

(20.10) $x''+x=t\cos t$;

(20.11) $x''-x=2e^{t},\ x(0)=0,\ x'(0)=3$;

(20.12) $x'''-3x''+x'-3x=2\sin(3t),\ x(0)=-1,\ x'(0)=2,\ x''(0)=-1$;

(20.13) $x'''-2x''=t,\ x(0)=-1,\ x'(0)=0,\ x''(0)=1$;

(20.14) $x''-2x'+x=te^{t},\ x(0)=3,\ x'(0)=1$;

(20.15) $t^2x''-2tx'+2x=0,\ x(1)=1,\ x'(1)=1$.

第 5 章　变系数线性微分方程和微分方程组的基础理论

第 4 章给出了常系数线性微分方程组和高阶常系数线性微分方程的解法. 但对变系数线性微分方程和微分方程组却没有一般的解法, 本章主要介绍周期系数线性齐次微分方程组, 以及二阶变系数线性齐次微分方程的解的理论.

5.1　周期系数线性微分方程组: Floquet 理论

对于变系数线性微分方程组 (4.1.1), 如果知道它对应的齐次微分方程组的基解矩阵就可以用常数变易公式求它的通解. 但没有一般的方法求变系数线性齐次微分方程组的基解矩阵. 本节考虑周期系数线性齐次微分方程组

$$\dot{\boldsymbol{x}} = \boldsymbol{A}(t)\boldsymbol{x}, \quad \boldsymbol{x} \in \mathbb{R}^n, \tag{5.1.1}$$

其中 $\boldsymbol{A}(t)$ 是以 $T > 0$ 为周期的周期矩阵函数.

下面的定理 (称为 **Floquet 定理**) 是法国数学家 Gaston Floquet (1847—1920) 在 1883 年建立的, 他给出了周期系数线性微分方程组基解矩阵的标准型.

定理 54 (Floquet 定理)　*设 $\boldsymbol{A}(t)$ 是以 $T > 0$ 为周期的实连续周期矩阵函数, $\boldsymbol{\Phi}(t)$ 是微分方程组 (5.1.1) 的基解矩阵. 则下列结论成立:*

(a) 基解矩阵 $\boldsymbol{\Phi}(t)$ 满足

$$\boldsymbol{\Phi}(t+T) = \boldsymbol{\Phi}(t)\boldsymbol{\Phi}^{-1}(0)\boldsymbol{\Phi}(T), \quad t \in \mathbb{R}.$$

(b) 存在非奇异的、可微的、T 周期矩阵函数 $\boldsymbol{Q}(t)$ 及常数矩阵 $\boldsymbol{B}$ (可能是实的也可能是复的) 使得

$$\boldsymbol{\Phi}(t) = \boldsymbol{Q}(t)e^{t\boldsymbol{B}}.$$

进一步地, 在变换 $\boldsymbol{x} = \boldsymbol{Q}(t)\boldsymbol{y}$ 下, 线性齐次微分方程组 (5.1.1) 转化为常系数线性微分方程组

$$\dot{\boldsymbol{y}} = \boldsymbol{B}\boldsymbol{y}. \tag{5.1.2}$$

(c) 存在非奇异的、可微的、$2T$ 周期矩阵函数 $\boldsymbol{P}(t)$ 及实常数矩阵 $\boldsymbol{R}$ 使得

$$\boldsymbol{\Phi}(t) = \boldsymbol{P}(t)e^{t\boldsymbol{R}}.$$

进一步地, 在变换 $\boldsymbol{x}=\boldsymbol{P}(t)\boldsymbol{y}$ 下, 线性齐次微分方程组 (5.1.1) 转化为常系数线性微分方程组

$$\dot{\boldsymbol{y}}=\boldsymbol{R}\boldsymbol{y}. \tag{5.1.3}$$

证 由于 $\boldsymbol{A}(t)$ 在 $\mathbb{R}$ 上连续, 所以微分方程组 (5.1.1) 在 $\mathbb{R}$ 上有连续可微的实基解矩阵, 记为 $\boldsymbol{\Phi}(t)$. 令 $\boldsymbol{\Psi}(t):=\boldsymbol{\Phi}(t+T)$, 则 $\boldsymbol{\Psi}(t)$ 也是 (5.1.1) 的基解矩阵. 故存在非奇异的实常数矩阵 $\boldsymbol{C}$ 使得

$$\boldsymbol{\Phi}(t+T)=\boldsymbol{\Phi}(t)\boldsymbol{C}.$$

(a) 在上式中令 $t=0$ 得 $\boldsymbol{C}=\boldsymbol{\Phi}^{-1}(0)\boldsymbol{\Phi}(T)$.

(b) 由于 $\boldsymbol{C}$ 是非奇异的, 所以从文献 [18] 或文献 [44, 12] 得, 存在矩阵 $\boldsymbol{B}$ (可能是实的也可能是复的) 使得

$$\boldsymbol{C}=e^{T\boldsymbol{B}}.$$

上式的证明也可参见附录 A.2.

令

$$\boldsymbol{Q}(t):=\boldsymbol{\Phi}(t)e^{-t\boldsymbol{B}},$$

则它是非奇异的、连续可微的、T 周期矩阵函数. 事实上, $\boldsymbol{Q}(t)$ 的连续可微性可由 $\boldsymbol{\Phi}(t)$ 和 $e^{-t\boldsymbol{B}}$ 的连续可微性得到. $\boldsymbol{Q}(t)$ 的非奇异性可由 $\boldsymbol{\Phi}(t)$ 和 $e^{-t\boldsymbol{B}}$ 的非奇异性得到, 而 $e^{-t\boldsymbol{B}}$ 的非奇异性可由它是 $\dot{\boldsymbol{x}}=-\boldsymbol{B}\boldsymbol{x}$ 的基解矩阵得到. $\boldsymbol{Q}(t)$ 是 T 周期的, 因为

$$\boldsymbol{Q}(t+T)=\boldsymbol{\Phi}(t+T)e^{-(t+T)\boldsymbol{B}}=\boldsymbol{\Phi}(t)\boldsymbol{C}e^{-T\boldsymbol{B}}e^{-t\boldsymbol{B}}=\boldsymbol{\Phi}(t)e^{-t\boldsymbol{B}}=\boldsymbol{Q}(t).$$

作变换 $\boldsymbol{x}=\boldsymbol{Q}(t)\boldsymbol{y}$, 则有

$$\begin{aligned}\dot{\boldsymbol{x}}&=\boldsymbol{Q}'(t)y+\boldsymbol{Q}(t)\dot{\boldsymbol{y}}=\left(\boldsymbol{\Phi}'(t)e^{-t\boldsymbol{B}}-\boldsymbol{\Phi}(t)\boldsymbol{B}e^{-t\boldsymbol{B}}\right)\boldsymbol{y}+\boldsymbol{Q}(t)\dot{\boldsymbol{y}}\\&=\left(\boldsymbol{A}(t)\boldsymbol{\Phi}(t)e^{-t\boldsymbol{B}}-\boldsymbol{Q}(t)\boldsymbol{B}\right)\boldsymbol{y}+\boldsymbol{Q}(t)\dot{\boldsymbol{y}}=\boldsymbol{A}(t)\boldsymbol{Q}(t)\boldsymbol{y}+\boldsymbol{Q}(t)(\dot{\boldsymbol{y}}-\boldsymbol{B}\boldsymbol{y})\\&=\boldsymbol{A}(t)\boldsymbol{x}+\boldsymbol{Q}(t)(\dot{\boldsymbol{y}}-\boldsymbol{B}\boldsymbol{y}).\end{aligned}$$

由 $\boldsymbol{Q}(t)$ 的可逆性得, $\boldsymbol{x}(t)$ 是周期系数线性微分方程组 (5.1.1) 的解当且仅当 $\boldsymbol{y}(t)$ 是常系数线性齐次微分方程组 (5.1.2) 的解.

(c) 因为 $\boldsymbol{C}$ 是非奇异的, 所以从文献 [18] 或文献 [44, 12] 知存在实矩阵 $\boldsymbol{R}$ 使得

$$\boldsymbol{C}^2=e^{2T\boldsymbol{R}}.$$

上式的证明也可参见附录 A.2. 令

$$\boldsymbol{P}(t):=\boldsymbol{\Phi}(t)e^{-t\boldsymbol{R}},$$

则它是非奇异的、连续可微的、$2T$ 周期矩阵函数. $\boldsymbol{P}(t)$ 是 $2T$ 周期的, 因为

$$\boldsymbol{P}(t+2T)=\boldsymbol{\Phi}(t+2T)e^{-(t+2T)\boldsymbol{R}}=\boldsymbol{\Phi}(t)C^2e^{-2T\boldsymbol{R}}e^{-t\boldsymbol{R}}=\boldsymbol{\Phi}(t)e^{-t\boldsymbol{R}}=\boldsymbol{P}(t),$$

其中用到事实

$$\boldsymbol{\Phi}(t+2T)=\boldsymbol{\Phi}(t+T)\boldsymbol{C}=\boldsymbol{\Phi}(t)\boldsymbol{C}^2.$$

作变换 $\boldsymbol{x}=\boldsymbol{P}(t)\boldsymbol{y}$, 类似于 (b) 的证明可得到 (c) 的证明.

定理证毕. □

附注　设实矩阵 $\boldsymbol{C}\in\mathcal{M}$ 是非奇异的, 则

- $\boldsymbol{C}$ 总有矩阵对数, 即存在矩阵 $\boldsymbol{B}$ 使得 $\boldsymbol{C}=e^{\boldsymbol{B}}$, 记 $\boldsymbol{B}=\ln\boldsymbol{C}$. 实矩阵 $\boldsymbol{C}$ 的对数 $\boldsymbol{B}$ 可能是实的也可能是复的.
- $\boldsymbol{C}^2$ 总有实矩阵对数, 即存在实矩阵 $\boldsymbol{B}$ 使得 $\boldsymbol{C}^2=e^{\boldsymbol{B}}$.
- $\boldsymbol{C}$ 有实矩阵对数的充要条件是或者 $\boldsymbol{C}$ 没有负特征值, 或者 $\boldsymbol{C}$ 的 Jordan 标准型中具有负特征值的 Jordan 块成对出现 (参见文献 [44]).
- 定理 54 的证明中得到基解矩阵的两个表示 $\boldsymbol{\Phi}(t)=\boldsymbol{Q}(t)e^{t\boldsymbol{B}}$ 和 $\boldsymbol{\Phi}(t)=\boldsymbol{P}(t)e^{t\boldsymbol{R}}$, 它们都称为基解矩阵 $\boldsymbol{\Phi}(t)$ 的 **Floquet 正规型**.

Floquet 定理揭示了周期系数线性齐次微分方程组基解矩阵的本质特征. 利用 Floquet 定理还可以讨论周期系数线性齐次微分方程组在原点邻域解的性态. 例如线性齐次微分方程

$$x'=a(t)x,$$

其中 $a(t)$ 是周期为 T 的连续周期函数, 有非零解

$$x(t)=e^{\int_0^t a(s)ds}.$$

根据 Floquet 定理, 存在 T 周期函数 $p(t)$ 及数 b 使得

$$x(t)=p(t)e^{tb}.$$

由于 $x(t+T)=x(t)c=x(t)e^{Tb}$, 所以有

$$e^{\int_0^{t+T} a(s)ds}=e^{\int_0^t a(s)ds}e^{Tb}.$$

又由于 $\displaystyle\int_t^{t+T} a(s)ds=\int_0^T a(s)ds$, 故可以取

$$b=\frac{1}{T}\int_0^T a(s)ds.$$

注意到, b 恰为函数 $a(s)$ 在一个周期上的平均值. 当均值 $b=0$ 时, $x(t)$ 是周期解. 当均值 $b<0$ 时, $x(t)$ 当 $t\to\infty$ 时趋于零.

下面讨论周期系数线性齐次微分方程组周期解的存在性. 对 $\forall \boldsymbol{v} \in \mathbb{R}^n$, 微分方程组 (5.1.1) 过 $(\tau, \boldsymbol{v})$ 的解为

$$\boldsymbol{x}(t) = \boldsymbol{\Phi}(t)\boldsymbol{\Phi}^{-1}(\tau)\boldsymbol{v}.$$

注意: 对 $\forall \boldsymbol{v} \in \mathbb{R}^n$, 上式确定了微分方程组 (5.1.1) 的所有解, 因为线性齐次微分方程组的解由它的基解矩阵和初始向量唯一确定的. 线性算子

$$\boldsymbol{v} \to \boldsymbol{\Phi}(T+\tau)\boldsymbol{\Phi}^{-1}(\tau)\boldsymbol{v},$$

定义了初始位置 $\boldsymbol{v}$ 沿着解经过一个周期 T 所在的位置, 见图 5.1. 这个算子的重要性在于: 它可用于讨论微分方程组 (5.1.1) 的周期解的存在性等问题 (如图 5.1 中间的积分曲线是周期的). 这样的算子称为微分方程组 (5.1.1) 的**单质算子**. 单质算子的特征值称为微分方程组 (5.1.1) 的**特征乘数**或 **Floquet 乘数**.

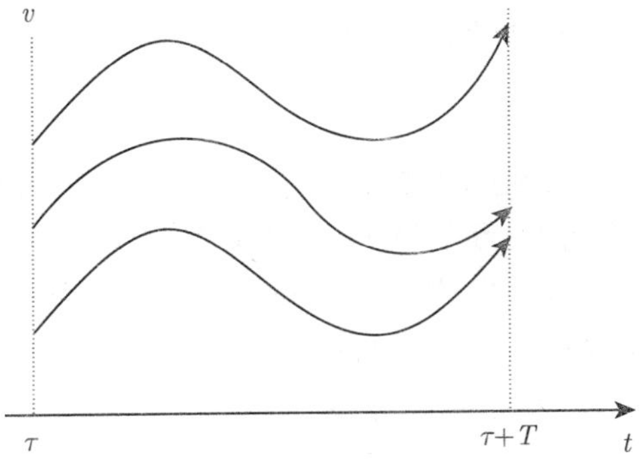

图 5.1 单质算子定义的映射

由于 $\boldsymbol{\Phi}(t+T) = \boldsymbol{\Phi}(t)\boldsymbol{\Phi}^{-1}(0)\boldsymbol{\Phi}(T)$, 所以

$$\boldsymbol{\Phi}(T+\tau)\boldsymbol{\Phi}^{-1}(\tau) = \boldsymbol{\Phi}(\tau)\boldsymbol{\Phi}^{-1}(0)\boldsymbol{\Phi}(T)\boldsymbol{\Phi}^{-1}(\tau).$$

这就证明了特征乘数是 $\boldsymbol{C} = e^{T\boldsymbol{B}}$ 的特征值.

一个复数 μ 称作微分方程组 (5.1.1) 的 **特征指数**或 **Floquet 指数**, 如果 $\rho := e^{\mu T}$ 是一个特征乘数. 注意: 特征乘数恰有 n 个 (计算重数), 而 Floquet 指数却有无穷多个 (因为若 μ 是 Floquet 乘数, 则 $\mu + \dfrac{2k\pi}{T}\mathrm{i}, k \in \mathbb{Z}$ 也是 Floquet 乘数).

例

(1) 求下列方程的特征乘数:

$$x'(t) = (\cos^2 t)x.$$

解 这是一个周期为 π 的周期系数线性微分方程. 它有一个非平凡解

$$x(t) = \phi(t) = e^{\frac{1}{2}t+\frac{1}{4}\sin(2t)}.$$

所以

$$c := \phi^{-1}(0)\phi(\pi) = e^{\frac{\pi}{2}}.$$

因此原方程的特征乘数为 $e^{\frac{\pi}{2}}$.

(2) 求下列方程组的特征乘数:

$$x'(t) = (\cos(2\pi t) + 1)x, \quad y'(t) = \cos(2\pi t)x + y.$$

解 这是一个周期为 1 的周期系数线性微分方程组. 它有一个基解矩阵

$$\boldsymbol{\Phi}(t) = \begin{pmatrix} e^{t+\frac{\sin(2\pi t)}{2\pi}} & 0 \\ e^{t+\frac{\sin(2\pi t)}{2\pi}} + e^t & e^t \end{pmatrix}, \quad \text{及} \quad \boldsymbol{\Phi}^{-1}(t) = \begin{pmatrix} e^{-t-\frac{\sin(2\pi t)}{2\pi}} & 0 \\ -e^{-t} - e^{-t-\frac{\sin(2\pi t)}{2\pi}} & e^{-t} \end{pmatrix},$$

所以

$$\boldsymbol{C} := \boldsymbol{\Phi}^{-1}(0)\boldsymbol{\Phi}(1) = \begin{pmatrix} e & 0 \\ 0 & e \end{pmatrix}.$$

因此原微分方程组有两个相等的特征乘数 e.

下面的结果给出特征乘数与周期系数线性微分方程组 (5.1.1) 的周期解之间的关系. 以后如果没有特别说明, 我们说 $T > 0$ 是函数 $\boldsymbol{f}(t)$ 的周期是指 T 是**最小正周期**, 即 $\boldsymbol{f}(t+T) \equiv \boldsymbol{f}(t), t \in \mathbb{R}$, 但对任意给定的 $S \in (0, T)$ 都有 $\boldsymbol{f}(t+S) \not\equiv \boldsymbol{f}(t), t \in \mathbb{R}$.

定理 55 对于周期为 T 的周期系数线性齐次微分方程组 (5.1.1), 下面的结论成立.

(a) λ 是微分方程组 (5.1.1) 的特征乘数的充要条件是微分方程组 (5.1.1) 存在一个非零解 $\boldsymbol{w}(t)$ 使得

$$\boldsymbol{w}(t+T) = \lambda \boldsymbol{w}(t).$$

(b) 微分方程组 (5.1.1) 存在一个非零的 $2T$ 周期解的充要条件是 -1 为微分方程组 (5.1.1) 的特征乘数.

(c) 微分方程组 (5.1.1) 存在一个非零的 T 周期解的充要条件是 1 为微分方程组 (5.1.1) 的特征乘数.

证 设 $\boldsymbol{\Phi}(t)$ 是微分方程组 (5.1.1) 的一个基解矩阵, $\boldsymbol{C} = \boldsymbol{\Phi}^{-1}(0)\boldsymbol{\Phi}(T)$.

(a) 必要性. λ 是微分方程组 (5.1.1) 的特征乘数, 即 λ 是矩阵 $\boldsymbol{C}$ 的特征值. 记 $\boldsymbol{v}$ 是 $\boldsymbol{C}$ 的对应于 λ 的特征向量. 则微分方程组 (5.1.1) 的非零解 $\boldsymbol{w}(t) = \boldsymbol{\Phi}(t)\boldsymbol{v}$ 满足

$$\boldsymbol{w}(t+T) = \boldsymbol{\Phi}(t+T)\boldsymbol{v} = \boldsymbol{\Phi}(t)\boldsymbol{C}\boldsymbol{v} = \boldsymbol{\Phi}(t)\lambda\boldsymbol{v} = \lambda\boldsymbol{w}(t).$$

充分性. 设 $\boldsymbol{v} \in \mathbb{R}^n$ 使得 $\boldsymbol{w}(t) = \boldsymbol{\Phi}(t)\boldsymbol{v}$. 因为

$$\boldsymbol{w}(t+T) = \lambda \boldsymbol{w}(t),$$

则

$$\boldsymbol{\Phi}(t+T)\boldsymbol{v} = \lambda\boldsymbol{\Phi}(t)\boldsymbol{v}.$$

故有 $\boldsymbol{C}\boldsymbol{v} = \lambda\boldsymbol{v}$. 从而 λ 是微分方程组 (5.1.1) 的特征乘数.

(b) 充分性. 因 -1 是微分方程组 (5.1.1) 的特征乘数, 所以存在微分方程组 (5.1.1) 的一个非零解 $\boldsymbol{w}(t)$ 使得 $\boldsymbol{w}(t+T) = -\boldsymbol{w}(t)$. 故有

$$\boldsymbol{w}(t+2T) = -\boldsymbol{w}(t+T) = \boldsymbol{w}(t),$$

即 $\boldsymbol{w}(t)$ 是 $2T$ 周期解.

必要性. 设 $\boldsymbol{w}(t)$ 是微分方程组 (5.1.1) 的一个非零的 $2T$ 周期解, 记为

$$\boldsymbol{w}(t) = \boldsymbol{\Phi}(t)\boldsymbol{v}, \quad \boldsymbol{v} \in \mathbb{R}^n \setminus \{\boldsymbol{0}\},$$

则 $\boldsymbol{\Phi}(t+2T)\boldsymbol{v} = \boldsymbol{\Phi}(t)\boldsymbol{v}$. 从而 $\boldsymbol{C}^2\boldsymbol{v} = \boldsymbol{v}$.

由于

$$\boldsymbol{0} = (\boldsymbol{C}^{\boldsymbol{2}} - \boldsymbol{E})\boldsymbol{v} = (\boldsymbol{C} + \boldsymbol{E})(\boldsymbol{C} - \boldsymbol{E})\boldsymbol{v},$$

如果 -1 不是 $\boldsymbol{C}$ 的特征值, 则 $\boldsymbol{C} + \boldsymbol{E}$ 可逆, 从而 $(\boldsymbol{C} - \boldsymbol{E})\boldsymbol{v} = \boldsymbol{0}$. 这说明 1 是 $\boldsymbol{C}$ 的特征值. 故

$$\boldsymbol{w}(t+T) = \boldsymbol{\Phi}(t+T)\boldsymbol{v} = \boldsymbol{\Phi}(t)\boldsymbol{C}\boldsymbol{v} = \boldsymbol{\Phi}(t)\boldsymbol{v} = \boldsymbol{w}(t).$$

这与 $\boldsymbol{w}(t)$ 是 $2T$ 周期解矛盾. 这个矛盾说明 -1 是 $\boldsymbol{C}$ 的特征值, 从而是微分方程组 (5.1.1) 的特征乘数.

(c) 证明类似于 (b). 作为练习留给读者.

定理证毕. □

附注 以上利用周期系数线性微分方程组的特征乘数给出 T 周期解和 $2T$ 周期解存在的判定. 其实还可以利用特征乘数判定微分方程组 (5.1.1) 的平凡解 $\boldsymbol{x} = \boldsymbol{0}$ 的稳定性等. 有关稳定性的概念将在第 6 章中给出.

下面的结果给出周期系数线性微分方程组的特征乘数与系数矩阵 $\boldsymbol{A}(t)$ 的迹的关系.

命题 56 假设 $\lambda_1, \cdots, \lambda_n$ 是周期为 T 的周期系数线性微分方程组 (5.1.1) 的特征乘数, 则

$$\lambda_1 \cdots \lambda_n = e^{\int_0^T \operatorname{tr}(\boldsymbol{A}(t))dt}.$$

证 利用特征乘数的定义和 Liouville 公式可以容易证得. 作为练习请读者自己完成.

例 Hill 方程[33]

$$x'' + q(t)x = 0$$

是美国数学家 George W. Hill (1838—1914) 于 1886 年研究月亮在周期引力场作用下的运动得到的, 其中 $q(t)$ 是周期为 T 的连续周期函数. 令 $y = x'$, 得到周期系数线性微分方程组

$$\begin{pmatrix} x' \\ y' \end{pmatrix} = \begin{pmatrix} 0 & 1 \\ -q(t) & 0 \end{pmatrix} \begin{pmatrix} x \\ y \end{pmatrix}.$$

利用命题 56 得, 该方程组的特征乘数的乘积为 1. 在第 6 章将利用特征乘数的不同情况, 讨论 Hill 方程解的表示和稳定性等.

Hill 方程包括 Mathieu 方程和 Meissner 方程等重要方程作为特例. 依赖于 $q(t)$ 的不同形式, Hill 方程的解可以呈现出不同的性态 (如有界性和指数增长等). Hill 方程在天文、力学、电子工程等众多学科中有广泛的应用. 文献 [50] 对 Hill 方程有非常详尽的研究.

5.2 二阶变系数线性齐次微分方程

本节讨论二阶变系数线性齐次微分方程解的理论. 首先讨论二阶线性齐次微分方程解的零点问题; 其次考虑二阶线性齐次微分方程边值问题解的存在性及其性质, 以及这些理论在热传导方程和波动方程初边值问题求解中的应用.

5.2.1 Sturm 比较定理

本小节主要考虑二阶变系数线性齐次微分方程

$$y'' + p(x)y' + q(x)y = 0 \tag{5.2.1}$$

解的零点的性质, 其中 $p(x), q(x)$ 在开区间 $J = (a, b) \subset \mathbb{R}$ 上连续. 该问题在研究振动时经常遇到.

在 4.1.3 小节中已经证明: 方程 (5.2.1) 的任一解 $\phi(x)$ 在 J 的任一闭子区间上至多有有限个零点, 且在 $\phi(x)$ 的零点 x_0 有 $\phi'(x_0) \neq 0$. 下面进一步讨论微分方程 (5.2.1) 解的零点的性质.

称 $x_1, x_2 \in J$ 是函数 $\phi(x)$ 的两个**相邻的零点**, 如果 x_1, x_2 都是 $\phi(x)$ 的零点, 且在 x_1 与 x_2 之间没有 $\phi(x)$ 的其他零点.

首先通过一个简单的例子看二阶线性齐次微分方程两个解的零点之间的关系. 二阶线性齐次微分方程

$$y'' + \omega^2 y = 0, \quad \omega > 0 \text{是任意给定的常数}$$

的通解为

$$y = c_1 \cos(\omega x) + c_2 \sin(\omega x),$$

其中 c_1, c_2 是任意常数. 它的两个线性无关解

$$y_1(x) = \cos(\omega x), \quad y_2(x) = \sin(\omega x)$$

的零点在 $\mathbb{R}$ 上交错排列. 可以验证, 通解中任意两个线性无关的解都具有这种性质; 而任意两个线性相关的解都具有相同的零点.

上述例子中两个解的零点的性质是二阶线性齐次微分方程所具有的本质特性.

命题 57 设 $y = \phi_1(x)$ 和 $y = \phi_2(x)$ 是二阶线性齐次微分方程 (5.2.1) 的两个非零解, 且都至少有一个零点. 则下列结论成立.

(a) $y = \phi_1(x)$ 与 $y = \phi_2(x)$ 在 J 上线性无关当且仅当它们的零点相互交错.

(b) $y = \phi_1(x)$ 与 $y = \phi_2(x)$ 在 J 上线性相关当且仅当它们所有的零点都相同.

证 记 $W(x)$ 为 $\phi_1(x), \phi_2(x)$ 的 Wronsky 行列式, 即 $W(x) = \phi_1(x)\phi_2'(x) - \phi_1'(x)\phi_2(x)$.

(a) 必要性. 由于 $\phi_1(x), \phi_2(x)$ 在 J 上线性无关, 所以 $W(x) \neq 0, x \in J$. 由假设知, $\phi_1(x), \phi_2(x)$ 在 J 上都有零点.

如果 $\phi_1(x), \phi_2(x)$ 有共同的零点, 记为 $x_0 \in J$. 则 $W(x_0) = 0$. 这与假设矛盾. 故 $\phi_1(x), \phi_2(x)$ 在 J 上没有共同的零点.

如果 $\phi_1(x)$ 与 $\phi_2(x)$ 都只有一个零点, 因这两个零点不相同, 结论显然成立. 不妨假设 $\phi_1(x)$ 有至少两个零点, 且 x_1, x_2 是 $\phi_1(x)$ 的两个相邻的零点. 再不妨设 $x_1 < x_2$ 且

$$\phi_1(x) > 0, \quad x \in (x_1, x_2),$$

则

$$\phi_1'(x_1) > 0, \quad \phi_1'(x_2) < 0.$$

因 $W(x) \neq 0$, 所以 $W(x_1)W(x_2) > 0$. 又

$$W(x_1) = -\phi_2(x_1)\phi_1'(x_1), \quad W(x_2) = -\phi_2(x_2)\phi_1'(x_2),$$

故有

$$\phi_2(x_1)\phi_2(x_2) < 0.$$

由 $\phi_2(x)$ 的连续性得: $\phi_2(x)$ 在 (x_1, x_2) 内必有一个零点, 且只有一个零点. 否则同上证明可得, $\phi_1(x)$ 在 $\phi_2(x)$ 位于 (x_1, x_2) 内的两个零点之间有零点, 它与 x_1, x_2 是 $\phi_1(x)$ 的相邻零点矛盾. 这就证明了 $\phi_1(x)$ 与 $\phi_2(x)$ 的零点相互交错.

充分性. 反证. 如果 $\phi_1(x)$ 与 $\phi_2(x)$ 线性相关, 则存在不全为零的常数 c_1, c_2 使得

$$c_1\phi_1(x) + c_2\phi_2(x) \equiv 0, \quad x \in J.$$

事实上 c_1, c_2 都不为零, 否则 $\phi_1(x)$ 与 $\phi_2(x)$ 中必有一个恒为零, 这与 $\phi_1(x)$ 和 $\phi_2(x)$ 都是非零解的假设矛盾. 从而

$$\phi_2(x) = c\phi_1(x), \quad c \neq 0, \quad x \in J.$$

这说明 $\phi_1(x)$ 与 $\phi_2(x)$ 的零点完全相同, 与假设矛盾.

(b) 由 (a) 的证明容易得到. 作为练习由读者自己完成. 证毕. □

下面介绍二阶线性齐次微分方程中一个非常重要的结论: Sturm 比较定理, 它给出了两个二阶线性齐次微分方程解的零点之间的关系.

定理 58 (Sturm 比较定理) 考虑二阶线性齐次微分方程

$$y'' + p(x)y' + q(x)y = 0, \tag{5.2.2}$$

$$y'' + p(x)y' + r(x)y = 0, \tag{5.2.3}$$

其中 $p(x), q(x), r(x)$ 在开区间 J 上连续. 设 $y = \phi(x)$ 和 $y = \psi(x)$ 分别是微分方程 (5.2.2) 和 (5.2.3) 的非零解, 且 $\phi(x)$ 有两个相邻的零点 $x_1, x_2 \in J$. 不妨设 $x_1 < x_2$. 则下列结论成立:

(a) 如果 $r(x) \geqslant q(x), x \in J$, 则 $\psi(x)$ 在 $[x_1, x_2]$ 上至少有一个零点.

(b) 如果 $r(x) \geqslant q(x), x \in J$, 且 $r(x) \not\equiv q(x)$, $x \in (x_1, x_2)$, 则 $\psi(x)$ 在 (x_1, x_2) 内至少有一个零点.

证 (a) 不妨设 $\phi(x) > 0$, $x \in (x_1, x_2)$, 则

$$\phi'(x_1) > 0, \quad \phi'(x_2) < 0.$$

反证, 假设 $\psi(x) \neq 0$, $x \in [x_1, x_2]$. 不妨设

$$\psi(x) > 0, \quad x \in [x_1, x_2].$$

令

$$V(x) := \psi(x)\phi'(x) - \phi(x)\psi'(x),$$

则

$$V(x_2) = \psi(x_2)\phi'(x_2) < 0, \quad V(x_1) = \psi(x_1)\phi'(x_1) > 0. \tag{5.2.4}$$

又直接计算得

$$\begin{aligned} V'(x) + p(x)V(x) &= \psi(x)\phi''(x) - \phi(x)\psi''(x) + p(x)V(x) \\ &= (r(x) - q(x))\phi(x)\psi(x) \geqslant 0, \quad x \in [x_1, x_2]. \end{aligned} \tag{5.2.5}$$

两边乘以 $e^{\int_{x_1}^{x} p(s)ds}$, 并从 x_1 到 x_2 积分得

$$V(x_2)e^{\int_{x_1}^{x_2} p(s)ds} \geqslant V(x_1).$$

这与 (5.2.4) 矛盾. 所以 $\psi(x)$ 在 $[x_1,x_2]$ 上至少有一个零点.

(b) 从 (a) 的证明得, $\psi(x)$ 在 $[x_1,x_2]$ 上至少有一个零点. 反证, 假设 $\psi(x)$ 在 (x_1,x_2) 中没有零点. 不妨设

$$\psi(x) > 0, \quad x \in (x_1,x_2),$$

则有

$$V(x_2) = \psi(x_2)\phi'(x_2) \leqslant 0, \quad V(x_1) = \psi(x_1)\phi'(x_1) \geqslant 0,$$

故由 (5.2.5) 得

$$V(x_2)e^{\int_{x_1}^{x_2} p(s)ds} - V(x_1) = \int_{x_1}^{x_2} (r(x) - q(x))\phi(x)\psi(x)e^{\int_{x_1}^{x} p(s)ds}dx.$$

易见上式左边小于或等于零, 而右边大于零. 这个矛盾说明 $\psi(x)$ 在 (x_1,x_2) 内至少有一个零点.

定理证毕. □

利用 Sturm 比较定理可以判定一些形如 (5.2.2) 的微分方程的非零解的零点的存在性.

推论 59 设 $p(x), q(x) \in C([a,\infty))$, $a \in \mathbb{R}$, 且 $y = \phi(x)$ 是微分方程 (5.2.2) 的一个非零解, 则下列结论成立.

(a) 如果 $q(x) \leqslant 0$, $x \in [a,\infty)$, 则 $\phi(x)$ 在 $[a,\infty)$ 上至多有一个零点.

(b) 如果 $p(x) \equiv 0$, $q(x) \geqslant m > 0$, $x \in [a,\infty)$, 则 $\phi(x)$ 在 $[a,\infty)$ 上有无穷多个零点, 且相邻零点之间的距离 $\leqslant \dfrac{\pi}{\sqrt{m}}$.

(c) 如果 $p(x) \equiv 0$, $q(x) > m > 0$, $x \in [a,\infty)$, 则 $\phi(x)$ 在 $[a,\infty)$ 上有无穷多个零点, 且相邻零点之间的距离 $< \dfrac{\pi}{\sqrt{m}}$.

(d) 如果 $p(x) \equiv 0, 0 < q(x) \leqslant m, x \in [a,\infty)$, 则 $\phi(x)$ 的相邻零点(若存在)之间的距离 $\geqslant \dfrac{\pi}{\sqrt{m}}$.

(e) 如果 $p(x) \equiv 0, 0 < q(x) < m, x \in [a,\infty)$, 则 $\phi(x)$ 的相邻零点(若存在)之间的距离 $> \dfrac{\pi}{\sqrt{m}}$.

证　推论的证明主要通过取适当的比较方程, 利用 Sturm 比较定理完成.

(a) 在微分方程 (5.2.3) 中取 $r(x) \equiv 0$, 则 $\psi(x) \equiv 1$ 是其一个解. 由 Sturm 比较定理, 如果 $\phi(x)$ 有两个零点, 则 $\psi(x)$ 在这两个零点之间必有一个零点. 这个矛盾说明 $\phi(x)$ 有至多一个零点.

(b) 考虑 (5.2.2) 的比较方程

$$y'' + my = 0. \tag{5.2.6}$$

它有解

$$y = \psi(x) = \sin\left(\sqrt{m}(x-c)\right), \quad x \in [a, \infty),$$

其中 $c \geqslant a$ 是任意给定的常数. 显然 $\psi(x)$ 有无穷多个零点

$$x_n = c + \frac{n\pi}{\sqrt{m}}, \quad n = 0, 1, \cdots$$

且仅有这些零点. 注意到这些零点中任意两个相邻的零点之间的距离都是 $\dfrac{\pi}{\sqrt{m}}$.

根据 Sturm 比较定理 (a), $\phi(x)$ 在每个区间

$$\left[c + \frac{n\pi}{\sqrt{m}}, c + \frac{(n+1)\pi}{\sqrt{m}}\right], \quad n = 0, 1, \cdots$$

上都有零点. 故 $\phi(x)$ 在 $[a, \infty)$ 上有无穷多个零点.

设 x_1^*, x_2^* 是 $\phi(x)$ 在 $[a, \infty)$ 上两个相邻的零点, 不妨设 $x_1^* < x_2^*$. 反证, 假设

$$x_2^* - x_1^* > \frac{\pi}{\sqrt{m}}.$$

取适当的 c, 使得微分方程 (5.2.6) 的解 $\sin\left(\sqrt{m}(x-c)\right)$ 有两个相邻的零点位于 (x_1^*, x_2^*) 的内部, 记为 x_1, x_2, 且满足 $x_1^* < x_1 < x_2 < x_2^*$. 再利用 Sturm 比较定理 (a) 得, $\phi(x)$ 在 $[x_1, x_2]$ 上有零点. 这与 x_1^*, x_2^* 是 $\phi(x)$ 的相邻的零点矛盾. 这个矛盾说明 $x_2^* - x_1^* \leqslant \dfrac{\pi}{\sqrt{m}}$.

(c) 由 (a) 的证明得, 方程 (5.2.2) 的解 $\phi(x)$ 在 $[a, \infty)$ 上有无穷多个零点, 且其相邻的零点之间的距离 $\leqslant \dfrac{\pi}{\sqrt{m}}$.

反证, 如果 $\phi(x)$ 有两个相邻的零点 x_1^*, x_2^* 满足 $x_2^* - x_1^* = \dfrac{\pi}{\sqrt{m}}$. 类似于 (b) 的证明, 可取适当的 c 使得 $\sin\left(\sqrt{m}(x-c)\right)$ 有两个相邻的零点恰位于 x_1^*, x_2^*. 则由 Sturm 比较定理 (b) 得, $\phi(x)$ 在 (x_1^*, x_2^*) 的内部有零点. 这与 x_1^*, x_2^* 是 $\phi(x)$ 的相邻的零点矛盾. 所以 $0 < x_2^* - x_1^* < \dfrac{\pi}{\sqrt{m}}$.

(d), (e) 的证明类似于 (b) 和 (c) 的证明. 作为练习请读者自己完成.

推论证毕. □

微分方程 (5.2.2) 的解如果在 J 上有无穷多个零点, 则称它在 J 上是**振荡或振动**的. 解的振动理论在工程和力学中经常用到.

附注

- 在推论 59 的 (b) 和 (c) 中, 如果只有 $q(x)>0$, 结论未必成立. 例如方程

$$y''+\frac{a}{4x^2}y=0,\quad a>0\text{是任意给定的常数}$$

的通解为

$$y(x)=\begin{cases} x^{\frac{1}{2}}(c_1+c_2\ln x), & a=1,\\ c_1x^{\frac{1+\sqrt{1-a}}{2}}+c_2x^{\frac{1-\sqrt{1-a}}{2}}, & a<1,\\ x^{\frac{1}{2}}\left(c_1\cos\left(\frac{\sqrt{a-1}}{2}\ln x\right)+c_2\sin\left(\frac{\sqrt{a-1}}{2}\ln x\right)\right), & a>1.\end{cases}$$

当 $a\leqslant 1$ 时, 任一非零解在 $[1,\infty)$ 上至多只有一个零点; 当 $a>1$ 时, 任一非零解在 $[1,\infty)$ 上有无穷多个零点.

5.2.2 二阶线性微分方程两点边值问题的例子

二阶线性齐次微分方程边值问题在实际生活中经常遇到, 如平面上两端固定的弹簧被拉离两个端点所在的直线后松开, 问弹簧的运动规律如何? 两端固定的钢条在压力作用下的弯曲性如何? (见示意图 5.2) 这些都是微分方程边值问题的研究内容.

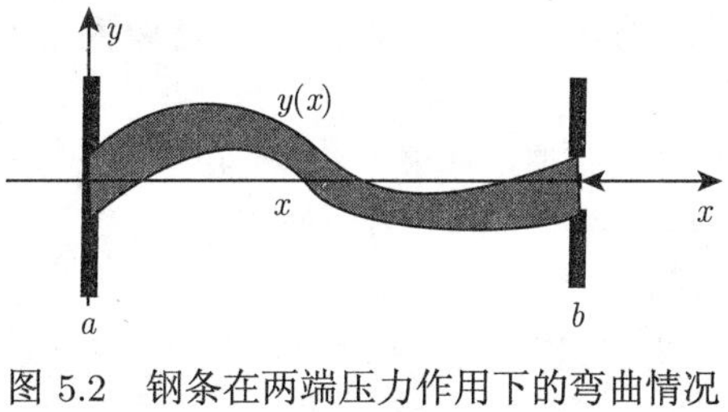

图 5.2 钢条在两端压力作用下的弯曲情况

在图 5.2 中建立坐标系, 设 a,b 两点之间的距离为 d. 假设钢条的左端固定, 在右端对钢条施加作用力 F, 在外力作用下钢条形状的函数为 $y(x)$. 当然在外力 $F=0$ 时钢条没有弯曲, 因而 $y(x)\equiv 0$. 问当外力 F 为何值时钢条开始弯曲, 即 $y(x)$ 是一个非零函数.

从力学知识得, 钢条的弯曲度 y'' 与力矩 $Fy(x)$ 成正比, 即

$$-IEy''(x)=Fy(x),$$

其中 $I = I(x)$ 是惯性矩, $E = E(x)$ 是杨氏模量. 上述方程可改写成

$$y''(x) + \lambda q(x)y(x) = 0, \tag{5.2.7}$$

其中 $\lambda = F$, $q(x) = 1/(IE)$. 显然函数 $y(x)$ 满足边界条件 $y(0) = y(d) = 0$. 易见微分方程 (5.2.7) 满足该边界条件始终有零解. 上述力学问题转化为: 当 λ 为何值时, 微分方程 (5.2.7) 有满足 $y(0) = y(d) = 0$ 的非零解? 这是微分方程边值问题所要研究的内容.

本小节通过几个例子认识二阶线性微分方程边值问题解的存在性及其性质.

例 (1) 证明二阶微分方程

$$y''(x) + \lambda y(x) = 0 \tag{5.2.8}$$

满足边界条件

$$y(0) = y(l) = 0 \tag{5.2.9}$$

的边值问题有非零解当且仅当 $\lambda = \lambda_m = \left(\dfrac{m\pi}{l}\right)^2$, $m \in \mathbb{N}$, 其相应的非零解为

$$y(x) = y_m(x) = c_m \sin\left(\frac{m\pi}{l}x\right),$$

其中 c_m 是任意非零常数.

证 当 $\lambda < 0$ 时, 二阶微分方程 (5.2.8) 的通解为

$$y(x) = c_1 e^{\sqrt{-\lambda}x} + c_2 e^{-\sqrt{-\lambda}x},$$

其中 c_1, c_2 是任意常数. 容易验证, 该通解中满足边界条件 (5.2.9) 的解只能是零解.

当 $\lambda = 0$ 时, 容易验证二阶微分方程 (5.2.8) 满足边界条件 (5.2.9) 也只有零解.

当 $\lambda > 0$ 时, 二阶微分方程 (5.2.8) 的通解为

$$y(x) = c_1 \cos(\sqrt{\lambda}x) + c_2 \sin(\sqrt{\lambda}x),$$

其中 c_1, c_2 是任意常数. 从条件 $y(0) = 0$ 得 $c_1 = 0$. 进一步地, 从条件 $y(l) = 0$ 得 $\sin(\sqrt{\lambda}l) = 0$. 故有 $\sqrt{\lambda}l = m\pi$, $m \in \mathbb{N}$, 即

$$\lambda = \lambda_m := \left(\frac{m\pi}{l}\right)^2, \quad m \in \mathbb{N}.$$

相应地, 当 $\lambda = \lambda_m$ 时, 二阶线性微分方程 (5.2.8) 满足边界条件 (5.2.9) 的解为

$$y(x) = y_m(x) = c_2 \sin(\sqrt{\lambda_m}x),$$

其中 c_2 是任意非零常数.

证毕. □

(2) 证明二阶线性微分方程 (5.2.8) 满足边界条件

$$y(0)+y'(0)=0,\quad y(1)-y'(1)=0 \tag{5.2.10}$$

的边值问题有非零解当且仅当 $\lambda=\lambda_m$, $m\in\mathbb{N}\cup\{0\}$, 其中 $\lambda_0<-1$, $\{\lambda_m>1\}_{m=1}^{\infty}$ 是严格递增的趋于无穷的数列. 相应地, 边值问题 (5.2.8) 和 (5.2.10) 有唯一的线性无关解

$$\begin{aligned}
&y(x)=y_0(x)=(\sqrt{-\lambda_0}-1)e^{\sqrt{-\lambda_0}x}+(1+\sqrt{-\lambda_0})e^{-\sqrt{-\lambda_0}x},\quad \text{当 }\lambda=\lambda_0,\\
&y(x)=y_m(x)=-\lambda_m\cos\sqrt{\lambda_m}x+\sin\sqrt{\lambda_m}x,\quad \text{当 }\lambda=\lambda_m,\quad m\in\mathbb{N}.
\end{aligned}$$

证 当 $\lambda<0$ 时, 二阶微分方程 (5.2.8) 的通解为

$$y(x)=c_1e^{\sqrt{-\lambda}x}+c_2e^{-\sqrt{-\lambda}x},$$

其中 c_1, c_2 是任意常数. 从边界条件 (5.2.10) 得

$$\begin{aligned}
\left(1+\sqrt{-\lambda}\right)c_1+\left(1-\sqrt{-\lambda}\right)c_2&=0,\\
\left(1-\sqrt{-\lambda}\right)e^{\sqrt{-\lambda}}c_1+\left(1+\sqrt{-\lambda}\right)e^{-\sqrt{-\lambda}}c_2&=0.
\end{aligned} \tag{5.2.11}$$

该线性代数方程组的系数矩阵的行列式为

$$e^{-\sqrt{-\lambda}}\left(\left(1+\sqrt{-\lambda}\right)^2-\left(1-\sqrt{-\lambda}\right)^2e^{2\sqrt{-\lambda}}\right).$$

它等于零当且仅当 λ 满足

$$1+\sqrt{-\lambda}=\left(1-\sqrt{-\lambda}\right)e^{\sqrt{-\lambda}},\quad -1<\lambda<0, \tag{5.2.12}$$

$$1+\sqrt{-\lambda}=\left(\sqrt{-\lambda}-1\right)e^{\sqrt{-\lambda}},\quad -\infty<\lambda<-1. \tag{5.2.13}$$

由于

$$\frac{d(1+\sqrt{-\lambda})}{d\lambda}=\frac{-1}{2\sqrt{-\lambda}}<0,\quad \frac{d\left(1-\sqrt{-\lambda}\right)e^{\sqrt{-\lambda}}}{d\lambda}=\frac{\sqrt{-\lambda}e^{\sqrt{-\lambda}}}{2\sqrt{-\lambda}}>0,$$

且 $(1+\sqrt{-\lambda})\big|_{\lambda=0}=(1-\sqrt{-\lambda})e^{\sqrt{-\lambda}}\Big|_{\lambda=0}=1$, 所以函数方程 (5.2.12) 关于 λ 在 $(-1, 0)$ 上无解. 从而对任意的 $\lambda\in(-1, 0)$, 线性代数方程组 (5.2.11) 只有零解. 这就证明了当 $\lambda\in(-1, 0)$ 时, 边值问题 (5.2.8) 和 (5.2.10) 没有非零解.

对于 $-\infty < \lambda < -1$, 由于

$$\frac{d}{d\lambda}\frac{1+\sqrt{-\lambda}}{\sqrt{-\lambda}-1} = \frac{1}{\sqrt{-\lambda}(\sqrt{-\lambda}-1)^2} > 0,$$

且 $\lim\limits_{\lambda\to-1^{-1}}\left(1+\sqrt{-\lambda}\right)/(\sqrt{-\lambda}-1) = \infty$, $\lim\limits_{\lambda\to-\infty}\left(1+\sqrt{-\lambda}\right)/(\sqrt{-\lambda}-1) = 1$, 所以函数方程 (5.2.13) 关于 λ 在 $(-\infty, -1)$ 上恰有唯一的解, 记为 λ_0. 相应地, 线性代数方程组 (5.2.11) 有唯一的线性无关解. 从而二阶线性微分方程边值问题 (5.2.8) 和 (5.2.10) 当 $\lambda < 0$ 时有非零解当且仅当 $\lambda = \lambda_0$. 此时边值问题有唯一的线性无关的非零解, 它可以表示为

$$y(x) = y_0(x) := (\sqrt{-\lambda_0}-1)e^{\sqrt{-\lambda_0}\,x} + (1+\sqrt{-\lambda_0})e^{-\sqrt{-\lambda_0}\,x}.$$

当 $\lambda = 0$ 时, 容易验证二阶微分方程 (5.2.8) 没有满足边界条件 (5.2.10) 的非零解.

当 $\lambda > 0$ 时, 二阶微分方程 (5.2.8) 的通解为

$$y(x) = c_1\cos(\sqrt{\lambda}x) + c_2\sin(\sqrt{\lambda}x).$$

它满足边界条件 (5.2.10) 当且仅当

$$c_1 + \lambda c_2 = 0, \quad (\cos\lambda + \lambda\sin\lambda)c_1 + (\sin\lambda - \lambda\cos\lambda)c_2 = 0. \tag{5.2.14}$$

该线性代数方程组有非零解 (c_1, c_2) 当且仅当

$$(1-\lambda^2)\sin\lambda - 2\lambda\cos\lambda = 0.$$

显然, 该函数方程对 $\cos\lambda = 0$ 和 $\lambda = 1$ 都无解. 当 $\cos\lambda \neq 0$ 和 $\lambda \neq 1$ 时, 它可等价地写成

$$\tan\lambda = \frac{2\lambda}{1-\lambda^2}.$$

由于

$$\frac{d}{d\lambda}\frac{2\lambda}{1-\lambda^2} = \frac{2+2\lambda^2}{(1-\lambda^2)^2} > 0, \quad \frac{d^2}{d\lambda^2}\frac{2\lambda}{1-\lambda^2} = \frac{4\lambda(3+\lambda^2)}{(1-\lambda^2)^3} < 0, \quad 1 < \lambda < \infty,$$

所以曲线 $f(\lambda) := \dfrac{2\lambda}{1-\lambda^2}$ 在 $(1, \infty)$ 上单调增且上凸. 又 $\lim\limits_{\lambda\to1^+} f(\lambda) = -\infty$, $\lim\limits_{\lambda\to\infty} f(\lambda) = 0$, 所以曲线 $\tan\lambda$ 和 $f(\lambda)$ 在 $\left(1, \dfrac{\pi}{2}\right)$ 上没有交点, 而在 $\left(-\dfrac{\pi}{2}+k\pi, \dfrac{\pi}{2}+k\pi\right)$, $k \in \mathbb{N}$, 上恰有一个交点, 记为 λ_k. 此时, 边值问题 (5.2.8) 和 (5.2.10) 有唯一的线性无关解

$$y(x) = y_k(x) := -\lambda_k\cos\sqrt{\lambda_k}x + \sin\sqrt{\lambda_k}x, \quad k \in \mathbb{N}.$$

对于 $0<\lambda<1$, 由于

$$\frac{d}{d\lambda}\left(\frac{2\lambda}{1-\lambda^2}-\tan\lambda\right)=\frac{1+6\lambda^2+\lambda^4}{(1-\lambda^2)^2(1+\lambda^2)}>0.$$

所以线性代数方程组 (5.2.14) 当 $\lambda\in(0,1)$ 时关于 (c_1,c_2) 没有非零解. 因而边值问题 (5.2.8) 和 (5.2.10) 当 $\lambda\in(0,1)$ 时没有非零解.

证毕. □

本小节讨论了两个简单的二阶微分方程边值问题非零解的存在性的例子. 下节将进一步证明这两个例子所展示出的解的存在性及其性质是一般的二阶变系数线性齐次微分方程边值问题所共有的.

5.2.3 Sturm-Liouville 边值问题

推广上节具体问题到一般情况, 考虑 Sturm-Liouville 微分方程

$$(p(x)y')'+(\lambda r(x)+q(x))y=0,\quad \lambda\in\mathbb{R}\ \text{参数}, \tag{5.2.15}$$

其中 $q,r\in C[a,b]$, $p\in C^1[a,b]$, $r(x)>0$. 以下都在该假设条件下讨论. 为了记号方便起见, 令

$$\mathcal{L}y:=(p(x)y')'+q(x)y.$$

如下的二阶微分方程边值问题:

$$\begin{aligned}&\mathcal{L}y=-\lambda r(x)y,\\&\alpha y(a)-\beta y'(a)=0,\quad \gamma y(b)+\delta y'(b)=0,\end{aligned} \tag{5.2.16}$$

其中 $\alpha,\beta,\gamma,\delta\in\mathbb{R}$, $\alpha^2+\beta^2\neq 0$, $\gamma^2+\delta^2\neq 0$, 称为 **Sturm-Liouville 边值问题**, 简称 **SL 边值问题**. 在 a,b 两点的条件称为**边界条件**. 特别地, 当 $\beta=\delta=0$ 时, 称之为 **Dirichlet 边界条件**. 当 $\alpha=\gamma=0$ 时, 称之为 **Neumann 边界条件**. 当 $\gamma=\alpha\neq 0$, $\beta=\delta\neq 0$ 时, 称之为 **Robin 边界条件**.

注 一般来说, 二阶线性齐次微分方程都可以写成 (5.2.15) 的形式. 例如

(1) Legendre 方程

$$(1-x^2)y''-2xy'+n(n+1)y=0$$

可写成 Sturm-Liouville 方程的形式

$$\left((1-x^2)y'\right)'+n(n+1)y=0.$$

(2) Bessel 方程

$$x^2y''+xy'+(x^2-\mu^2)y=0$$

可写成 Sturm-Liouville 方程的形式

$$(xy')' + \left(x - \frac{\mu^2}{x}\right) y = 0.$$

(3) 二阶线性微分方程

$$p(x)y'' + q(x)y' + r(x)y = 0, \qquad p(x) \neq 0$$

可写成 Sturm-Liouville 方程的形式

$$\left(e^{\int \frac{q(x)}{p(x)}dx} y'\right)' + \frac{r(x)}{p(x)} e^{\int \frac{q(x)}{p(x)}dx} y = 0.$$

如果当 $\lambda = \lambda_0$ 时, 边值问题 (5.2.16) 有一个非零解 $y_0(x)$, 则称 λ_0 是 **SL 边值问题的特征值**, 称 $y_0(x)$ 是 **SL 边值问题相应于 λ_0 的特征函数**.

例 验证 SL 边值问题

$$\begin{aligned} &y'' = -\lambda y, \\ &y(0) = 0, \quad y(\pi) = 0 \end{aligned}$$

有特征值和相应的特征函数

$$\lambda_n = n^2, \quad y_n(x) = \sin(nx), \quad n = 1, 2, \cdots.$$

解 由上小节的例 (1) 可得.

上例中的特征值满足 $\lambda_1 < \lambda_2 < \cdots < \lambda_n < \cdots$, $\lim_{n\to\infty} \lambda_n = \infty$, 且相应于不同特征值的特征函数两两正交, 即

$$\int_0^\pi \sin(mx)\sin(nx)dx = 0, \quad m, n \in \mathbb{N}, \ m \neq n.$$

进一步地 $\sin(nx)$ 在 $(0, \pi)$ 上恰有 $n-1$ 个零点. 下面将证明上述例子中特征值和特征函数的性质是一般的 SL 边值问题共有的性质.

为进一步讨论 SL 边值问题解的性质, 首先给出一个新的定义. 对于给定的 $r(x) \in C[a, b]$ 满足 $r(x) \geqslant 0$, $r(x) \not\equiv 0$, $x \in [a, b]$.

(1) 函数 $f(x), g(x) \in C[a, b]$ **关于 $r(x)$ 的加权内积**定义为

$$\langle f, g \rangle_r = \int_a^b r(x)f(x)g(x)dx.$$

(2) 函数 $r(x)$ 称为**加权函数**.

(3) 如果 f, g 关于 r 的加权内积为零, 称 f, g **关于加权函数 r 正交**.

注 如果 $r = 1$, 那么加权内积就是通常的两个纯量函数的内积.

定理 60 对于 SL 边值问题 (5.2.16), 假设 $p\in C^1[a,b]$, q, $r\in C[a,b]$, $p(x)$, $r(x)>0$, $\alpha,\beta,\gamma,\delta\in\mathbb{R}$, $\alpha^2+\beta^2\neq 0$, $\gamma^2+\delta^2\neq 0$. 下列结论成立:

(a) SL 边值问题的特征值若存在都是实的;

(b) 相应于每个特征值, SL 边值问题有一个实特征函数;

(c) 相应于每个特征值, SL 边值问题有唯一一个线性无关的特征函数;

(d) 相应于不同特征值的特征函数关于加权函数 $r(x)$ 是正交的;

(e) 相应于不同特征值的特征函数线性无关.

证 设 λ_1,λ_2 是 SL 边值问题的特征值, $y_1(x),y_2(x)$ 是相应的特征函数. 则由特征值和特征函数的定义, 通过直接计算得

$$\begin{aligned}y_1\mathcal{L}y_2-y_2\mathcal{L}y_1&=p'(x)(y_1(x)y_2'(x)-y_2(x)y_1'(x))\\&\quad+p(x)(y_1(x)y_2''(x)-y_2(x)y_1''(x))=(p(x)W(x))',\end{aligned}$$

其中 $W(x)$ 是 y_1,y_2 的 Wronsky 行列式. 因此有

$$(\lambda_1-\lambda_2)r(x)y_1(x)y_2(x)=(p(x)W(x))'.$$

对上式从 a 到 b 积分得到

$$(\lambda_1-\lambda_2)\langle y_1,y_2\rangle_r=0,\tag{5.2.17}$$

上式中用到 $W(a)=W(b)=0$, 这是因为

$$\alpha y_1(a)-\beta y_1'(a)=0,\quad \alpha y_2(a)-\beta y_2'(a)=0,\tag{5.2.18}$$

又 $\alpha^2+\beta^2\neq 0$, 这意味着关于 (α,β) 的线性齐次方程组 (5.2.18) 有非零解, 因而其系数行列式为零, 即 $W(a)=0$. 同理从 b 点的边界条件可得到 $W(b)=0$.

(a) 由于 SL 边值问题的系数都是实的, 如果它有复特征值和特征函数, 那么这些特征值和特征值函数的共轭也是 SL 边值问题的特征值和特征函数.

令 λ_0 和 $y_0(x)$ 是 SL 边值问题的特征值和特征函数. 则由 (5.2.17) 得

$$(\lambda_0-\overline{\lambda}_0)\langle y_0,\overline{y}_0\rangle_r=0.$$

因

$$\langle y_0,\overline{y}_1\rangle_r=\int_a^b r(x)|y_0(x)|^2dx\neq 0,$$

所以 $\lambda_0-\overline{\lambda}_0=0$. 从而 λ_0 是实数.

(b) 设 λ_0 和 $y_0(x)$ 是 SL 边值问题的特征值和特征函数. 由 (a), λ_0 是实数. 如果 $y_0(x)$ 是实函数, 则 (b) 成立. 如果 $y_0(x)=u(x)+\sqrt{-1}v(x)$, 则因边值问题的系数和 λ_0 都是实的, 从而 $u(x)$ 和 $v(x)$ 都是相应于 λ_0 的特征函数.

(c) 设 λ_0 是 SL 边值问题的特征值, $y_1(x)$ 和 $y_2(x)$ 是相应于 λ_0 的特征函数. 由于 $y_1(x), y_2(x)$ 都是线性齐次微分方程 (5.2.15) 当 $\lambda = \lambda_0$ 的解, 且它们的 Wronsky 行列式在 a 点等于零, 所以由定理 46 得, 特征函数 $y_1(x)$ 与 $y_2(x)$ 线性相关.

(d) 设 $y_1(x), y_2(x)$ 分别是相应于不同特征值 λ_1, λ_2 的特征函数. 则由 (5.2.17) 得 $\langle y_1, y_2 \rangle_r = 0$. 因此 y_1, y_2 关于加权函数 $r(x)$ 是正交的.

(e) 设 $y_1(x), y_2(x)$ 是相应于不同特征值的特征函数, 且有常数 c_1, c_2 使得

$$c_1 y_1(x) + c_2 y_2(x) \equiv 0, \quad x \in [a, b].$$

该方程两边同乘以 $r(x)y_2(x)$, 并从 a 到 b 积分得

$$c_2 \int_a^b r(s) y_2^2(s) ds = 0.$$

从而 $c_2 = 0$. 同理可证 $c_1 = 0$. 这就证明了特征函数 $y_1(x), y_2(x)$ 在 $[a, b]$ 上线性无关.

定理证毕. □

下面的结果给出 SL 边值问题无穷多个特征值的存在性, 以及特征函数零点的性质.

定理 61 对于 SL 边值问题 (5.2.16), 假设 $p \in C^1[a, b], q, r \in C[a, b], p(x), r(x) > 0, \alpha, \beta, \gamma, \delta \in \mathbb{R}, \alpha^2 + \beta^2 \neq 0, \gamma^2 + \delta^2 \neq 0$. 下列结论成立.

(a) SL 边值问题有无穷多个特征值 $\lambda_i, i \in \mathbb{N}$ 满足

$$\lambda_1 < \lambda_2 < \cdots < \lambda_n < \cdots, \quad \lim_{n \to \infty} \lambda_n = \infty.$$

(b) 设 $\{\phi_n(x)\}$ 是相应于 $\{\lambda_n\}$ 的特征函数, 则 $\phi_n(x)$ 在 (a, b) 上恰有 $n-1$ 个零点.

(c) 定义在 $[a, b]$ 上的任何连续可微函数 $f(x)$ 都可以展开成特征函数的收敛的广义 Fourier 级数, 即

$$f(x) = \sum_{n=1}^{\infty} c_n \phi_n(x), \quad c_n = \frac{\displaystyle\int_a^b r(x) f(x) \phi_n(x) dx}{\displaystyle\int_a^b r(x) |\phi_n(x)|^2 dx}.$$

证 该定理的证明较为复杂, 本书从略. 有兴趣的读者可参见文献 [67, 21].

5.3 Sturm-Liouville 边值问题在偏微分方程中的应用

作为 Sturm-Liouville 边值问题解的理论的应用, 本节考虑热传导方程和波动方程初边值问题的求解问题.

5.3.1 热传导方程初边值问题的解

热传导方程是在研究热传导或气体、液体扩散等问题时导出的. 例如, 考虑两端绝热的长度为 l 的薄金属棒, 它在 $(0, l)$ 上的初始温度分布由函数 $f(x)$ 给出. 则该问题可由如下的热传导方程初边值问题刻画:

$$\frac{\partial u}{\partial t}=a^2\frac{\partial^2 u}{\partial x^2}, \tag{5.3.1}$$

$$u(x,0)=f(x),\quad 0<x<l, \tag{5.3.2}$$

$$u(0,t)=u(l,t)=0, \tag{5.3.3}$$

其中 (5.3.2) 是初始条件, 而 (5.3.3) 是边界条件. 方程 (5.3.1) 中的 a^2 通常称为热扩散系数. 如何得到任意 $t>0$ 时刻金属棒上 x 点处的温度? 这就涉及上述热传导方程初边值问题的求解问题.

下面介绍一个利用二阶线性常微分方程边值问题解的理论求解初边值问题 (5.3.1)~(5.3.3) 的方法: 变量分离法. 令

$$u(x,t)=A(x)B(t).$$

将上式代入 (5.3.1) 得到 $A(x)B'(t)=a^2A''(x)B(t)$, 其中 “′” 表示函数对于其变量的导数. 从而有

$$\frac{A''(x)}{A(x)}=\frac{B'(t)}{a^2B(t)}. \tag{5.3.4}$$

由于左边是 x 的函数, 右边是 t 的函数, 因而这两个相等的比值必是常数, 记为 $-\lambda$. 故从 (5.3.4) 得

$$A''(x)+\lambda A(x)=0, \tag{5.3.5}$$

$$B'(t)+a^2\lambda B(t)=0. \tag{5.3.6}$$

由 $u(x,t)=A(x)B(t)$ 及边界条件 (5.3.3) 得

$$A(0)=A(l)=0. \tag{5.3.7}$$

否则 $B(t)\equiv 0$, 这意味着 $u(x,t)\equiv 0$.

从 5.2.2 小节的例子知, 常微分方程边值问题 (5.3.5), (5.3.7) 有非零解当且仅当

$$\lambda=\lambda_m=\left(\frac{m\pi}{l}\right)^2,\quad m\in\mathbb{N}.$$

此时, 边值问题 (5.3.5), (5.3.7) 有唯一的线性无关解, 它可以表示为

$$A(x)=A_m(x)=\sin\left(\frac{m\pi}{l}x\right),\quad m\in\mathbb{N}.$$

相应地, 线性齐次微分方程 (5.3.6) 有唯一的线性无关解, 它可以表示为

$$B(t) = B_m(t) = \exp\left(-\left(\frac{am\pi}{l}\right)^2 t\right), \quad m \in \mathbb{N}.$$

这样就得到了热传导方程 (5.3.1) 满足边界条件 (5.3.3) 的无穷多个解

$$u(x,t) = u_m(x,t) = \sin\left(\frac{m\pi}{l}x\right)\exp\left(-\left(\frac{am\pi}{l}\right)^2 t\right), \quad m \in \mathbb{N}.$$

显然, $u_m(x,t)$ 的任意有限线性组合也是 (5.3.1), (5.3.3) 的解. 进一步地, 如果级数

$$u(x,t) := \sum_{m=1}^{\infty} d_m \sin\left(\frac{m\pi}{l}x\right)\exp\left(-\left(\frac{am\pi}{l}\right)^2 t\right) \tag{5.3.8}$$

收敛, 则它也是 (5.3.1), (5.3.3) 的解. 显然, 上式中的 $u(x,t)$ 未必满足初始条件 (5.3.2).

假设 $f(x)$ 在 $(0, l)$ 上连续可微, 则由 5.2.2 小节的例 (1) 和定理 61 知, 函数 $f(x)$ 在 $[0, l]$ 上可以展成收敛的 Fourier 级数

$$f(x) = \sum_{m=1}^{\infty} c_m \sin\left(\frac{m\pi}{l}x\right),$$

其中

$$c_m = \frac{\displaystyle\int_0^l f(x)\sin\left(\frac{m\pi}{l}x\right)dx}{\displaystyle\int_0^l \sin^2\left(\frac{m\pi}{l}x\right)dx} = \frac{2}{l}\int_0^l f(x)\sin\left(\frac{m\pi}{l}x\right)dx, \quad m \in \mathbb{N}.$$

由 (5.3.8) 知,

$$u(x,0) = \sum_{m=1}^{\infty} d_m \sin\left(\frac{m\pi}{l}x\right).$$

所以, 只要

$$d_m = c_m = \frac{2}{l}\int_0^l f(x)\sin\left(\frac{m\pi}{l}x\right)dx, \quad m \in \mathbb{N},$$

就有 $u(x,0) = f(x)$. 又因为 $\exp\left(-\left(\frac{am\pi}{l}\right)^2 t\right) \in (0,1)$, $t \in (0,\infty)$, 所以级数

$$u(x,t) = \frac{2}{l}\sum_{m=1}^{\infty}\int_0^l f(x)\sin\left(\frac{m\pi}{l}x\right)dx\,\sin\left(\frac{m\pi}{l}x\right)\exp\left(-\left(\frac{am\pi}{l}\right)^2 t\right) \tag{5.3.9}$$

在 $[0, l]\times[0, \infty)$ 上收敛. 这就证明 $u(x,t)$ 是热传导方程初边值问题 (5.3.1)~(5.3.3) 的解.

综合上述证明, 可以得到如下结论.

定理 62 假设函数 $f(x)$ 在 $[0, l]$ 上连续可微, 则热传导方程初边值问题 (5.3.1)~(5.3.3) 在 $[0, l] \times [0, \infty)$ 上有由 (5.3.9) 确定的收敛的 Fourier 级数解.

注 从 (5.3.9) 得, $\lim\limits_{t\to\infty} u(x,t) = 0$. 这与物理现象吻合.

5.3.2 波动方程初边值问题的求解

波动方程是在研究实际生活中各种波 (如声波、水波和电磁波等) 的传播时导出的. 它也出现在力学的振动等研究中. 例如, 考虑两端固定的长度为 l 的弹簧振动时在 $t > 0$ 时刻 $x \in (0, l)$ 处的垂直位移 $u(x, t)$. 当不考虑空气阻力等阻尼力的影响, 且假设初始时刻弹簧垂直方向振动的速度为零. 则描述弹簧振动的规律可由如下的波动方程初边值问题刻画:

$$\frac{\partial^2 u}{\partial t^2} = c^2 \frac{\partial^2 u}{\partial x^2}, \tag{5.3.10}$$

$$u(x, 0) = f(x),\ u_t(x, 0) = 0, \quad 0 < x < l, \tag{5.3.11}$$

$$u(0, t) = u(l, t) = 0, \tag{5.3.12}$$

其中 c 是波的传播速度. 要了解任意时刻 $t > 0$ 弹簧在 x 处的位移, 就需要求解上述波动方程初边值问题.

类似于热传导方程初边值问题的求解, 我们用变量分离法求解波动方程初边值问题 (5.3.10)~(5.3.12). 令

$$u(x, t) = A(x)B(t),$$

并将其代入 (5.3.1) 得到 $A(x)B''(t) = c^2 A''(x)B(t)$, 其中 “$''$” 表示函数对于其变量的二阶导数. 从而有

$$\frac{A''(x)}{A(x)} = \frac{B''(t)}{c^2 B(t)}. \tag{5.3.13}$$

由于左边是 x 的函数, 右边是 t 的函数, 因而这两个相等的比值必是常数, 记为 $-\lambda$. 故从 (5.3.13) 得

$$A''(x) + \lambda A(x) = 0, \tag{5.3.14}$$

$$B''(t) + c^2 \lambda B(t) = 0. \tag{5.3.15}$$

由 $u(x, t) = A(x)B(t)$ 及边界条件 (5.3.12) 得

$$A(0) = A(l) = 0. \tag{5.3.16}$$

否则 $B(t) \equiv 0$. 这意味着 $u(x, t) \equiv 0$.

从 5.2.2 小节的例子知, 常微分方程边值问题 (5.3.14), (5.3.16) 有非零解当且仅当

$$\lambda = \lambda_m = \left(\frac{m\pi}{l}\right)^2, \quad m \in \mathbb{N}.$$

此时, 边值问题 (5.3.14), (5.3.16) 有唯一的线性无关解, 它可以表示为

$$A(x)=A_m(x)=\sin\left(\frac{m\pi}{l}x\right),\quad m\in\mathbb{N}.$$

相应地, 二阶线性齐次微分方程 (5.3.15) 有通解

$$B(t)=B_m(t)=a_m\cos\left(\frac{cm\pi}{l}t\right)+b_m\sin\left(\frac{cm\pi}{l}t\right),\quad m\in\mathbb{N},$$

其中 a_m, b_m 是任意常数. 这样就得到波动方程 (5.3.10) 满足边界条件 (5.3.12) 的无穷多个解

$$u(x,t)=u_m(x,t)=\sin\left(\frac{m\pi}{l}x\right)\left(a_m\cos\left(\frac{cm\pi}{l}t\right)+b_m\sin\left(\frac{cm\pi}{l}t\right)\right),\quad m\in\mathbb{N}.$$

考虑它们的无穷线性组合

$$u(x,t):=\sum_{m=1}^{\infty}\sin\left(\frac{m\pi}{l}x\right)\left(a_m\cos\left(\frac{cm\pi}{l}t\right)+b_m\sin\left(\frac{cm\pi}{l}t\right)\right),\tag{5.3.17}$$

则形式上它也是 (5.3.10), (5.3.12) 的解. 但 $u(x,t)$ 未必满足初始条件 (5.3.11).

将初始条件 (5.3.11) 代入 $u(x,t)$ 的表达式 (5.3.17) 得

$$\sum_{m=1}^{\infty}a_m\sin\left(\frac{m\pi}{l}x\right)=f(x),\quad \sum_{m=1}^{\infty}\frac{cm\pi}{l}b_m\sin\left(\frac{m\pi}{l}x\right)=0.\tag{5.3.18}$$

从而

$$b_m=0,\quad m\in\mathbb{N}.$$

假设初始条件中的函数 $f(x)$ 在 $(0,l)$ 上连续可微, 则由 5.2.2 小节的例 (1) 和定理 61 知, 函数 $f(x)$ 在 $[0,l]$ 上可以展成收敛的 Fourier 级数

$$f(x)=\sum_{m=1}^{\infty}c_m\sin\left(\frac{m\pi}{l}x\right),$$

其中

$$c_m=\frac{2}{l}\int_0^l f(x)\sin\left(\frac{m\pi}{l}x\right)dx,\quad m\in\mathbb{N}.$$

令

$$a_m=\frac{2}{l}\int_0^l f(x)\sin\left(\frac{m\pi}{l}x\right)dx,\quad m\in\mathbb{N},$$

则得到满足波动方程初边值问题 (5.3.10)~(5.3.12) 的形式 Fourier 级数解

$$u(x,t)=\frac{2}{l}\sum_{m=1}^{\infty}\int_0^l f(x)\sin\left(\frac{m\pi}{l}x\right)dx\sin\left(\frac{m\pi}{l}x\right)\cos\left(\frac{cm\pi}{l}t\right).\tag{5.3.19}$$

为了证明它确是 (5.3.10)~(5.3.12) 的解, 还需要证明级数 (5.3.19) 的收敛性.

为了证明 (5.3.19) 中 Fourier 级数的收敛性, 首先将 $f(x)$ 延拓成周期为 $2l$ 的奇函数, 即

$$F(x) = \begin{cases} f(x), & 0 < x < l, \\ -f(-x), & -l < x < 0, \end{cases} \qquad F(x+2l) = F(x),$$

则 $F(x)$ 的 Fourier 级数为

$$F(x) = \sum_{m=1}^{\infty} c_m \sin\left(\frac{m\pi}{l}x\right), \quad x \in (-\infty, \infty).$$

它在 $(-\infty, \infty)$ 上收敛, 这是因为 $f(x)$ 的 Fourier 级数在 $[0, l]$ 上收敛. 利用等式

$$\sin\left(\frac{m\pi}{l}x\right)\cos\left(\frac{cm\pi}{l}t\right) = \frac{1}{2}\left[\sin\left(\frac{m\pi}{l}(x-ct)\right) + \sin\left(\frac{m\pi}{l}(x+ct)\right)\right],$$

将 (5.3.19) 改写成

$$\begin{aligned} u(x,t) &= \frac{1}{l}\sum_{m=1}^{\infty}\int_0^l f(x)\sin\left(\frac{m\pi}{l}x\right)dx\left(\sin\left(\frac{m\pi}{l}(x-ct)\right) + \sin\left(\frac{m\pi}{l}(x+ct)\right)\right) \\ &= \frac{1}{2}\left(F(x-ct) + F(x+ct)\right). \end{aligned} \tag{5.3.20}$$

则从 $F(x)$ 的 Fourier 级数在 $(-\infty, \infty)$ 上的收敛性知, 级数 (5.3.20) 收敛. 因而由 (5.3.20) 确定的函数 $u(x,t)$ 是波动方程 (5.3.10)~(5.3.12) 的解.

综合上述证明, 可以得到如下结论.

定理 63 *假设函数 $f(x)$ 在 $[0, l]$ 上连续可微, 则波动方程初边值问题 (5.3.10)~(5.3.12) 在 $[0, l] \times [0, \infty)$ 上有由 (5.3.20) 确定的收敛的 Fourier 级数解.*

注 由表达式 (5.3.20) 确定的解的物理意义可以解释如下. 将 $y = F(x)$ 看作 (x, y) 平面的曲线, 则对于固定的 t, 函数 $F(x-ct)$ 的图像是 $F(x)$ 的图像在 x 轴方向向右平移 ct 个单位. 这样 $F(x-ct)$ 确定了一个速度为 c 的随着时间 t 增加向 x 轴正向移动的波 (简称正向波). 类似地, $F(x+ct)$ 确定了一个速度为 c 的随着时间 t 增加向 x 轴负向移动的波 (简称负向波). 从而波动方程初边值问题 (5.3.10)~(5.3.12) 的解描述了速度为 c 的正向波与负向波的叠加运动.

习 题 5

1. 证明定理 55 的 (c).
2. 对于线性非齐次周期微分方程组

$$\dot{\boldsymbol{x}}(t) = \boldsymbol{A}(t)\boldsymbol{x} + \boldsymbol{f}(t), \tag{$*$}$$

其中 $\boldsymbol{A}(t)$ 和 $\boldsymbol{f}(t)$ 分别是 $\mathbb{R}$ 上连续的 T 周期矩阵和向量函数. 假设 $\boldsymbol{\Phi}(t)$ 是 $(*)$ 对应的线性齐次微分方程组的基解矩阵, 且 $\boldsymbol{\Phi}(0)=\boldsymbol{E}$. 试证明

(a) 假设 $\boldsymbol{x}=\boldsymbol{w}(t)$ 是微分方程组 $(*)$ 的解, 则 $\boldsymbol{x}=\boldsymbol{w}(t)$ 以 T 为周期的充要条件是 $\boldsymbol{w}(0)=\boldsymbol{w}(T)$.

(b) 微分方程组 $(*)$ 存在唯一的周期为 T 的周期解的充要条件是 $\boldsymbol{\Phi}(T)$ 不以 1 作为特征值.

3. 假设 $a(t),b(t)$ 是周期为 T 的连续周期函数.

(a) 试给出下列线性齐次微分方程组:

$$\dot{x}=a(t)x,\quad \dot{y}=b(t)y$$

的基解矩阵的 Floquet 正规型, 并给出具体的变换将该微分方程组化成常系数线性齐次微分方程组.

(b) 讨论上述二维线性周期微分方程组何时有 T 周期解? 何时所有的解当 $t\to\infty$ 时都趋于零?

4. 求下列微分方程或微分方程组的特征乘数, 并以此判定这些微分方程或微分方程组是否有 T 或 $2T$ 周期解 (T 代表下列方程的最小正周期).

(4.1) $x'=(\sin^2 t)x$;

(4.2) $x'=(\sin(4t)-1)x$;

(4.3) $x'=x+y,\ y'=\dfrac{\cos t+\sin t}{2+\sin t-\cos t}y$;

(4.4) $x'=-2x,\ y'=\sin(2t)x-2y$.

5. 证明命题 56.

6. 证明命题 57 的 (b). 注意: 请不要用命题 57 的 (a) 的结论.

7. 证明推论 59 的 (d) 和 (e).

8. 求 SL 边值问题

$$\begin{aligned}&y''=-\lambda y,\\&y'(0)=0,\quad \gamma y(\pi)+y'(\pi)=0,\quad \gamma>0\end{aligned}$$

的特征值和特征函数.

9. 在 SL 边值问题 (5.2.16) 中进一步假设 $q(x)\leqslant 0$; $p(a),p(b)>0$; $\alpha\beta>0$, $\gamma\delta>0$. 则 (5.2.16) 所有的特征值都是非负的.

10. 求下列二阶微分方程:

$$y''=-\lambda y$$

分别满足边值条件

$$y(-\pi)=y(\pi),\quad y'(-\pi)=y'(\pi)$$

和

$$y(0)=y(\pi),\quad y'(0)=y'(\pi)$$

的特征值和特征函数. 注意: 该边值问题称为周期边值问题. 它不是 SL 边值问题, 对应于同一个特征值可以有多个线性无关的特征函数.

11. 求下列二阶微分方程:

$$y'' = -\lambda y$$

满足边值条件

$$y'(0) = y'(l) = 0$$

的特征值和特征函数. 并利用该结论求热传导方程初边值问题

$$\begin{aligned} &\frac{\partial u}{\partial t} = a^2 \frac{\partial^2 u}{\partial x^2}, \\ &u(x,0) = f(x), \quad 0 < x < l, \\ &u_x(0,t) = u_x(l,t) = 0 \end{aligned}$$

的解.

12. 求波动方程

$$\begin{aligned} &\frac{\partial^2 u}{\partial t^2} = c^2 \frac{\partial^2 u}{\partial x^2}, \\ &u(x,0) = 0, \quad u_t(x,0) = g(x), \quad 0 < x < l, \\ &u(0,t) = u(l,t) = 0 \end{aligned}$$

的解.

第6章　微分方程定性和稳定性理论

6.1　微分方程解的稳定性

在电子、机械、生物、物理、化学、金融乃至社会生活中的很多实际问题的运动规律都是由常微分方程或微分方程组来描述的. 一个给定的微分方程组可以有无穷多个解, 它们依赖于不同的初始条件. 但往往存在一些特定的解, 使得从其附近出发的解当时间趋于正无穷时都最终趋向于这些特定的解, 这些特定的解称为**稳态解**. 稳态解的存在性在实际问题中至关重要, 它也是微分方程稳定性理论的重要研究内容.

对于 n 维微分方程组

$$\frac{d\boldsymbol{x}}{dt} = \boldsymbol{f}(t, \boldsymbol{x}), \tag{6.1.1}$$

记 $\boldsymbol{x}_0(t)$ 是其满足初始条件 $\boldsymbol{x}(t_0) = \boldsymbol{x}_0$ 的解.

(1) 称解 $\boldsymbol{x}_0(t)$ 是**稳定的**, 如果对 $\forall \varepsilon > 0, \exists \delta > 0$ 使得当 $\|\boldsymbol{x} - \boldsymbol{x}_0\| < \delta$ 时, 微分方程 (6.1.1) 过 $(t_0, \boldsymbol{x})$ 的解 $\boldsymbol{x}(t)$ 都满足 $\|\boldsymbol{x}(t) - \boldsymbol{x}_0(t)\| < \varepsilon, t \geqslant t_0$. 这种稳定性又称为 **Lyapunov 稳定**.

(2) 称解 $\boldsymbol{x}_0(t)$ 是**渐近稳定的**, 如果它是稳定的, 且对上述的 $\delta > 0$, 如果 $\|\boldsymbol{x} - \boldsymbol{x}_0\| < \delta$ 有 $\lim\limits_{t\to\infty} \|\boldsymbol{x}(t) - \boldsymbol{x}_0(t)\| = 0$.

(3) 称解 $x_0(t)$ 是**不稳定的**, 如果它不是稳定的, 即 $\exists \varepsilon_0 > 0$ 使得对 $\forall \delta > 0$ 都存在 $\boldsymbol{x}_\delta^*$ 满足 $\|\boldsymbol{x}_\delta^* - \boldsymbol{x}_0\| < \delta$ 及对任意大的 $T_\delta^* > 0$ 都存在时间 $t_\delta^* > T_\delta^*$ 使得 $\|\boldsymbol{x}_\delta^*(t_\delta) - \boldsymbol{x}_0(t_\delta^*)\| > \varepsilon_0$.

附注

- 稳定性在几何上是指当初始值在足够小的扰动下, 从该初始值出发的正向轨道始终保持在 $\boldsymbol{x}_0(t)$ 的任意给定的管状邻域中. 不稳定性在几何上是指在初始值的任意小邻域内都至少存在一个初始值使得过该点的正向轨道最终跑出 $\boldsymbol{x}_0(t)$ 的某个管状邻域.
- 运用 Lyapunov 稳定性研究特定轨道的稳定性时, 通常是经过变换将其转化为新方程的平衡点来研究.
- 渐近稳定性定义中稳定的假设不能去掉. 例如单位圆周 $S^1 = \{z = e^{2\pi\sqrt{-1}\theta},\ \theta \in [0, 1)\}$ 上的微分方程

$$\dot{\theta} = \sin^2(\pi\theta)$$

有唯一的平衡点 $\theta=0$. 从 S^1 上任一点 ($\theta=0$ 除外) 出发的轨道当 $t\to\infty$ 时都沿着圆周逆时针方向趋向于平衡点 0, 从而满足渐近稳定性定义中的后半部分条件, 但平衡点 0 是不稳定的, 因为它不满足稳定性定义.

6.1.1 线性齐次微分方程组零解的稳定性

定理 64 设 $\boldsymbol{A}\in\mathcal{M}$. 对于常微分方程组

$$\dot{\boldsymbol{y}}=\boldsymbol{A}\boldsymbol{y}. \tag{6.1.2}$$

(a) 如果 $\boldsymbol{A}$ 的特征值的实部都小于零, 则微分方程组 (6.1.2) 的零解渐近稳定.

(b) 如果 $\boldsymbol{A}$ 的特征值的实部都小于或等于零, 且实部为零的特征值的代数重数等于几何重数, 则微分方程组 (6.1.2) 的零解 Lyapunov 稳定.

(c) 如果 $\boldsymbol{A}$ 有实部大于零的特征值, 或有实部为零的特征值且其代数重数大于几何重数, 则微分方程组 (6.1.2) 的零解不稳定.

证 (a) 由推论 51 得, 存在 $\rho>0$, $a>0$ 使得对 $\boldsymbol{v}\in\mathbb{R}^n$,

$$\|e^{x\boldsymbol{A}}\boldsymbol{v}\|_2\leqslant a\|\boldsymbol{v}\|_2e^{-\rho x},\quad x\in[0,\infty).$$

而微分方程组 (6.1.2) 的任一解 $\boldsymbol{y}(x)$ 都可表示成

$$\boldsymbol{y}(x)=e^{x\boldsymbol{A}}\boldsymbol{v}$$

的形式. 由此可证微分方程组 (6.1.2) 的零解渐近稳定.

(b) 设 $\boldsymbol{A}$ 的互不相同的特征值为 $\lambda_1,\cdots,\lambda_k,\lambda_{k+1},\cdots,\lambda_s$, 它们的代数重数为 $n_i,i=1,\cdots,s$; 且

$$\mathrm{Re}\lambda_i<0,i=1,\cdots,k;\quad \mathrm{Re}\lambda_i=0,i=k+1,\cdots,s.$$

因为 $\lambda_i,i=k+1,\cdots,s$ 的代数重数等于其几何重数, 所以其对应的线性无关的特征向量有 n_i 个.

由定理 50 及其第 1 条附注得, 微分方程组 (6.1.2) 有基解矩阵

$$\boldsymbol{\Phi}(x)=\left(e^{\lambda_1x}\boldsymbol{P}_1^{(1)}(x),\cdots,e^{\lambda_1x}\boldsymbol{P}_{n_1}^{(1)}(x),\cdots,e^{\lambda_sx}\boldsymbol{P}_1^{(s)}(x),\cdots,e^{\lambda_sx}\boldsymbol{P}_{n_s}^{(s)}(x)\right),$$

其中

(1) $\boldsymbol{P}_i^{(j)}(x),j=1,\cdots,k,i=1,\cdots,n_j$ 是次数不超过 n_j-1 的向量值多项式,

(2) $\boldsymbol{P}_i^{(j)}(x),j=k+1,\cdots,s,i=1,\cdots,n_j$ 是常数向量 (对应于 λ_j 的特征向量).

记

$$\boldsymbol{\Psi}_1(x)=\left(e^{\lambda_1x}\boldsymbol{P}_1^{(1)}(x),\cdots,e^{\lambda_1x}\boldsymbol{P}_{n_1}^{(1)}(x),\cdots,e^{\lambda_kx}\boldsymbol{P}_1^{(k)}(x),\cdots,e^{\lambda_kx}\boldsymbol{P}_{n_k}^{(k)}(x)\right),$$

$$\boldsymbol{\Psi}_2(x)=\left(e^{\lambda_{k+1}x}\boldsymbol{P}_1^{(k+1)},\cdots,e^{\lambda_{k+1}x}\boldsymbol{P}_{n_{k+1}}^{(k+1)},\cdots,e^{\lambda_sx}\boldsymbol{P}_1^{(s)},\cdots,e^{\lambda_sx}\boldsymbol{P}_{n_s}^{(s)}\right),$$

由推论 51 及其证明得, 存在 $\rho > 0$, $a > 0$ 使得对 $\forall \boldsymbol{v}_1 \in \mathbb{R}^{n_1+\cdots+n_k}$,

$$\|\boldsymbol{\Psi}_1(x)\boldsymbol{v}_1\|_2 \leqslant a\|\boldsymbol{v}_1\|_2 e^{-\rho x}, \quad x \in [0, \infty).$$

又因为 $|e^{\lambda_i x}| = 1$ $(i = k+1, \cdots, s)$, $\boldsymbol{P}_j^{(i)}$ $(i = k+1, \cdots, s, j = 1, \cdots, n_i)$ 是确定的常数向量, 所以存在 $b > 0$ 使得对 $\forall \boldsymbol{v}_2 \in \mathbb{R}^{n_{k+1}+\cdots+n_s}$,

$$\|\boldsymbol{\Psi}_2(x)\boldsymbol{v}_2\|_2 \leqslant b\|\boldsymbol{v}_2\|_2, \quad x \in [0, \infty).$$

而微分方程组 (6.1.2) 的通解可以表示成

$$\boldsymbol{y}(x) = \boldsymbol{\Phi}(x)\boldsymbol{v} = \boldsymbol{\Psi}_1(x)\boldsymbol{v}_1 + \boldsymbol{\Psi}_2(x)\boldsymbol{v}_2,$$

其中 $\boldsymbol{v} = \begin{pmatrix} \boldsymbol{v}_1 \\ \boldsymbol{v}_2 \end{pmatrix}$ 是任意常数向量. 所以

$$\|\boldsymbol{y}(x)\|_2 = \|\boldsymbol{\Phi}(x)\boldsymbol{v}\|_2 \leqslant a\|\boldsymbol{v}_1\|_2 e^{-\rho x} + b\|\boldsymbol{v}_2\|_2 \leqslant (a+b)\|\boldsymbol{v}\|_2, \quad x \in [0, \infty).$$

由此可证微分方程组 (6.1.2) 的零解是 Lyaponov 稳定的.

(c) 如果 $\boldsymbol{A}$ 有实部大于零的特征值, 记为 $\lambda_0 = \alpha_0 + \sqrt{-1}\beta_0$, $\alpha_0 > 0$. 由定理 50 得, 微分方程组 (6.1.2) 有形如

$$\boldsymbol{y}(x) = \boldsymbol{P}(x)e^{\lambda_0 x}$$

的解, 其中 $\boldsymbol{P}(x)$ 是一个次数不超过 $n-1$ 的向量值多项式. 因为 $\alpha_0 > 0$, 所以

$$\lim_{x\to\infty} \|\boldsymbol{y}(x)\|_2 = \lim_{x\to\infty} \|\boldsymbol{P}(x)e^{\lambda_0 x}\|_2 = \lim_{x\to\infty} \|\boldsymbol{P}(x)\|_2 e^{\alpha_0 x} = \infty.$$

这就证明了微分方程组 (6.1.2) 的零解不稳定

如果 $\boldsymbol{A}$ 有实部为零的特征值, 记为 $\lambda_0 = \sqrt{-1}\beta_0$, 且其代数重数大于几何重数. 由定理 50 得, 微分方程组 (6.1.2) 有形如

$$\boldsymbol{y}(x) = \boldsymbol{P}(x)e^{\lambda_0 x}$$

的解, 其中 $\boldsymbol{P}(x)$ 是一个次数不为零的多项式. 所以有

$$\lim_{x\to\infty} \|\boldsymbol{y}(x)\|_2 = \lim_{x\to\infty} \|\boldsymbol{P}(x)\|_2 = \infty.$$

因此微分方程组 (6.1.2) 的零解不稳定. 证毕. □

注　定理 64 (a) 的条件可以用下列线性代数的结论判定.

定理 65(Routh–Hurwit 定理) 实系数代数方程

$$a_n\rho^n + a_{n-1}\rho^{n-1} + \cdots + a_1\rho + a_0 = 0, \quad a_n > 0$$

的所有根都具有负实部的充要条件是

$$\Delta_j > 0, \quad \text{对所有的} \ j \in \{1, \cdots, n\},$$

其中

$$\Delta_1 = a_{n-1}, \quad \Delta_2 = \begin{vmatrix} a_{n-1} & a_{n-3} \\ a_n & a_{n-2} \end{vmatrix}, \quad \Delta_3 = \begin{vmatrix} a_{n-1} & a_{n-3} & a_{n-5} \\ a_n & a_{n-2} & a_{n-4} \\ 0 & a_{n-1} & a_{n-3} \end{vmatrix},$$

$$\cdots, \quad \Delta_n = \begin{vmatrix} a_{n-1} & a_{n-3} & a_{n-5} & a_{n-7} & \cdots & 0 \\ a_n & a_{n-2} & a_{n-4} & a_{n-6} & \cdots & 0 \\ 0 & a_{n-1} & a_{n-3} & a_{n-5} & \cdots & 0 \\ 0 & a_n & a_{n-2} & a_{n-4} & \cdots & 0 \\ 0 & 0 & a_{n-1} & a_{n-3} & \cdots & 0 \\ \vdots & \vdots & \vdots & \vdots & & \vdots \\ 0 & 0 & \cdots & \cdots & \cdots & a_0 \end{vmatrix}.$$

定理 64 应用到线性周期微分方程组有下列结论.

推论 66 对于周期微分方程组

$$\dot{\boldsymbol{y}} = \boldsymbol{A}(x)\boldsymbol{y}, \tag{6.1.3}$$

其中 $\boldsymbol{A}(x)$ 是 $\mathbb{R}$ 上连续的 T 周期的 n 阶矩阵函数.

(a) 如果微分方程组 (6.1.3) 的特征乘数的模都小于 1 (或 Floquet 指数的实部都小于零), 则其零解渐近稳定.

(b) 如果微分方程组 (6.1.3) 的特征乘数的模都小于或等于 1, 且模为 1 的特征乘数的代数重数等于几何重数, 则其零解是 Lyapunov 稳定的.

(c) 如果微分方程组 (6.1.3) 至少有一个特征乘数的模大于 1, 则其零解不稳定.

证 其证明可以由定理 54 (Floquet 定理) 和定理 64 得到. 详细的证明作为练习请读者完成. 证毕. □

例 设 $q(t)$ 是 $\mathbb{R}$ 上周期为 T 的周期函数. 判定 Hill 方程

$$x''(t) + q(t)x = 0,$$

周期解的存在性和零解的稳定性.

解 令 $x'=y$. Hill 方程转化为

$$\begin{pmatrix} x' \\ y' \end{pmatrix} = \begin{pmatrix} 0 & 1 \\ -q(t) & 0 \end{pmatrix} \begin{pmatrix} x \\ y \end{pmatrix}.$$

这是周期为 T 的周期系数线性微分方程. 假设 λ_1, λ_2 是它的两个特征乘数, 则由命题 56 得

$$\lambda_1 \lambda_2 = 1,$$

令

$$\rho := \frac{\lambda_1 + \lambda_2}{2},$$

则

$$\lambda_1 = \rho + \sqrt{\rho^2 - 1}, \quad \lambda_2 = \rho - \sqrt{\rho^2 - 1} = \lambda_1^{-1}.$$

下面分 ρ 的不同取值讨论 Hill 方程的解的性质.

(1) $\rho > 1$, 则有

$$\lambda_1 > 1 > \lambda_2 > 0.$$

由推论 66 (c) 得, Hill 方程的零解不稳定. 进一步地, Hill 方程有通解

$$x(t) = c_1 e^{\mu t} p_1(t) + c_2 e^{-\mu t} p_2(t),$$

其中 $\mu = (\ln \lambda_1)/T > 0$, $p_1(t), p_2(t)$ 是连续的 T 周期函数. 事实上, 设 $\boldsymbol{\Phi}(t)$ 是 Hill 方程对应的微分方程组的基解矩阵. 令

$$\boldsymbol{C} := \boldsymbol{\Phi}^{-1}(0)\boldsymbol{\Phi}(T), \quad \boldsymbol{B} = \frac{1}{T} \ln \boldsymbol{C},$$

则由 Floquet 定理得

$$\boldsymbol{\Phi}(t) = \boldsymbol{Q}(t) e^{t\boldsymbol{B}},$$

其中 $\boldsymbol{Q}(t)$ 是 T 周期函数. 因存在非奇异矩阵 $\boldsymbol{P}$ 使得

$$\boldsymbol{B} = \boldsymbol{P} \mathrm{diag}(\mu, -\mu) \boldsymbol{P}^{-1},$$

所以

$$\boldsymbol{\Phi}(t) = \boldsymbol{Q}(t) \boldsymbol{P} \mathrm{diag}(e^{\mu t}, e^{-\mu t}) \boldsymbol{P}^{-1}.$$

利用该式即可得到通解的表达式.

(2) $\rho = 1$. 则有 $\lambda_1 = \lambda_2 = 1$. 从定理 55 (c) 得, Hill 方程有一个非平凡的 T 周期解.

如果 $\boldsymbol{C}$ 的 Jordan 标准型是单位矩阵, 则由 (1) 的证明得

$$\boldsymbol{\Phi}(t)=\boldsymbol{Q}(t).$$

因而每一个非平凡解都是 T 周期解, 从而零解稳定, 但不是渐近稳定的.

如果 $\boldsymbol{C}$ 的 Jordan 标准型不是单位矩阵, 则存在非奇异矩阵 $\boldsymbol{P}$ 使得

$$\boldsymbol{P}\boldsymbol{C}\boldsymbol{P}^{-1}=\boldsymbol{E}+\boldsymbol{N}=e^{\boldsymbol{N}},$$

其中 $\boldsymbol{N}$ 是二阶幂零矩阵. 令

$$\boldsymbol{B}:=\boldsymbol{P}^{-1}\left(\frac{1}{T}\boldsymbol{N}\right)\boldsymbol{P},$$

则有 $\boldsymbol{C}=e^{T\boldsymbol{B}}$, 且 $\boldsymbol{\Phi}(t)=\boldsymbol{Q}(t)e^{t\boldsymbol{B}}$, 其中 $\boldsymbol{Q}(t)$ 是 T 周期矩阵函数. 又因矩阵指数函数

$$e^{t\boldsymbol{B}}=\boldsymbol{P}^{-1}e^{\frac{t}{T}\boldsymbol{N}}\boldsymbol{P}=\boldsymbol{P}^{-1}\left(\boldsymbol{E}+\frac{t}{T}\boldsymbol{N}\right)\boldsymbol{P},$$

当 $t\to\infty$ 时无界, 所以零解是不稳定的.

(3) $|\rho|<1$. 则有 $\lambda_2=\overline{\lambda_1}$. 因 $|\lambda_1|=|\lambda_2|=1$, 所以 λ_2 的对数是纯虚数. 因此类似于 (1) 中的证明得, Hill 方程的通解为

$$x(t)=c_1e^{\nu\sqrt{-1}t}p_1(t)+c_2e^{-\nu\sqrt{-1}t}p_2(t),$$

其中 $\nu>0$, $p_1(t),p_2(t)$ 是连续的 T 周期函数. 由该通解的表达式容易证明, Hill 方程的零解稳定但不是渐近稳定的.

注意, 此时 $|\lambda_{1,2}|=1$, 推论 66 无法判定零解的稳定性.

(4) $\rho=-1$. 则有 $\lambda_1=\lambda_2=-1$. 从定理 55 (b) 得, Hill 方程有一个非平凡的 $2T$ 周期解. 此时 Hill 方程有基解矩阵 $\boldsymbol{Q}(t)e^{t\boldsymbol{B}}$, 其中 $\boldsymbol{Q}(t)$ 是 $2T$ 周期矩阵函数, $\boldsymbol{B}=(\log\boldsymbol{C}^2)/(2T)$. 类似于 (2) 的证明得, 当 $\boldsymbol{C}^2$ 的 Jordan 标准型是 (不是) 单位矩阵时, Hill 方程的零解是稳定的 (不稳定的).

(5) $\rho<-1$. 则有

$$\lambda_2<-1<\lambda_1<0.$$

由推论 66 (c) 得, Hill 方程的零解不稳定. 此时 Hill 方程的通解为

$$x(t)=c_1e^{\mu t}p_1(t)+c_2e^{-\mu t}p_2(t),$$

其中 $\mu=(\ln\lambda_2^2)/(2T)>0$, $p_1(t),p_2(t)$ 是连续的 $2T$ 周期函数.

附注 Hill 微分方程是美国天文学家和数学家 George William Hill(1838—1914) 于 1886 年给出的, 它是人们理解周期微分方程的重要例子. 该方程的重要应用之一是月亮运动稳定性的研究. 关于 Hill 方程的更深入的结果, 有兴趣的读者可参见文献 [12, 50].

6.1.2 由线性近似确定的非线性微分方程组零解的稳定性

非线性微分方程组解的稳定性判定问题非常困难. 本节考虑如何通过线性微分方程组解的稳定性来确定非线性微分方程组解的稳定性.

定理 67 对于非线性微分方程组

$$\dot{\boldsymbol{y}} = \boldsymbol{A}\boldsymbol{y} + \boldsymbol{f}(x, \boldsymbol{y}), \tag{6.1.4}$$

其中 $\boldsymbol{A}$ 是 n 阶方阵. 假设 $\boldsymbol{f}(x,\boldsymbol{y}) = O(\|\boldsymbol{y}\|^2)$, $\|\boldsymbol{y}\| \ll 1$, 在某区域 $G = [0,\infty) \times \{\boldsymbol{y}; \|\boldsymbol{y}\| < K\}$ 上连续且关于 $\boldsymbol{y}$ 满足局部 Lipschitz 条件.

(a) 如果 $\boldsymbol{A}$ 的特征值的实部都小于零, 则非线性微分方程组 (6.1.4) 的零解渐近稳定.

(b) 如果 $\boldsymbol{A}$ 有正实部的特征值, 则非线性微分方程组 (6.1.4) 的零解不稳定.

本书将不给出该定理的证明. 有兴趣的读者可以参见文献 [69].

附注 如果 $\boldsymbol{A}$ 既有实部为零又有实部小于零的特征值或特征值的实部都为零, 则非线性微分方程组 (6.1.4) 零解的稳定性依赖于非线性项 $\boldsymbol{f}(x,\boldsymbol{y})$ 的取值. 例如,

(1) 二阶微分方程组

$$\begin{aligned} \dot{x} &= -y + \alpha x(x^2+y^2)(x^2+y^2-1), \\ \dot{y} &= x + \alpha y(x^2+y^2)(x^2+y^2-1), \end{aligned} \tag{6.1.5}$$

当 $\alpha = 0$ 时, 相应的线性微分方程组的系数矩阵的特征值是一对纯虚数, 坐标原点是相应的线性微分方程组的中心. 因而 (6.1.5) 的零解是稳定的, 但非渐近稳定. 当 $\alpha \neq 0$ 时, 通过极坐标变换 $x = r\cos\theta$, $y = r\sin\theta$, 微分方程组 (6.1.5) 转化为

$$\dot{r} = \alpha r^3(r^2-1), \quad \dot{\theta} = 1.$$

由此方程容易得到:

- 当 $\alpha > 0$ 时, 从单位圆周内部出发的轨线当 $t \to \infty$ 时都逆时针方向盘旋逼近坐标原点, 因而微分方程组 (6.1.5) 的零解是渐近稳定的.
- 当 $\alpha < 0$ 时, 从单位圆周内部 (坐标原点除外) 出发的轨线当 $t \to \infty$ 时都逆时针方向盘旋逼近单位圆周, 因而微分方程组 (6.1.5) 的零解是不稳定的.

注 利用微分方程组 (6.1.5) 的极坐标表示还可以得到, 单位圆周 $\Gamma := \{(x,y); x^2+y^2=1\}$ 是微分方程组 (6.1.5) 的周期解, 其稳定性由 α 的符号确定. 当 $\alpha < 0$ (>0) 时, Γ 是渐近稳定 (不稳定) 的.

(2) 二阶微分方程组

$$\begin{aligned} \dot{x} &= -y - \alpha y(x^2+y^2)(x^2+y^2-1), \\ \dot{y} &= x + \alpha x(x^2+y^2)(x^2+y^2-1) \end{aligned} \tag{6.1.6}$$

在极坐标变换 $x = r\cos\theta, y = r\sin\theta$ 下转化为

$$\dot{r} = 0, \quad \dot{\theta} = 1 + \alpha r^2(r^2 - 1).$$

因此对 α 的任意值, 微分方程组 (6.1.6) 的坐标原点都是中心, 故零解稳定但不是渐近稳定的.

(3) 二阶微分方程组

$$\dot{x} = -x, \quad \dot{y} = \alpha y^3$$

的零解当 $\alpha > 0$ 时不稳定; 当 $\alpha = 0$ 时稳定但非渐近稳定; 当 $\alpha < 0$ 时渐近稳定.

(4) 二阶微分方程组

$$\dot{x} = -x, \quad \dot{y} = \alpha y^2$$

的零解当 $\alpha \neq 0$ 时不稳定; 当 $\alpha = 0$ 时稳定但非渐近稳定.

类似地可以举出当线性微分方程组的系数矩阵具有零特征值时, 加上高阶项后得到的非线性微分方程组的零解具有各种可能的稳定性. 请读者自己给出这样的例子. 上述例子说明一个非线性微分方程组的零解的线性部分具有零实部的特征值时, 零解的稳定性判定问题是十分困难的.

6.1.3 判定稳定性的 Lyapunov 第二方法

考虑自治微分方程组

$$\frac{d\boldsymbol{x}}{dt} = \boldsymbol{f}(\boldsymbol{x}), \quad \boldsymbol{x} \in \mathbb{R}^n. \tag{6.1.7}$$

假设纯量函数 $V(\boldsymbol{x}), \|\boldsymbol{x}\| \leqslant M$, 连续可微.

(1) 函数 $V(\boldsymbol{x})$ **关于微分方程组** (6.1.7) **的全导数**定义为

$$\left.\frac{dV}{dt}\right|_{(6.1.7)} = \left.\frac{\partial V}{\partial x_1}\dot{x}_1 + \cdots + \frac{\partial V}{\partial x_n}\dot{x}_n\right|_{(6.1.7)} = \frac{\partial V}{\partial x_1}f_1(\boldsymbol{x}) + \cdots + \frac{\partial V}{\partial x_n}f_n(\boldsymbol{x}).$$

(2) 函数 $V(\boldsymbol{x})$ 称为**定正** (**定负**) 的, 如果

$$V(\mathbf{0}) = 0, \quad V(\boldsymbol{x}) > 0\,(V(\boldsymbol{x}) < 0), \quad \boldsymbol{x} \neq \mathbf{0}.$$

(3) 函数 $V(\boldsymbol{x})$ 称为**常正** (**常负**) 的, 如果

$$V(\mathbf{0}) = 0, \quad V(\boldsymbol{x}) \geqslant 0\,(V(\boldsymbol{x}) \leqslant 0), \quad \boldsymbol{x} \neq \mathbf{0}.$$

(4) 上述定义中的函数 $V(\boldsymbol{x})$ 统称为 **Lyapunov 函数**.

例 函数

$$V(x_1, x_2) = x_1^4 + x_2^2,$$

在 $\mathbb{R}^2$ 中是定正的, 而在 $\mathbb{R}^3$ 中是常正的但非定正. 它关于微分方程组

$$\dot{x}_1 = -x_2, \quad \dot{x}_2 = x_1 \tag{6.1.8}$$

的全导数为

$$\left.\frac{dV}{dt}\right|_{(6.1.8)} = 4x_1^3(-x_2) + 2x_2x_1 = 2x_1x_2(1-2x_1^2).$$

定理 68 (Lyapunov 稳定性判别法) 设 $\boldsymbol{x} = \boldsymbol{0}$ 是微分方程组 (6.1.7) 的解. 函数 $V(\boldsymbol{x})$ 在 $\|\boldsymbol{x}\| \leqslant M$ 上连续可微.

(a) 如果 $V(\boldsymbol{x})$ 是定正的, 且 $\left.\dfrac{dV}{dt}\right|_{(6.1.7)}$ 是常负的, 则微分方程组 (6.1.7) 的零解是稳定的.

(b) 如果 $V(\boldsymbol{x})$ 是定正的, 且 $\left.\dfrac{dV}{dt}\right|_{(6.1.7)}$ 是定负的, 则微分方程组 (6.1.7) 的零解是渐近稳定的.

(c) 如果 $V(\boldsymbol{x})$ 是定正的, 且 $\left.\dfrac{dV}{dt}\right|_{(6.1.7)}$ 是定正的, 则微分方程组 (6.1.7) 的零解是不稳定的.

证 (a) 对 $\forall \varepsilon > 0$ (不妨设 $\varepsilon < M$), 令

$$m := \min_{\varepsilon \leqslant \|\boldsymbol{x}\| \leqslant M} V(\boldsymbol{x}).$$

因 V 连续, 且当 $\|\boldsymbol{x}\| > 0$ 时 $V(\boldsymbol{x}) \neq 0$, 所以 $0 < m < \infty$. 又因为 $V(\boldsymbol{0}) = 0$, 所以存在 $\delta > 0$ 使得

$$V(\boldsymbol{x}) < m, \quad \|\boldsymbol{x}\| < \delta.$$

下证对任意的 $\|\boldsymbol{x}\| < \delta$, 微分方程组 (6.1.7) 在某时刻 t_0 从 $\boldsymbol{x}$ 出发的解 $\boldsymbol{x}(t)$ 当 $t > t_0$ 时都有 $\|\boldsymbol{x}(t)\| < \varepsilon$.

若不然, 存在 $t^* > t_0$ 使得 $\|\boldsymbol{x}(t^*)\| = \varepsilon$, $\|\boldsymbol{x}(t)\| < \varepsilon$, $t \in [t_0, t^*)$. 由定理 (a) 的假设得

$$V(\boldsymbol{x}(t^*)) - V(\boldsymbol{x}(t_0)) = \int_{t_0}^{t^*} \frac{dV(\boldsymbol{x}(t))}{dt} \leqslant 0.$$

而 $\|\boldsymbol{x}(t_0)\| < \delta$, 所以

$$V(\boldsymbol{x}(t^*)) \leqslant V(\boldsymbol{x}(t_0)) < m.$$

这与 $V(\boldsymbol{x}(t^*))$ 的定义矛盾. 这个矛盾说明只要 $\|\boldsymbol{x}\| < \delta$, 就有 $\|\boldsymbol{x}(t)\| < \varepsilon$, $t > t_0$. 因而微分方程组 (6.1.7) 的零解稳定.

(b) 从 (a) 得, 微分方程组 (6.1.7) 的零解是稳定的. 对于 (a) 的证明中给定的 δ. 对 $\forall \boldsymbol{x}$ 满足 $\|\boldsymbol{x}\| < \delta$, 由于

$$\frac{dV(\boldsymbol{x}(t))}{dt} \leqslant 0, \quad V(\boldsymbol{x}(t)) \geqslant 0,$$

所以极限 $\lim\limits_{t\to\infty} V(\boldsymbol{x}(t))$ 存在, 记其为 l.

下证 $l = 0$. 若不然, $l > 0$. 因为

$$V(\boldsymbol{x}(t)) \geqslant l, \quad t \in [t_0, \infty),$$

且 $V(\boldsymbol{0}) = 0$, 所以 $\exists \rho > 0$ 使得

$$\|\boldsymbol{x}(t)\| \geqslant \rho, \quad t \in [t_0, \infty)$$

因而

$$\frac{dV(\boldsymbol{x}(t))}{dt} < 0, \quad t \in [t_0, \infty).$$

令

$$r := \max_{\rho \leqslant \|\boldsymbol{x}\| \leqslant M} \left.\frac{dV(\boldsymbol{x})}{dt}\right|_{(6.1.7)},$$

则有 $-\infty < r < 0$. 所以

$$V(\boldsymbol{x}(t)) - V(\boldsymbol{x}(t_0)) = \int_{t_0}^{t} \frac{dV(\boldsymbol{x}(s))}{ds} ds \leqslant r(t - t_0), \quad t \in [t_0, \infty).$$

当 $t \to \infty$ 时, 左边为有限值, 而右边趋于负无穷. 这个矛盾说明 $l = 0$.

最后证 $\lim\limits_{t\to\infty} \|\boldsymbol{x}(t)\| = 0$. 若不然, 因为 $\{\boldsymbol{x}(t); t \in [t_0, \infty)\}$ 有界, 所以存在单调递增点列 $\{t_n\}$ 满足 $\lim\limits_{n\to\infty} t_n = \infty$ 使得

$$\lim_{n\to\infty} \boldsymbol{x}(t_n) = \boldsymbol{x}^* \neq \boldsymbol{0}.$$

但由 $V(\boldsymbol{x})$ 和解 $\boldsymbol{x}(t)$ 的连续性得

$$0 = \lim_{n\to\infty} V(\boldsymbol{x}(t_n)) = V(\boldsymbol{x}^*) \neq 0.$$

这个矛盾说明 $\lim\limits_{t\to\infty} \|\boldsymbol{x}(t)\| = 0$. 从而微分方程组 (6.1.7) 的零解渐近稳定.

(c) 反证. 如果零解稳定, 则对 $\forall \varepsilon > 0, \exists \delta > 0$ 使得当 $0 < \|\boldsymbol{x}\| < \delta$ 时, 满足初始条件 $\boldsymbol{x}(t_0) = \boldsymbol{x}$ 的解有

$$\|\boldsymbol{x}(t)\| < \varepsilon, \quad t \in [t_0, \infty).$$

因

$$\left.\frac{dV(\boldsymbol{x})}{dt}\right|_{(6.1.7)} > 0, \quad \boldsymbol{x} \neq \boldsymbol{0},$$

所以

$$V(\boldsymbol{x}(t)) \geqslant V(\boldsymbol{x}(t_0)) = V(\boldsymbol{x}) > 0.$$

从而 $\exists \sigma > 0$ 使得 $\sigma < \varepsilon$, 且

$$\|\boldsymbol{x}(t)\| \geqslant \sigma, \quad t \in [t_0, \infty).$$

令

$$\varrho := \min_{\sigma \leqslant \|\boldsymbol{x}\| \leqslant \varepsilon} \left.\frac{dV(\boldsymbol{x})}{dt}\right|_{(6.1.7)},$$

则 $0 < \varrho < \infty$. 从而有

$$V(\boldsymbol{x}(t)) - V(\boldsymbol{x}(t_0)) = \int_{t_0}^{t} \frac{dV(\boldsymbol{x}(s))}{ds} ds \geqslant \varrho(t - t_0).$$

因 $\sigma \leqslant \|\boldsymbol{x}(t)\| < \varepsilon$ 且 V 连续, 所以当 $t \to \infty$ 时, 左边有限, 而右边趋向正无穷. 这个矛盾说明微分方程组 (6.1.7) 的零解不稳定.

定理证毕. □

附注

- 定理 68 中判定零解稳定性的方法称为 **Lyapunov 第二方法**. 它是俄罗斯数学家 Aleksandr Lyapunov (1857—1918) 于 1892 年在其博士论文中提出的 (见 [49]), 该方法在动力系统稳定性的研究方面起着重要的作用. 除了定理 68 的判别方法外, 还有一些其他的推广. 本书不一一罗列.
- 相对于第二方法, Lyapunov 第一方法用级数判定稳定性, 由于用起来不方便, 现在很少提起. 但与 Lyapunov 第一方法相关的 Lyapunov 指数在现代动力系统的混沌研究方面起着极其重要的作用.

例

(1) 微分方程组

$$\dot{x} = x^3 - 2y^3, \quad \dot{y} = xy^2 + x^2y + \frac{1}{2}y^3$$

的零解不稳定, 可以通过取 Lyapunov 函数 $V = x^2 + 2y^2$ 证得.

(2) 微分方程组

$$\dot{x} = y - x^3, \quad \dot{y} = -2(x^3 + y^5)$$

的零解渐近稳定, 可以通过取 Lyapunov 函数 $V = x^4 + y^2$ 证得.

(3) 微分方程组

$$\dot{x} = y + 2y^3, \quad \dot{y} = -x - 2x^3$$

的零解稳定, 可以通过取 Lyapunov 函数 $V = x^2 + x^4 + y^2 + y^4$ 证得.

(4) 微分方程组

$$\dot{x} = 2x^2y + y^3, \quad \dot{y} = -xy^2 + 2x^5 \tag{6.1.9}$$

的零解不稳定. 事实上, 取函数 $V = xy$, 则

$$\left.\frac{dV}{dt}\right|_{(6.1.9)} = x^2y^2 + y^4 + 2x^6 \tag{6.1.10}$$

在零解的邻域内定正. 由于在 y 的正半轴上 $\dot{x} > 0$, 在 x 的正半轴上 $\dot{y} > 0$, 所以从第一象限出发的轨道随着时间的增加将始终保持在第一象限. 又从 (6.1.10) 知, 沿着从第一象限中任一点出发的轨道随着时间的增加 $V = xy$ 的值严格增加, 这说明从第一象限出发的轨道随着时间的增加都将逐渐远离零解. 从而零解是不稳定的.

附注 具体应用 Lyapunov 第二方法的关键是要构造合适的 Lyapunov 函数, 但没有一般的理论构造 Lyapunov 函数. 对于具体问题, 在构造 Lyapunov 函数时尽量使得其沿着方程的全导数中不含各个变量的奇次项, 即使得 Lyapunov 函数沿着微分方程组的全导数常正或常负.

6.2 平面自治微分系统极限环理论的基础

为了简单起见, 考虑平面自治微分系统

$$\dot{x} = P(x, y), \qquad \dot{y} = Q(x, y), \tag{6.2.1}$$

其中 P, Q 在某平面区域 Ω 中连续可微. 当 P, Q 是线性函数时, 微分系统 (6.2.1) 的解和轨线的性态在第 4 章中已完全解决.

当 P, Q 是次数大于或等于 2 的多项式时, 微分系统 (6.2.1) 的动力学问题没有解决. 因而当 P, Q 是一般的光滑函数或解析函数时, 微分系统 (6.2.1) 的动力学研究更加困难. 一般来说, 对微分系统 (6.2.1) 用初等积分法求解是不可能的. 19 世纪末法国数学家 Henry Poincaré (1854—1912) 创立了微分方程定性理论, 为微分方程动力学的研究打开了一扇崭新的大门. 长期以来微分方程周期解的研究是平面定性理论的核心课题之一, 参见文献 [4, 14, 23, 24, 30, 35, 40, 46, 48, 54, 61, 64, 75, 76, 78, 80, 81].

假设 P, Q 在区域 $\Omega \subset \mathbb{R}^2$ 中连续可微, 且微分系统 (6.2.1) 在位于 Ω 中有周期轨道 Γ.

(1) 称 Γ 为该系统的**极限环**, 如果在 Γ 的任意小邻域的外侧和内侧都有非闭轨道.

(2) 称 Γ 为该系统的**稳定极限环**, 如果从 Γ 的某小邻域内任一点出发的轨道都正向盘旋逼近到 Γ. 见图 6.1(a).

(3) 称 Γ 为该系统的**不稳定极限环**, 如果从 Γ 的某小邻域内任一点出发的轨道都负向盘旋逼近到 Γ. 见图 6.1(b).

(4) 称 Γ 为该系统的**半稳定极限环**, 如果从 Γ 的某邻域的一侧出发的轨道都正向盘旋逼近到 Γ, 而从另一侧出发的轨道都负向盘旋逼近到 Γ. 见图 6.1(c).

(5) 称 Γ 为该系统的**周期环**, 如果 Γ 的某邻域中充满了周期轨道. 见图 6.1(d).

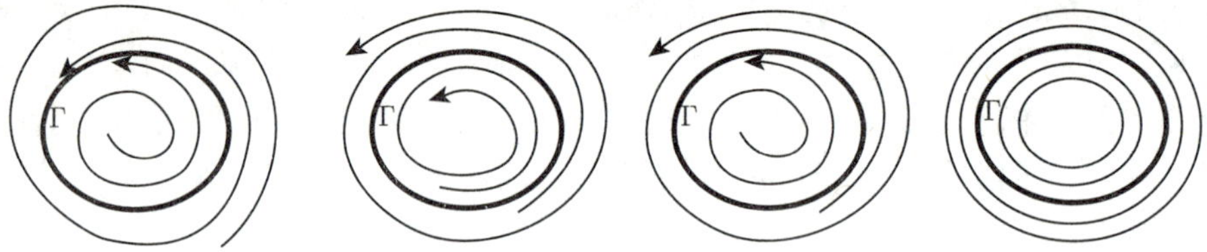

(a) 稳定极限环　(b) 不稳定极限环　(c) 半稳定极限环　(d) 周期环

图 6.1　稳定、不稳定和半稳定极限环以及周期环的示意图

例　平面极坐标下微分方程组

$$\dot{r} = r(r-1)(r-2)^2(r-3), \quad \dot{\theta} = 1$$

的周期轨道 $r = 1$ 是稳定的极限环, $r = 2$ 是半稳定极限环, $r = 3$ 是不稳定的极限环.

附注

- 当微分系统 (6.2.1) 非解析时, 存在光滑微分系统的例子：它的某周期轨道的任意小邻域内都既有周期轨道又有非周期轨道. 有兴趣的读者可参见叶彦谦的专著 [75, p.44 例 2].
- 当微分系统 (6.2.1) 解析时, 利用解析函数零点的性质可以证明它的任一周期轨道或者有一个邻域充满了周期轨道, 或者有一个邻域其中没有其他的周期轨道. 后者称为**孤立的周期轨道**. 因此对于解析微分系统, 极限环又定义为孤立的周期轨道.

附注　关于平面实多项式微分系统的 Hilbert 第 16 问题.

- 1900 年在巴黎举行的第二届国际数学家大会上, 德国数学家 David Hilbert (1862—1943) 提出了 23 个数学问题. 其中第 16 问题的后半部分问：当微分系统 (6.2.1) 是实 n 次多项式微分系统 (即 P, Q 是关于 x, y 的实系数多项式,

且 $\max\{\deg P, \deg Q\}=n$) 时, 它的极限环的最大个数和分布如何? 参见文献 [32, 66].

- 100 多年过去了, 尽管得到一些重要的结果, 但离该问题的解决还很遥远. 例如,
  - 在 1990 年前后法国数学家 Écalle [24] 和俄罗斯数学家 Ilyashenko [35] 分别证明: 任意给定的平面 n 次多项式微分系统的极限环个数是有限的.
  - 但对所有的平面 n 次多项式微分系统极限环个数是否有一致的上界问题没有解决 (即使是平面二次多项式微分系统该问题也没有解决).

上述问题的研究结果总结在一些专著和综述报告中, 有兴趣的读者可以参见文献 [14, 23, 40, 46, 61, 64, 75, 76, 80].

下面介绍极限环的存在性和稳定性判定.

首先给出几个简单的判定极限环不存在和存在的结论.

定理 69 (Bendixson 定理) 若微分系统 (6.2.1) 的发散量

$$\operatorname{div}(P,Q)=\frac{\partial P}{\partial x}+\frac{\partial Q}{\partial y}$$

在单连通区域 Ω 中保持常号, 且不在 Ω 的任何子区域上恒等于零, 则微分系统 (6.2.1) 在 Ω 中没有闭轨线, 从而没有极限环.

证 反证. 若 Γ 是位于 Ω 中的一条闭轨线. 设 D 是 Γ 围成的区域的内部. 则由 Green 公式及定理假设得

$$0\neq\iint_D\left(\frac{\partial P}{\partial x}+\frac{\partial Q}{\partial y}\right)dxdy=\oint_\Gamma Pdy-Qdx=0.$$

这个矛盾表明微分系统 (6.2.1) 在 Ω 中没有闭轨线. 证毕. □

附注

- 从上述定理的证明得: 微分系统 (6.2.1) 在 Ω 中有闭轨线 Γ 的必要条件是

$$\iint_D\left(\frac{\partial P}{\partial x}+\frac{\partial Q}{\partial y}\right)dxdy=0.$$

从定理 69 的证明很容易得到下列结果.

推论 70 (Dulac 定理) 若在单连通区域 Ω 中存在连续可微的函数 $B(x,y)\neq 0$ 使得

$$\frac{\partial(BP)}{\partial x}+\frac{\partial(BQ)}{\partial y}$$

在 Ω 中保持常号, 且在 Ω 的任何子区域上不恒等于零, 则微分系统 (6.2.1) 在 Ω 中没有闭轨线, 从而没有极限环.

推论 70 中的函数 B 称为 **Dulac 函数**. 尽管推论 70 与定理 69 只有很小的区别, 但在极限环不存在的研究上却起了非常重要的作用. 因为很多情况下, 微分系统 (6.2.1) 本身并不满足定理 69 的条件, 却存在函数 B 使得推论 70 的条件成立, 参见文献 [75]. 但具体问题中找 B 却是困难的.

例 平面二次微分系统

$$\dot{x} = -y + lx^2 + mxy =: P_2(x, y), \quad \dot{y} = x =: Q_2(x, y), \tag{6.2.2}$$

当 $ml \neq 0$ 时没有闭轨线; 当 $ml = 0$ 时, 其原点是中心.

证 直接计算该微分系统的发散量得不到任何结果. 取 Dulac 函数

$$B(x, y) = e^{mx - 2ly - \frac{m^2}{2}y^2},$$

则有

$$\frac{\partial(BP_2)}{\partial x} + \frac{\partial(BQ_2)}{\partial y} = mlx^2 e^{mx - 2ly - \frac{m^2}{2}y^2}.$$

- 当 $ml \neq 0$ 时, 由 Dulac 定理得, 微分系统 (6.2.2) 没有闭轨线.
- 当 $ml = 0$ 时, B 是微分系统 (6.2.2) 的积分因子. 当 $l = 0$ 时系统 (6.2.2) 有解析的首次积分

  $$H_1 = e^{mx - \frac{1}{2}m^2y^2}(mx - 1).$$

  当 $m = 0$ 时系统 (6.2.2) 有解析的首次积分

  $$H_2 = e^{-2ly}(2l^2x^2 - 2ly - 1).$$

  又微分系统 (6.2.2) 在原点的线性部分的系数矩阵的特征值是一对纯虚根, 所以原点是中心.

  下面的结果给出极限环存在的一个判别准则.

定理 71 (Poincaré–Bendixson 环域定理) *设 Ω 是一环域. 若微分系统 (6.2.1) 在 Ω 中没有奇点, 且它的轨道与 Ω 的内外边界相交都正向 (或都负向) 进入 Ω 的内部, 则 Ω 中至少有一条包含内境界线在其内部区域的外稳定 (不稳定) 极限环和一条内稳定 (不稳定) 的极限环.*

注 定理 71 中的环域是指一环形区域, 它的内外两条边界都是简单闭曲线, 其中内边界线可以退化为一点. 定理 71 中的极限环可能是唯一的稳定 (不稳定) 的极限环.

为了进一步讨论极限环的存在性和稳定性, 需要研究 Poincaré 映射. 设 Γ 是微分系统 (6.2.1) 的一条周期轨道.

- 对 $\forall \boldsymbol{p} = (x, y) \in \Gamma$, 过 $\boldsymbol{p}$ 的光滑曲线段 S 称为微分系统 (6.2.1) 的**截痕**, 如果对 $\forall \boldsymbol{q} \in S$, 向量 $(P(\boldsymbol{q}), Q(\boldsymbol{q}))$ 与 S 横截相交 (即不与 S 在该点的切向量平行).

- 对 $\forall \boldsymbol{q} \in S$, 方程 (6.2.1) 过 $\boldsymbol{q}$ 的轨道记为 $\phi_t(\boldsymbol{q})$. 如果 $\boldsymbol{q}$ 与 $\boldsymbol{p}$ 的距离足够小, 则由解关于初始条件的连续依赖性, $\phi_t(\boldsymbol{q})$ 的正向轨道将回到 S 上. 记 $T(\boldsymbol{q})$ 为过 $\boldsymbol{q}$ 的正向轨道第一次回到 S 的时间, 称之为**返回时间**.
- 取 $\Sigma \subset S$ 使得对 $\forall \boldsymbol{q} \in \Sigma$ 有 $\phi_{T(\boldsymbol{q})}(\boldsymbol{q}) \in S$. 称 Σ 为 Γ 的 **Poincaré 截痕**. 这样就定义了一个映射

$$
\begin{aligned}
\mathcal{P}: \quad \Sigma &\to S \\
\boldsymbol{q} &\to \phi_{T(\boldsymbol{q})}(\boldsymbol{q}).
\end{aligned}
$$

称之为 Σ **上的 Poincaré 映射或返回映射**, 见图 6.2.

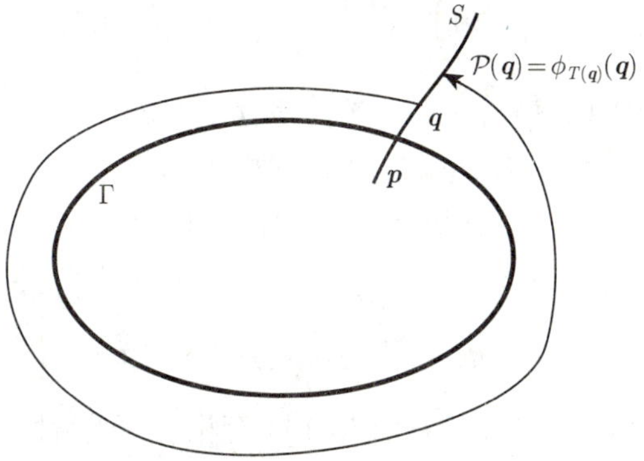

图 6.2 Poincaré 截痕 S 与 Poincaré 映射 $\mathcal{P}(\boldsymbol{q})$

附注 对于微分系统 (6.2.1),

- Poincaré 映射 $\mathcal{P}(\boldsymbol{q})$ 是一维映射, 它的不动点对应着微分系统 (6.2.1) 的周期轨道. 注: 称 $\boldsymbol{q}_0 \in S$ 是 $\mathcal{P}$ 的*不动点*, 如果 $\mathcal{P}(\boldsymbol{q}_0) = \boldsymbol{q}_0$.
- $\boldsymbol{p} \in \Gamma$ 是 Poincaré 映射 $\mathcal{P}$ 的不动点. Γ 的稳定性由映射 $\mathcal{P}$ 在不动点 $\boldsymbol{p} \in \Gamma$ 的特征值 λ 确定. 当 $\lambda < 1$ 时, Γ 是稳定的; 当 $\lambda > 1$ 时, Γ 是不稳定的.
- Poincaré 映射是目前研究周期轨道的存在性和稳定性的主要工具.

下面的结果说明 Poincaré 映射与微分系统有相同的光滑性.

命题 72 *微分系统 (6.2.1) 的周期轨道的返回时间和 Poincaré 映射与微分系统有相同的光滑性.*

证 设 Γ 是微分系统 (6.2.1) 的一条周期轨道, 周期为 T. 取 S 为过 $p \in \Gamma$ 的足够光滑的 Γ 的一条截痕. 由解关于初值和参数的连续依赖性, 微分系统 (6.2.1) 的解 $\phi_t(\boldsymbol{q})$ 与该系统有相同的光滑性. 因此对 $\boldsymbol{q} \in S$, 只需证明 $T(\boldsymbol{q})$ 与微分系统 (6.2.1) 有相同的光滑性.

设 S 的参数表示为 $(w, g(w))$, 则 g 与 S 有相同的光滑性. 对于 S 的小邻域中的点 $\boldsymbol{q} = (w, z)$, 令

$$F(\boldsymbol{q}) := z - g(w),$$

则

$$\boldsymbol{q} \in S \Leftrightarrow F(\boldsymbol{q}) = 0.$$

对 $\boldsymbol{q} \in S$, 令

$$G(t, \boldsymbol{q}) := F(\phi_t(\boldsymbol{q})),$$

则

$$G(T, \boldsymbol{p}) = F(\phi_T(\boldsymbol{p})) = F(\boldsymbol{p}) = 0,$$

且

$$\left.\frac{\partial G}{\partial t}\right|_{(T,\boldsymbol{p})} = \left(\frac{\partial F}{\partial w}(\boldsymbol{p}), \frac{\partial F}{\partial z}(\boldsymbol{p})\right) \left.\frac{d\phi_t(\mathbf{p})}{dt}\right|_{t=0} = (-g'(w), 1) \cdot (P(\boldsymbol{p}), Q(\boldsymbol{p})) \neq 0,$$

其中 '·' 表示向量的内积. 最后一个不等式成立, 因为 $(-g'(w), 1)$ 是 S 在 $(w, z) = (w, g(w))$ 的梯度, 且向量场 (P, Q) 与 S 横截相交.

由隐函数存在定理得: 存在以 $\boldsymbol{p}$ 为内点的开集 $\Sigma \subset S$, 及与 G 有相同光滑性的函数 $t = T(\boldsymbol{q})$, $\boldsymbol{q} \in \Sigma$, 使得

$$G(T(\boldsymbol{q}), \boldsymbol{q}) = F(\phi_{T(\boldsymbol{q})}(\boldsymbol{q})) \equiv 0, \quad \boldsymbol{q} \in \Sigma.$$

从而 $T(\boldsymbol{q})$ 是返回时间, 且与微分系统 (6.2.1) 有相同的光滑性. 证毕. □

下面的结果给出极限环稳定性的判定.

定理 73 设 $\Gamma := \{\phi(t) = (x(t), y(t)), t \in \mathbb{R}\}$ 是微分系统 (6.2.1) 的周期轨道, 周期为 T. 如果系统的发散量沿着周期轨道的积分

$$\oint_{\Gamma} \left(\frac{\partial P(\phi(t))}{\partial x} + \frac{\partial Q(\phi(t))}{\partial y}\right) dt = \int_0^T \left(\frac{\partial P(\phi(t))}{\partial x} + \frac{\partial Q(\phi(t))}{\partial y}\right) dt < 0 \quad (> 0) \tag{6.2.3}$$

则 Γ 是稳定 (不稳定) 的极限环.

证 本定理的证明主要取自叶彦谦的专著 [75]. 取定 Γ 上任一点 $\boldsymbol{p}_0$, 假设 Γ 是负定向的, 即随着时间的增加从 $\boldsymbol{p}_0$ 出发的轨道顺时针方向运动. 对 $\forall \boldsymbol{p} \in \Gamma$, 记从 $\boldsymbol{p}_0$ 到 $\boldsymbol{p}$ 的弧长为 s, 顺时针方向为正 (以下只考虑顺时针方向). 设 Γ 的弧长为 l, Γ 以弧长 s 为参数的参数方程为

$$x = \phi(s), \quad y = \psi(s), \quad s \in [0, l],$$

则

$$\phi'(s) = \frac{\dot{x}}{\dot{s}} = \frac{P_0}{\sqrt{P_0^2 + Q_0^2}}, \quad \psi'(s) = \frac{\dot{y}}{\dot{s}} = \frac{Q_0}{\sqrt{P_0^2 + Q_0^2}},$$

其中 $\dot{x}$ 表示 x 关于时间 t 的导数,

$$P_0 = P(\phi(s), \psi(s)), \quad Q_0 = Q(\phi(s), \psi(s)).$$

对于 Γ 的某充分小邻域内的任一点 $\boldsymbol{q}$, 定义它的**局部坐标** (s,n) 如下: 设 $\boldsymbol{q}$ 位于 Γ 上某点 $\boldsymbol{p}$ 的法线上, s 是从 $\boldsymbol{p}_0$ 到 $\boldsymbol{p}$ 的长度, n 是从 $\boldsymbol{p}$ 到 $\boldsymbol{q}$ 沿着法线的长度. 见图 6.3. 利用局部坐标 (s,n), $\boldsymbol{q}$ 的直角坐标表示为

$$x=\phi(s)-n\psi'(s),\quad y=\psi(s)+n\phi'(s), \tag{6.2.4}$$

其中 n 前面的符号是由 $\phi'(s)$ 和 $\psi'(s)$ 的符号确定. 这里用到 Γ 过 $\boldsymbol{p}$ 的切线与水平方向的夹角的正弦和余弦分别是

$$\frac{Q_0}{\sqrt{P_0^2+Q_0^2}} \quad 和 \quad \frac{P_0}{\sqrt{P_0^2+Q_0^2}}.$$

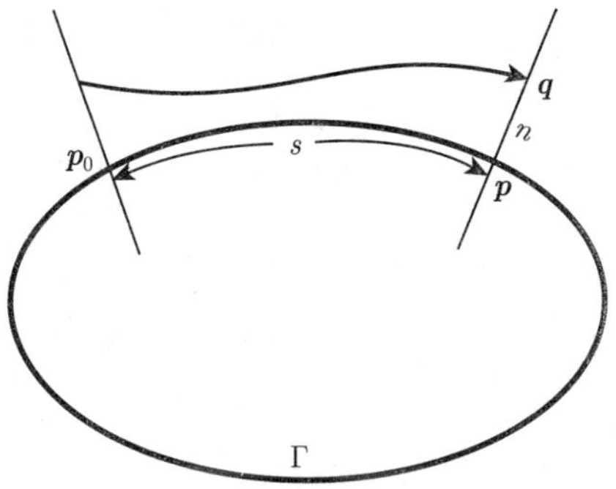

图 6.3 局部坐标系统

下面希望研究从 Γ 的充分小邻域内的一点 $\boldsymbol{q}$ 出发的轨道运动一周 n 的变化. 注意, 在该轨道上 n 是 s 的函数, 且轨道方程为 (6.2.4). 将 (6.2.4) 代入微分系统 (6.2.1) 得

$$\frac{Q[s,n]}{P[s,n]}=\frac{dy}{dx}=\frac{\psi'(s)+n'(s)\phi'(s)+n\phi''(s)}{\phi'(s)-n'(s)\psi'(s)-n\psi''(s)},$$

其中 $[s,n]=(\phi(s)-n\psi'(s),\psi(s)+n\phi'(s))$. 解此方程得

$$n'(s)=\frac{Q[s,n]\phi'(s)-P[s,n]\psi'(s)-n(s)(P[s,n]\phi''(s)+Q[s,n]\psi''(s))}{P[s,n]\phi'(s)+Q[s,n]\psi'(s)}=:F(s,n).$$

显然当 n 充分小时, $P[s,n]\phi'(s)+Q[s,n]\psi'(s)\neq 0$, $s\in[0,l]$, 且 $F(s,0)=0$. 对 $F(s,n)$ 关于 n 进行 Taylor 展开得

$$n'(s)=H(s)n+o(n), \tag{6.2.5}$$

其中

$$H(s)=\left.\frac{\partial F}{\partial n}\right|_{n=0}=\frac{P_0^2Q_{0y}-P_0Q_0(P_{0y}+Q_{0x})+Q_0^2P_{0x}}{(P_0^2+Q_0^2)^{3/2}}$$

是以 l 为周期的周期函数, 其中 f_{0x} 表示 f_0 关于 x 的偏导数, $f \in \{P, Q\}$.

对微分方程

$$n'(s) = H(s)n, \tag{6.2.6}$$

积分得

$$n(l) = n(0)e^{\int_0^l H(\nu)d\nu}.$$

所以当

$$\mathcal{D} := \int_0^l H(\nu)d\nu < 0 \quad (> 0),$$

微分方程 (6.2.6) 的零解渐近稳定 (不稳定). 从而当 $\mathcal{D} < 0$ (> 0) 时, 微分方程 (6.2.5) 的零解渐近稳定 (不稳定), 因而 Γ 渐近稳定 (不稳定).

因为沿着周期轨道 Γ 有 $ds = \sqrt{P_0^2 + Q_0^2}dt$, 所以通过直接计算得

$$\begin{aligned}
\int_0^l H(\nu)d\nu &= \int_0^T \frac{P_0^2 Q_{0y} - P_0 Q_0(P_{0y} + Q_{0x}) + Q_0^2 P_{0x}}{P_0^2 + Q_0^2} dt \\
&= \int_0^T \left[P_{0x} + Q_{0y} - \frac{P_0^2 P_{0x} + P_0 Q_0(P_{0y} + Q_{0x}) + Q_0^2 P_{0y}}{P_0^2 + Q_0^2} \right] dt \\
&= \int_0^T (P_{0x} + Q_{0y})\,dt - \frac{1}{2}\oint_\Gamma \frac{d\left(P_0^2 + Q_0^2\right)}{P_0^2 + Q_0^2} = \int_0^T (P_{0x} + Q_{0y})\,dt.
\end{aligned}$$

这就证明了定理的结论.

定理证毕. □

对于微分系统 (6.2.1) 的周期轨道 Γ, 如果条件 (6.2.3) 成立, 称 Γ 是微分系统 (6.2.1) 的**单重极限环** (或**双曲极限环**). 否则称之为微分系统 (6.2.1) 的**多重极限环**.

以上介绍了极限环理论方面几个最基本的知识, 对该问题有兴趣的读者可阅读文献 [48, 75, 78, 80].

*6.3 微分系统的结构稳定性与分支简介

含参数的微分系统当参数变化时系统轨线结构 (拓扑) 是否变化是动力系统的结构稳定性与分支理论的研究内容. 下面简要概述平面微分系统

$$\dot{x} = P(x, y), \quad \dot{y} = Q(x, y) \tag{6.3.1}$$

结构稳定性的定义和判定条件, 其中 $P, Q \in C^1(\Omega)$, $\Omega \subset \mathbb{R}^2$ 是平面闭区域, 其边界 $\partial\Omega$ 是简单闭曲线. 假设微分系统 (6.3.1) 的轨线与 $\partial\Omega$ 相交都是横截的.

对于平面微分系统

$$\dot{x} = P(x, y) + p(x, y), \quad \dot{y} = Q(x, y) + q(x, y), \tag{6.3.2}$$

其中 $p,q\in C^1(\Omega)$, 令

$$d(p,q)=\max_{\Omega}\{|p|,\ |q|,\ |\partial_x p|,\ |\partial_y p|,\ |\partial_x q|,\ |\partial_y q|\}.$$

由解关于参数的连续依赖性, 如果微分系统 (6.3.1) 的轨线与 $\partial\Omega$ 相交都是横截的, 则当 $d(p,q)$ 充分小时, 微分系统 (6.3.2) 的轨线与 $\partial\Omega$ 相交时也都是横截的.

称微分系统 (6.3.1) 在 Ω 上**结构稳定**, 如果存在 $\delta>0$, 使得对任意的 $p,q\in C^1(\Omega)$, 只要 $d(p,q)<\delta$, 就存在 Ω 上的同胚映射 T 将系统 (6.3.1) 的轨线映成系统 (6.3.2) 的轨线.

下面的定理给出平面 C^1 微分系统结构稳定的充要条件.

定理 74 微分系统 (6.3.1) 在 Ω 上结构稳定当且仅当它在 Ω 上的奇点和闭轨线的数目都有限、双曲 (如果存在), 且没有从鞍点到鞍点的连接轨线.

定理 74 首先由 Andronov 和 Pontryagin [2] 于 1937 年在 P,Q 解析, 及关于映射 T 的额外的假设条件下证明的. DeBaggis [19] 于 1952 年把 P,Q 的正则性减弱为 C^1 时证明了 Andronov 和 Pontryagin 的结果. Peixoto [55] 于 1959 年进一步证明了 Debaggis 关于映射 T 的额外的假设条件是多余的.

与结构稳定性相对照的是分支理论. 粗略地说, 它主要研究当微分系统的参数变化时微分系统整体或局部的轨线结构的变化 (拓扑意义下).

分支理论具有极其丰富的内容. 本节通过简单的例子介绍动力系统中几个常见的分支现象. 对于平面微分系统 (6.2.1), 记

$$\boldsymbol{J}=\frac{\partial(P,Q)}{\partial(x,y)}$$

为其 Jacobi 矩阵.

- $\boldsymbol{p}=(x_0,y_0)$ 称为 (6.2.1) 的**奇点**, 如果 $P(\boldsymbol{p})=Q(\boldsymbol{q})=0$.
- 奇点 $\boldsymbol{p}$ 称为微分系统 (6.2.1) 的**双曲奇点**, 如果 $\boldsymbol{J}$ 在 $\boldsymbol{p}$ 的两个特征值的实部都不为零.
- 奇点 $\boldsymbol{p}$ 称为微分系统 (6.2.1) 的**初等鞍点** (或双曲鞍点), 如果 $\boldsymbol{J}$ 在 $\boldsymbol{p}$ 有两个异号特征值.
- 奇点 $\boldsymbol{p}$ 称为微分系统 (6.2.1) 的**初等结点** (或双曲结点), 如果 $\boldsymbol{J}$ 在 $\boldsymbol{p}$ 有两个同号特征值.
- 奇点 $\boldsymbol{p}$ 称为微分系统 (6.2.1) 的**粗焦点** (简称**焦点**), 如果 $\boldsymbol{J}$ 在 $\boldsymbol{p}$ 有一对共轭复特征值, 且实部不为零.
- 奇点 $\boldsymbol{p}$ 称为微分系统 (6.2.1) 的**中心**, 如果 $\boldsymbol{p}$ 的某邻域充满该系统的周期轨道.
- 奇点 $\boldsymbol{p}$ 称为微分系统 (6.2.1) 的**细焦点**, 如果 $\boldsymbol{p}$ 不是中心, 且 $\boldsymbol{J}$ 在 $\boldsymbol{p}$ 有一对共轭纯虚特征值.

- 微分系统 (6.2.1) 的一条轨道称为**同宿轨道**, 如果它的正向和负向都趋于同一个奇点. 见图 6.4(a). 同宿轨道与奇点的并形成的环称为**同宿环**.
- 微分系统 (6.2.1) 的一条轨道称为**异宿轨道**, 如果它的正向和负向分别趋于不同的奇点. 见图 6.4(b).
- 微分系统 (6.2.1) 的连接两个不同奇点的轨道形成的环称为**异宿环**. 见图 6.4(c).

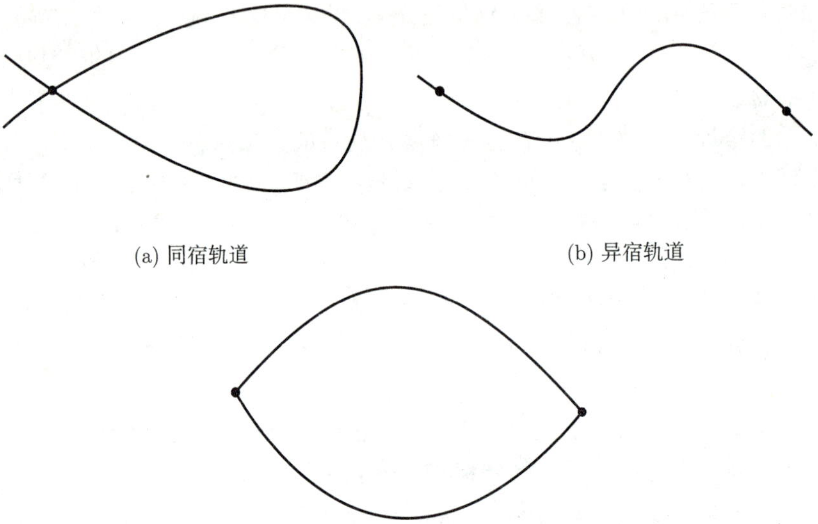

(a) 同宿轨道　　(b) 异宿轨道

(c) 异宿环

图 6.4　同宿与异宿轨道 (环)

下面通过几个简单的例子介绍典型的分支现象.

例

(1) 考虑平面微分系统

$$\begin{aligned}\dot{x} &= -y - x(x^2+y^2-2\sqrt{x^2+y^2}+\alpha),\\ \dot{y} &= \ \ x - y(x^2+y^2-2\sqrt{x^2+y^2}+\alpha),\end{aligned} \qquad \alpha \in \mathbb{R}. \tag{6.3.3}$$

容易验证: 当 $\alpha > 0$ 时, 原点是一个稳定的焦点; 当 $\alpha < 0$ 时, 原点是一个不稳定的焦点. 当 $\alpha = 0$ 时, 系统 (6.3.3) 在奇点 $(0,0)$ 的 Jacobi 矩阵有一对纯虚特征值.

在极坐标变换 $x = r\cos\theta$, $y = r\sin\theta$ 下, 微分系统 (6.3.3) 转化成

$$\dot{r} = -r(r^2 - 2r + \alpha), \quad \dot{\theta} = 1.$$

从该方程容易得到微分系统 (6.3.3) 的下列结论:

– $\alpha > 1$. 原点是一个稳定的焦点. 因 $\dot{r} < 0$, $r \neq 0$, 所以从平面上任一点出发的轨道都正向盘旋逼近于原点.

- $\alpha=1$. 系统有一个半稳定极限环 $r=1$, 它的内部是不稳定的, 而外部是稳定的. 此时称产生**半稳定环分支**.
- $0<\alpha<1$. 半稳定环分支出两个极限环：$r=1-\sqrt{1-\alpha}$ 和 $r=1+\sqrt{1-\alpha}$, 其中内部的极限环是不稳定的, 而外部的极限环是稳定的. 随着 α 的减小, 内部的极限环不断缩小, 外部的极限环不断扩大.
- $\alpha=0$. 内部的不稳定极限环收缩到原点使其成为一个不稳定的细焦点. 此时称产生 **Hopf 分支**.
- $\alpha<0$. 原点是不稳定的粗焦点, 系统有唯一的稳定极限环.
- 随参数 α 变化, 系统的分支图见图 6.5.

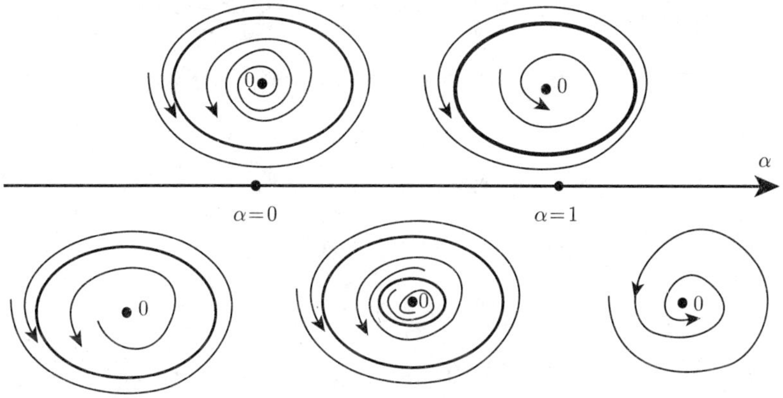

图 6.5 微分系统 (6.3.3) 随参数 α 变化的分支图

注 微分系统 (6.3.3) 在 $\alpha=0$ 和 1 时发生了分支现象. 当 $\alpha\neq 0,1$ 时, 微分系统 (6.3.3) 当参数 α 变化时是结构稳定的.

(2) 平面微分系统

$$\begin{aligned}\dot{x}&=-y-\alpha(x^2+y^2)(x^2+y^2-1)(x^2+y^2-4),\\ \dot{y}&=\ \ x-\alpha(x^2+y^2)(x^2+y^2-1)(x^2+y^2-4),\end{aligned}\qquad \alpha\in\mathbb{R} \tag{6.3.4}$$

在极坐标变换 $x=r\cos\theta,\ y=r\sin\theta$ 下转化为

$$\dot{r}=-\alpha r^2(r^2-1)(r^2-4),\quad \dot{\theta}=1.$$

容易验证

- 当 $\alpha=0$ 时, 原点是全局中心.
- 当 $\alpha\neq 0$ 时, 系统有两个极限环: $r=1$ 和 $r=2$. 称之为**由中心分支出的极限环**, 这种分支现象称为 **Poincaré 分支**.
- 随参数 α 变化, 系统的分支图见图 6.6.

注　微分系统 (6.3.4) 在 $\alpha=0$ 时发生了分支现象. 当 $\alpha\neq 0$ 时, 微分系统 (6.3.4) 当参数 α 变化时是结构稳定的.

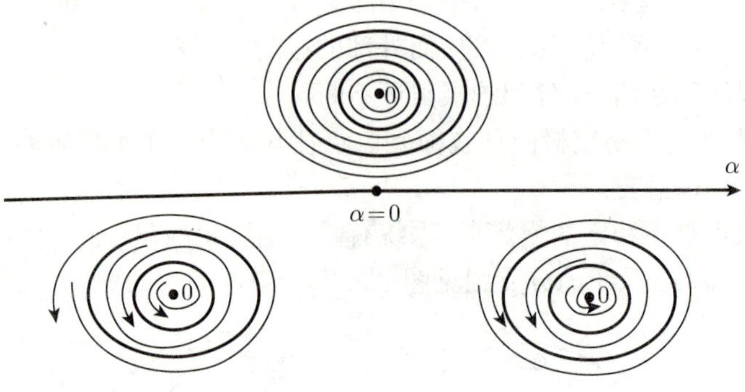

图 6.6　微分系统 (6.3.4) 随参数 α 变化的分支图

(3) 平面微分系统

$$\dot{x}=2y,\quad \dot{y}=2x+3x^2 \tag{6.3.5}$$

是 Hamilton 微分系统 (因而可积), 其 Hamilton 函数为

$$H=y^2-x^2-x^3.$$

Hamilton 系统 (6.3.5) 以 $\left(-\dfrac{2}{3},0\right)$ 为中心, $y^2-x^2-x^3=0$ 包含鞍点 $(0,0)$ 和趋向于该鞍点的同宿轨道 Γ, 以及 Γ_1 和 Γ_2. 系统 (6.3.5) 的相图见图 6.7.

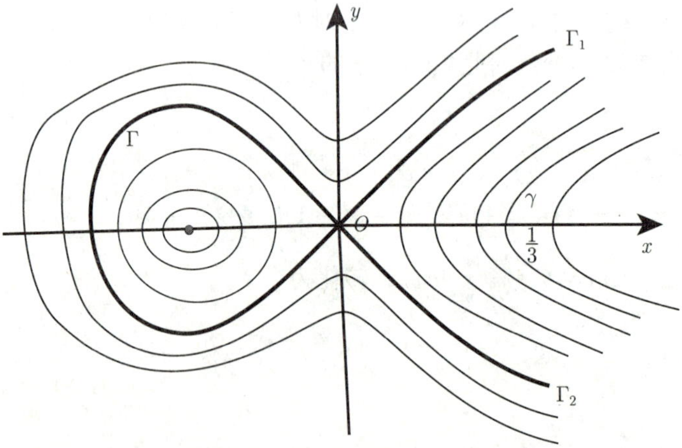

图 6.7　微分系统 (6.3.5) 的相图

对于平面 Hamilton 系统 (6.3.5) 的 Hamilton 函数 H,

- 当 $c>0$ 时, $H=c$ 是 $\Gamma\cup\Gamma_1\cup\Gamma_2$ 左边的一条轨道.

– 当 $c \in \left(-\dfrac{4}{27}, 0\right)$ 时, $H = c$ 由两条轨道构成: 一条是位于 Γ 内部的周期轨道, 另一条是位于 $\Gamma_1 \cup \Gamma_2$ 和过 $\left(\dfrac{1}{3}, 0\right)$ 的轨道 γ 之间的一条轨道.

– $H = -\dfrac{4}{27}$ 是中心 $\left(-\dfrac{2}{3}, 0\right)$ 和 γ.

– 当 $c \in \left(-\infty, -\dfrac{4}{27}\right)$ 时, $H = c$ 是位于 γ 右边的一条轨道.

由于微分系统 (6.3.5) 含有无穷多条闭轨线, 也有两端都连接鞍点 (0,0) 的轨线, 因而由定理 74 知系统 (6.3.5) 是结构不稳定的.

(4) 平面微分系统

$$\dot{x} = 2y, \quad \dot{y} = a^2 \sin x, \quad a > 0 \tag{6.3.6}$$

是 Hamilton 微分系统, 其 Hamilton 函数为

$$H = y^2 + a^2 \cos x.$$

等式曲线 $H = -a^2$ 中含有异宿于鞍点 $(-\pi + 2k\pi, 0)$ 和 $(\pi + 2k\pi, 0)$, $k \in \mathbb{Z}$, 的异宿轨道. 而 $(2k\pi, 0)$, $k \in \mathbb{Z}$ 是中心. 系统 (6.3.6) 的相图如图 6.8 所示.

由于微分系统 (6.3.6) 含有无穷多条闭轨线, 也有连接鞍点 $(-\pi + 2k\pi, 0)$ 和 $(-\pi + 2(k+1)\pi, 0)$ 的轨线, 因而由定理 74 知系统 (6.3.6) 是结构不稳定的.

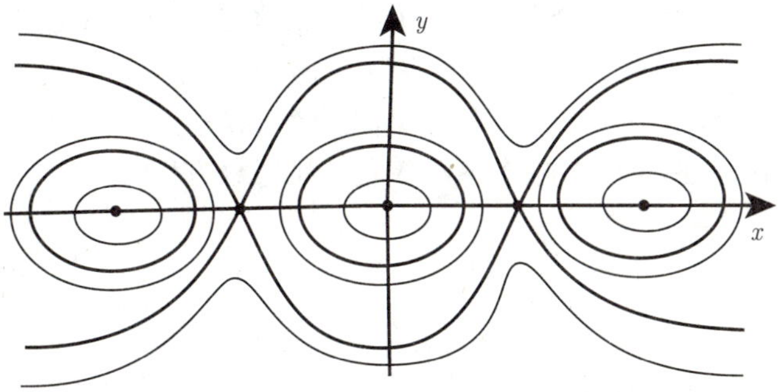

图 6.8 微分系统 (6.3.6) 的相图

附注

- 例 (1) 中当系统参数变化时, 系统会突然跳出半稳定环. 这是极限环研究中的主要困难之一. 实际上, 读者很容易构造出这样的例子：在参数变化过程中系统会突然跳出任意重数的极限环, 并随之分裂成多个极限环.
- 在例 (1) 中, 当参数 α 从负值增加到正值时, 原点的稳定性发生了变化, 从而产生极限环. 这样产生的极限环称为由**Hopf 分支产生的极限环**. 由 Hopf 分支产生极限环是目前研究极限环问题的手段之一.

- 对于含参数的微分系统, 当参数变化时, 从系统的同宿环分支出极限环称为**同宿分支**. 从系统的异宿环分支出极限环称为**异宿分支**.
- 例 (2) 中的 Poincaré 分支也是目前研究极限环问题的主要手段之一. 研究从可积微分系统的中心环域及其边界分支出的极限环数目问题称为**弱 Hilbert 第 16 问题**, 参见文献 [14].

最后通过简单的例子介绍几个奇点的分支类型.

例

(1) **一维鞍结点 (saddle-node) 分支** 含参数 λ 的一维微分方程

$$x' = x^2 + \lambda, \quad \lambda \in \mathbb{R}.$$

- 当 $\lambda > 0$ 时没有奇点;
- 当 $\lambda = 0$ 时有唯一的二重奇点, 它是半稳定的, 称为**鞍结点**;
- 当 $\lambda < 0$ 时上述二重奇点分裂成两个奇点: 一个稳定, 一个不稳定.

这种两个奇点重合最后消失的现象称为**鞍结点分支**. 见图 6.9(a).

(2) **超临界 (Transcritical) 分支** 含参数 λ 的一维微分方程

$$x' = x^2 - \lambda x, \quad \lambda \in \mathbb{R}.$$

- 当 $\lambda > 0$ 时有两个奇点: 奇点 $x = 0$ 稳定, 奇点 $x = \lambda$ 不稳定;
- 当 $\lambda = 0$ 时两个奇点在 $x = 0$ 重合成半稳定的二重奇点;
- 当 $\lambda < 0$ 时上述二重奇点分裂成两个奇点: $x = 0$ 不稳定, $x = \lambda$ 稳定.

这种两个奇点重合交换稳定性的现象称为**超临界分支**. 见图 6.9(b).

(3) **草叉 (Pitchfork) 分支** 含参数 λ 的一维微分方程

$$x' = x(x^2 + \lambda), \quad \lambda \in \mathbb{R}.$$

- 当 $\lambda > 0$ 时有唯一的不稳定奇点: $x = 0$;
- 当 $\lambda = 0$ 时有唯一的三重奇点：$x = 0$, 它仍然是不稳定的;
- 当 $\lambda < 0$ 时上述三重奇点分裂成三个奇点: $x = -\sqrt{-\lambda}$ 稳定, $x = 0$ 不稳定, $x = \sqrt{-\lambda}$ 稳定.

这种在参数变化的某个过程中保持一个奇点, 然后突然分裂成三个奇点的现象称为**草叉分支**. 见图 6.9(c).

(4) **迟滞 (Hysteresis) 分支** 含参数 λ 的一维微分方程

$$x' = x^3 - x - 2\lambda, \quad \lambda \in \mathbb{R}.$$

- 当 $\lambda > 3^{-3/2}$ 时有唯一的不稳定奇点, 记为 $x = x_1$;

- 当 $\lambda = 3^{-3/2}$ 时有两个奇点：不稳定奇点 $x = x_1$ 和一个鞍结点, 记为 $x = x_0$, 则有 $x_0 < x_1$;
- 当 $-3^{-3/2} < \lambda < 3^{-3/2}$ 时鞍结点 x_0 分裂成 $x = x_2$ 和 $x = x_3$. 此时三个奇点 $x_3 < x_2 < x_1$ 分别为不稳定、稳定和不稳定;
- 当 $\lambda = -3^{-3/2}$ 时 $x = x_2$ 与 $x = x_1$ 重合成鞍结点;
- 当 $\lambda < -3^{-3/2}$ 时鞍结点消失, 有唯一的不稳定奇点 $x = x_3$.

这种在参数变化过程中鞍结点突然跳出、分裂、再与其他奇点结合成鞍结点后突然消失的现象称为**迟滞分支**. 见图 6.9(d).

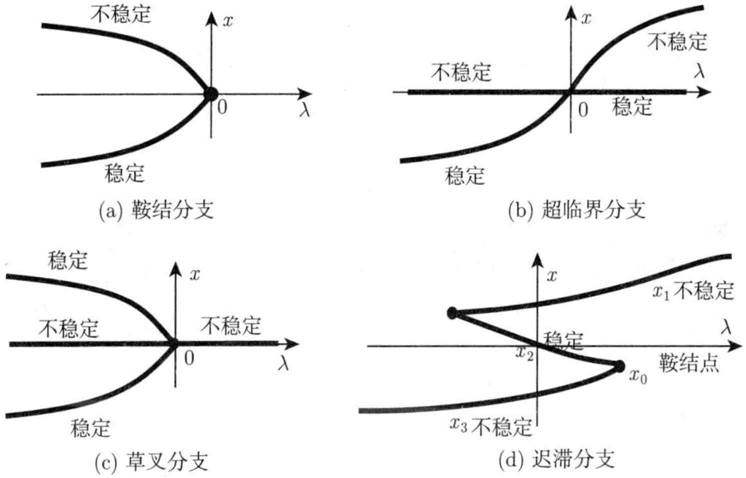

图 6.9 一维系统的奇点随参数 λ 变化的分支图

(5) **二维鞍结点分支** 含参数 λ 的二维微分方程

$$x' = x^2 - \lambda, \quad y' = y, \quad \lambda \in \mathbb{R}.$$

- 当 $\lambda < 0$ 时没有奇点;
- 当 $\lambda = 0$ 时有唯一的奇点 $(0,0)$, 称为**鞍结点**;
- 当 $\lambda > 0$ 时上述奇点分裂成两个奇点: $(\sqrt{\lambda}, 0)$ 不稳定的结点, $(-\sqrt{\lambda}, 0)$ 鞍点.

这种突然跳出一个奇点, 然后分裂成一个鞍点和一个结点的现象称为**鞍结点分支**.

希望了解分支问题的理论知识和进一步的结果, 有兴趣的读者可参见文献 [13, 14, 23, 27, 34, 36, 37, 43, 46, 61, 64, 81].

6.4 混沌初步: 两个例子

混沌理论早在 H. Poincaré 和 J. Hadamard 的工作中就有体现. 该理论在气象

学, 物理学, 工程, 生物化学和经济学等学科中都有广泛的应用. 美国数学和气象学家 Edward Lorenz [47] 于 1963 年首次通过数值模拟发现微分系统具有复杂的动力学现象. 他建立了一个反应大气对流的简单的数学模型 (后人称之为 Lorenz 模型):

$$\begin{aligned} \frac{dx}{dt} &= \sigma(y-x), \\ \frac{dy}{dt} &= \rho x - y - xz, \\ \frac{dz}{dt} &= -\beta z + xy, \end{aligned} \tag{6.4.1}$$

其中 σ, ρ, β 是系统的参数, 通常取为非负的. 该模型也应用在电路和化学反应等学科中.

Lorenz 在数值模拟中取 $\sigma = 10, \beta = \dfrac{8}{3}, \rho = 28$, 得到如图 6.10 的复杂的动力学现象. Lorenz 称之为奇怪吸引子(strange attractor), 也谓之蝴蝶效应 (butterfly effect). 1975 年李天岩和 James Yorke [42] 研究区间上一维映射具有 3 周期点从而有任意周期的周期点时引入混沌 (chaos) 的概念, 这种奇怪吸引子后人又称之为混沌现象.

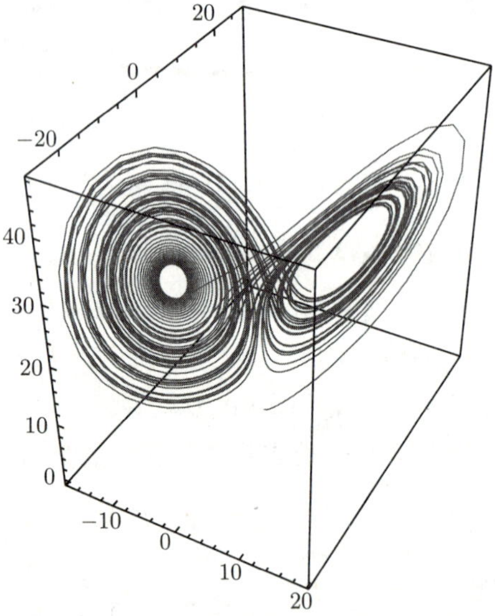

图 6.10　Lorenz 系统 (6.4.1) 的奇怪吸引子

Lorenz 系统当参数变化时具有很多其他复杂的动力学现象, 至今也没有完全搞清楚. 下面简单地分析 Lorenz 系统的奇点随参数变化的情况.

当 $\rho < 1$ 时, 系统 (6.4.1) 只有一个奇点 $O = (0,0,0)$, 它是稳定的 (气象学中此

时没有对流现象). 所有轨道当 $t \to \infty$ 时都趋向于 O. 此时系统的动力学最简单.

当 $\rho = 1$ 时, 系统 (6.4.1) 仍然只有一个奇点, 它是鞍结点 (具有一个零特征值和两个负特征值: -2β 和 $-2(\sigma+1)$). 此时产生鞍结分支 (saddle–node bifurcation).

当 $\rho > 1$ 时, 系统 (6.4.1) 从奇点 O 分支出另外两个奇点

$$P_{\pm} = (\pm\sqrt{\beta(\rho-1)}, \pm\sqrt{\beta(\rho-1)}, \rho-1).$$

此时 O 是鞍点, 它有两个负特征值和一个正特征值:

$$\lambda_1 = -\beta, \quad \lambda_{2,3} = \frac{-\sigma-1\pm\sqrt{(\sigma+1)^2-4\sigma(1-\rho)}}{2}.$$

奇点 $P_{\pm}$ 的特征多项式为

$$\lambda^3 + (\beta+\sigma+1)\lambda^2 + \beta(\sigma+\rho)\lambda + 2\sigma\beta(\rho-1) = 0.$$

当

$$\sigma > \beta+1, \quad 且 \quad 1 < \rho < \sigma\frac{\sigma+\beta+3}{\sigma-\beta-1}$$

时, 奇点 $P_{\pm}$ 只有负实部的特征值, 因而是稳定的. 此时所有的轨道或者都吸引到原点 O 或者都吸引到 $P_{\pm}$, 因而不会有奇怪吸引子出现. 当 ρ 增加时, 奇点 $P_{\pm}$ 将同时产生 Hopf 分支. 进而失去稳定性, 使其都具有两个正实部的特征值和一个负特征值. 例如仍取 $\sigma = 10, \beta = 8/3$. 当 $\rho < 24.73684$ 时, 奇点 $P_{\pm}$ 都是稳定的, 它们具有一个负实根和一对具有负实部的共轭复根. 当 $\rho > 24.73685$ 时, 奇点 $P_{\pm}$ 都是鞍焦点, 它们具有一个负实根和一对具有正实部的共轭复根. 故系统 (6.4.1) 当 ρ 在 $(24.73684, 24.73685)$ 之间的某值时产生 Hopf 分支, 随着 ρ 的值从 Hopf 分支点增大, 系统 (6.4.1) 在 $P_{\pm}$ 的邻域分别产生小振幅的稳定的极限环. 当 ρ 的值继续增加系统将出现奇怪吸引子等复杂的动力学现象.

关于出现混沌现象的三维微分系统的例子还有很多, 如 Rössler 混沌吸引子 [62, 63]、Rikitake 吸引子 [60]、Rabinovich 吸引子 [57] 和来自各类蔡氏电路 (Chua's circuit) 系统 [15, 52] 的混沌吸引子等.

下面简单地介绍下 Rössler 混沌吸引子.

$$\begin{aligned}\frac{dx}{dt} &= -y-z,\\ \frac{dy}{dt} &= x+ay,\\ \frac{dz}{dt} &= b-cz+xz,\end{aligned} \tag{6.4.2}$$

其中 a, b, c 是系统的正参数. 它由德国生物化学家 Rössler 在 1976 年建立. 当取 $a = 0.2, b = 0.2, c = 5.7$ 时, 得到如图 6.11 的混沌吸引子.

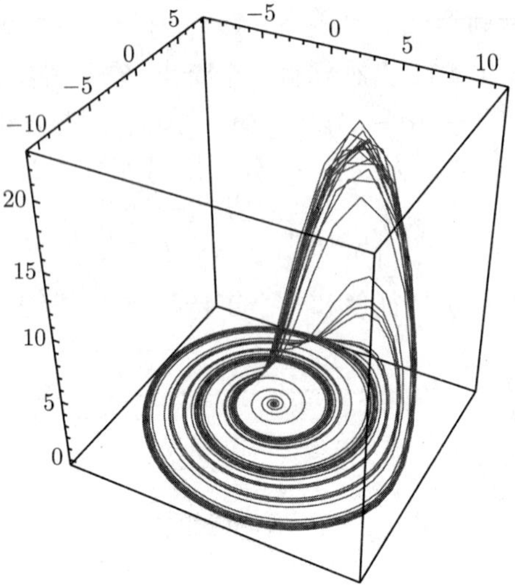

图 6.11　Rössler 系统 (6.4.2) 的混沌吸引子

直接计算可知, 当 $c^2 < 4ab$ 时, 系统 (6.4.2) 没有奇点. 当 $c^2 = 4ab$ 时, 系统 (6.4.2) 有唯一的奇点, 且至少有一个特征值为零. 当 $c^2 > 4ab$ 时, 系统 (6.4.2) 有两个奇点:

$$P_{\pm} = \left(\frac{c \pm \sqrt{c^2 - 4ab}}{2}, \frac{-c \mp \sqrt{c^2 - 4ab}}{2a}, \frac{c \pm \sqrt{c^2 - 4ab}}{2a} \right).$$

当 $a = 0.2, b = 0.2, c = 5.7$ 时, P_- 具有一个负特征值和两个正实部的共轭复特征值, 它位于混沌吸引子的圈的中心. 而 P_+ 具有一个正特征值和两个负实部的共轭复特征值, 相对来说它远离混沌吸引子.

上面通过具体的例子, 数值模拟出奇怪吸引子的出现说明混沌现象的发生. 混沌现象还可以通过系统对初始条件的敏感依赖性等现象的出现来判定. 系统对初始条件的敏感依赖性 (粗略地说) 是指在紧空间中, 当前轨道在任意小的扰动下其动力学性质将会发生本质的改变; 或者说一个给定初始点与其附近任意靠近的初始点有本质上不同的轨道.

理论上判定一个系统是否有混沌现象, 需要证明该系统是否有正的 Lyapunov 指数, 或正的拓扑熵 (或测度熵), 或 Smale 马蹄 (horseshoe) 出现等. 这些超出了本书的知识范围, 不在此讲述. 有兴趣的读者可参见文献 [7, 38, 58, 71, 72].

习　题　6

1. 证明推论 66.
2. 通过求下列微分方程的特征乘数判定零解的稳定性:

(2.1) $x' = 4\sin(3t)x$;

(2.2) $x' = -2x + \sin(2t)y$, $y' = -2y$;

(2.3) $x' = x + \cos(2\pi t)y$, $y' = (1 + \cos(2\pi t))y$.

3. Mathieu 方程

$$x'' + (a + b\cos t)x = 0$$

是 Hill 方程的重要特例, 其中 a, b 是常数. 试就 a, b 的不同值, 判定 Mathieu 方程零解的稳定性和周期解的存在性.

4. 判定下列微分方程组零解的稳定性:

(4.1) $\dot{x} = 2x - y + x^2y + 3y^3 - 5y^5$, $\dot{y} = x - y + x^2 - y^2 + 2xy$.

(4.2) $\dot{x} = -2x - y + xy - y^3 + 3xy^2$, $\dot{y} = -y + xy^2 + 2x^3$.

(4.3) $\dot{x} = 2x - 3y + x^2 + 3y^2$, $\dot{y} = 3x + 2y + xy^2 - y^3 + x^2y^2$.

(4.4) $\dot{x} = -y - \alpha x(x^2 + y^2 - 1)$, $\dot{y} = x - \alpha y(x^2 + y^2 - 1)$.

5. 三级电子管自激振荡方程

$$\ddot{x} + \varepsilon(x^2 - 1)\dot{x} + x = 0$$

是荷兰物理学家 Balthasar van der Pol 于 1926 年建立的 (后人称之为 **van der Pol 方程**). 该微分方程自建立以来在物理、生物等学科中有广泛的应用. 试讨论 van der Pol 方程零解的稳定性. 提示: 转化为微分方程组讨论.

6. 试给出非线性微分系统的例子: 它的零解渐近稳定, 但其线性近似系统的零解不稳定.

7. 用 Lyapunov 第二方法判定下列微分方程组零解的稳定性:

(7.1) $\dot{x} = -y + \alpha x^5$, $\dot{y} = x + \alpha y^5$.

(7.2) $\dot{x} = -x + 2xy^2$, $\dot{y} = -4x^2y - 3y^5$.

(7.3) $\dot{x} = 2x^2 - y^2$, $\dot{y} = xy$. 提示: 取 $V(x, y) = x^2 - y^2$.

(7.4) $\dot{x} = x^3 - 2y^3$, $\dot{y} = xy^2 + 2x^2y + y^3$.

(7.5) $\dot{x} = y - 2x - 3x^3y^2$, $\dot{y} = -5x - 7y$.

(7.6) $\dot{x} = y + 2y^3$, $\dot{y} = -x - 2x^3$.

8. 假设 $f(x, y) \in C^1(\mathbb{R}^2)$. 试讨论微分方程组

$$\dot{x} = y - xf(x, y), \quad \dot{y} = -x - yf(x, y)$$

的零解的稳定性.

9. 假设 $f(x) \in C(\mathbb{R})$, 且 $xf(x) < 0$, $x \neq 0$. 试讨论微分方程组

$$\dot{x} = y, \quad \dot{y} = f(x)$$

的零解的类型和稳定性.

10. 判定微分方程组

$$\dot{x} = -2y, \quad \dot{y} = 2x + 3x^2$$

的所有奇点的类型和稳定性.

11. 判定平面微分系统

$$\dot{x} = -y + \alpha x(x^2 + y^2 - 1)^2(x^2 + y^2 - 4),$$
$$\dot{y} = x + \alpha y(x^2 + y^2 - 1)^2(x^2 + y^2 - 4)$$

是否有极限环. 若有, 给出它们的表达式, 并判定它们的稳定性.

12. 证明推论 70.

13. 分析下列含参数微分方程的分支, 并画出分支图:

(13.1) $x' = x^3(x - \lambda)$.

(13.2) $x' = x^2 - \alpha x + \beta$.

(13.3) $x' = x^3 - \lambda x + 2$.

(13.4) $x' = \dfrac{x^2}{1 + x^2} - \lambda$.

(13.5) $x' = \mu x - y - \beta x(x^2 + y^2)$, $y' = x + \mu y - \beta y(x^2 + y^2)$.

(13.6) $x' = y$, $y' = -x(1 - x) + \lambda(1 - x)y$.

附　　录

A.1　Ascoli–Arzelà 引理的证明

定理 75 (Ascoli–Arzelà 引理)　如果函数列 $\{f_n(x)\}$ 在有界闭集 I 上一致有界且等度连续, 则 $\{f_n(x)\}$ 有子列在 I 上一致收敛.

证　记 $I=[a,b]$. 下面的证明分三个部分.

第一步证明结论 1.对于 I 上的任意有限个点 $\{x_1,\cdots,x_m\}$, 总存在 $\{f_n(x)\}$ 的子列使得它们在这 m 个点的每一个点都是收敛数列.

事实上, 由于 $\{f_n(x)\}$ 在 I 上一致有界, 所以 $\{f_n(x_1)\}$ 存在收敛的子列. 记 $\{f_{n_{k_1}}(x_1)\}_{k_1=1}^{\infty}$ 为 $\{f_n(x_1)\}$ 的一个收敛子列. 又 $\{f_{n_{k_1}}(x)\}$ 在 I 上一致有界, 所以 $\{f_{n_{k_1}}(x_2)\}$ 存在收敛的子列, 记为 $\{f_{n_{k_2}}(x_2)\}_{k_2=1}^{\infty}$. 类似地, $\{f_{n_{k_2}}(x)\}$ 在 I 上一致有界, 所以 $\{f_{n_{k_2}}(x_3)\}$ 存在收敛的子列, 记为 $\{f_{n_{k_3}}(x_3)\}_{k_3=1}^{\infty}$. 这样即可得到 $\{f_n(x)\}$ 的一个子列使得它在这 m 个点都收敛. 从而结论 1 成立.

第二步构造 $\{f_n(x)\}$ 的子列. 对 $k=1$, 由于 $\{f_n(x)\}$ 在 I 上等度连续, 所以 $\exists\,\delta_1>0$ 使得对 $\forall z_1,z_2\in I$, 只要 $|z_1-z_2|<\delta_1$, 就有

$$|f_n(z_1)-f_n(z_2)|<1,\quad \forall\, n\in\mathbb{N}. \tag{A.1.1}$$

令 $m_1:=\left[\dfrac{b-a}{\delta_1}\right]+1$. 将区间 $I=[a,b]$ 分成 $r_1:=2^{m_1}$ 等份, 将它的 r_1+1 个端点从左到右依次记为 $x_0^{(1)},x_1^{(1)},\cdots,x_{r_1}^{(1)}$, 则每个小区间的长度都小于 δ_1.

由结论 1 知, 函数列 $\{f_n(x)\}$ 存在子列 $\{f_{n_{k_1}}^{(1)}(x)\}_{k_1\in\mathbb{N}}$ 在 $x_0^{(1)}$, $x_1^{(1)},\cdots,x_{r_1}^{(1)}$ 都收敛. 记 $\{f_{n_{k_1}}^{(1)}(x)\}$ 在这 r_1+1 个点的极限分别为 $f^{(1)}(x_0^{(1)})$, $f^{(1)}(x_1^{(1)}),\cdots,f^{(1)}(x_{r_1}^{(1)})$.

对 $k=2$, 由于 $\{f_{n_{k_1}}^{(1)}(x)\}$ 在 I 上等度连续, 所以 $\exists\,\delta_2>0$ $(\delta_2\leqslant\delta_1)$ 使得对 $\forall z_1,z_2\in I$, 只要 $|z_1-z_2|<\delta_2$, 就有

$$|f_{n_{k_1}}^{(1)}(z_1)-f_{n_{k_1}}^{(1)}(z_2)|<\frac{1}{2},\quad \forall\, k_1\in\mathbb{N}. \tag{A.1.2}$$

令 $m_2:=\left[\dfrac{b-a}{\delta_2}\right]+1$. 将区间 $I=[a,b]$ 分成 $r_2:=2^{m_2}$ 等份, 将它的 r_2+1 个端点从左到右依次记为 $x_0^{(2)},x_1^{(2)},\cdots,x_{r_2}^{(2)}$. 则每个小区间的长度都小于 δ_2. 从而函数列 $\{f_{n_{k_1}}^{(1)}(x)\}$ 存在子列 $\{f_{n_{k_2}}^{(2)}(x)\}_{k_2\in\mathbb{N}}$ 在 $x_0^{(2)}$, $x_1^{(2)},\cdots,x_{r_2}^{(2)}$ 都收敛. 记 $\{f_{n_{k_2}}^{(2)}(x)\}$ 在

这 r_2+1 个点的极限分别为 $f^{(2)}(x_0^{(2)}), f^{(2)}(x_1^{(2)}), \cdots, f^{(2)}(x_{r_2}^{(2)})$. 从上述构造易知 $\{x_0^{(1)}, x_1^{(1)}, \cdots, x_{r_1}^{(1)}\} \subset \{x_0^{(2)}, x_1^{(2)}, \cdots, x_{r_2}^{(2)}\}$.

按照上述过程, 可以得到函数列 $\{f_n(x)\}$ 的子列 $\{f_{n_{k_l}}^{(l)}(x)\}_{k_l\in\mathbb{N}}, l\in\mathbb{N}$, 满足

- $\{f_{n_{k_{l+1}}}^{(l+1)}(x)\} \subset \{f_{n_{k_l}}^{(l)}(x)\}$;
- $\{f_{n_{k_l}}^{(l)}(x)\}_{k_l\in\mathbb{N}}$ 在 r_l+1 个等分点 $x_0^{(l)}, x_1^{(l)}, \cdots, x_{r_l}^{(l)}$ 都收敛, 它们的极限依次记为 $f^{(l)}(x_0^{(l)}),\ f^{(l)}(x_1^{(l)}), \cdots, f^{(l)}(x_{r_l}^{(l)})$, 其中 $\{x_0^{(l)}, x_1^{(l)}, \cdots, x_{r_l}^{(l)}\} \subset \{x_0^{(l+1)}, x_1^{(l+1)}, \cdots, x_{r_{l+1}}^{(l+1)}\}$, 且
$$\left|x_{j+1}^{(l)} - x_j^{(l)}\right| < \delta_l, \quad j=0,1,\cdots,r_l-1;$$
- 数列 $\{\delta_l\}$ 满足 $0<\delta_{l+1}\leqslant\delta_l, l\in\mathbb{N}$, 使得对 $\forall z_1, z_2\in I$, 只要 $|z_1-z_2|<\delta_l$, 就有
$$|f_{n_{k_l}}^{(l)}(z_1) - f_{n_{k_l}}^{(l)}(z_2)| < \frac{1}{l}, \quad \forall\, k_l\in\mathbb{N}. \tag{A.1.3}$$

选取 $\{f_n(x)\}$ 的子列 $\{f_{n_s}(x)\}|_{s\in\mathbb{N}}$ 如下:

- $f_{n_1}(x)$ 是函数列 $\{f_{n_{k_1}}^{(1)}(x)\}$ 中满足
$$\left|f_{n_1}(x_j^{(1)}) - f^{(1)}(x_j^{(1)})\right| < 1, \quad j=0,1,\cdots,r_1$$
的元素;
- $f_{n_2}(x)$ 是 $\{f_{n_{k_2}}^{(2)}(x)\}_{k_2\in\mathbb{N}} \setminus \{f_{n_1}(x)\}$ 中满足
$$\left|f_{n_2}(x_j^{(2)}) - f^{(2)}(x_j^{(2)})\right| < \frac{1}{2}, \quad j=0,1,\cdots,r_2$$
的元素;
- 以此类推, 对于 $s=3,4,\cdots$, 可选取 $f_{n_s}(x)$ 是 $\{f_{n_{k_s}}^{(s)}(x)\}_{k_s\in\mathbb{N}} \setminus \{f_{n_1}(x), \cdots, f_{n_{s-1}(x)}\}$ 中满足
$$\left|f_{n_s}(x_j^{(s)}) - f^{(s)}(x_j^{(s)})\right| < \frac{1}{s}, \quad j=0,1,\cdots,r_s \tag{A.1.4}$$
的元素.

从函数列 $\{f_{n_{k_s}}^{(s)}(x)\}_{k_s\in\mathbb{N}}$ 和 $\{f_{n_s}(x)\}_{s\in\mathbb{N}}$ 的构造知, 对任意的 $l, s\in\mathbb{N}, l>s$, 因为 $\{x_0^{(s)}, x_1^{(s)}, \cdots, x_{r_s}^{(s)}\} \subset \{x_0^{(l)}, x_1^{(l)}, \cdots, x_{r_l}^{(l)}\}$, 所以 $\{f_{n_{k_l}}^{(l)}(x)\}_{k_l\in\mathbb{N}}$ 在等分点 $x_0^{(s)}, x_1^{(s)}, \cdots, x_{r_s}^{(s)}$ 处都收敛, 且它们的极限满足 $f^{(l)}(x_j^{(s)}) = f^{(s)}(x_j^{(s)}), j=0,1,\cdots, r_s$. 因而对任意的 $s, l\in\mathbb{N}$, 且 $l>s$ 都有
$$\left|f_{n_l}(x_j^{(s)}) - f^{(s)}(x_j^{(s)})\right| < \frac{1}{l}, \quad j=0,1,\cdots,r_s, \tag{A.1.5}$$

第三步证明: $\{f_{n_s}(x)\}$ 在 I 上一致收敛.

首先证明 $\{f_{n_s}(x)\}$ 对于任意给定的 $x\in I$ 是 Cauchy 数列. 事实上, 对于任意的 $\varepsilon>0$, 选取 $N\in\mathbb{N}$ 使得 $\dfrac{1}{N}<\dfrac{\varepsilon}{8}$. 对任意的 $x\in I$, 当 $s,l>N$ 时, 不妨设 $l\geqslant s$, 则有 $x\in[x_i^{(s)},x_{i+1}^{(s)}]\subset I$ (i 是 $\{0,1,\cdots,r_s-1\}$ 中的某个数), 且

$$\begin{aligned}|f_{n_s}(x)-f_{n_l}(x)|\leqslant{}&|f_{n_s}(x)-f_{n_s}(x_i^{(s)})|+|f_{n_s}(x_i^{(s)})-f^{(s)}(x_i^{(s)})|\\&+|f^{(s)}(x_i^{(s)})-f_{n_l}(x_i^{(s)})|+|f_{n_l}(x_i^{(s)})-f_{n_l}(x)|<\frac{\varepsilon}{2},\end{aligned}\tag{A.1.6}$$

其中用到 (A.1.3), (A.1.4) 和 (A.1.5). 这就证明了对给定的 $x\in I$, $\{f_{n_s}(x)\}$ 是 Cauchy 数列, 因而收敛. 记其极限为 $f(x)$.

对上述任意选定的 $\varepsilon>0$, 及上述的 $N>0$. 对 $\forall x\in I$, 及 $l,s>N$, 由 (A.1.6) 得

$$|f_{n_s}(x)-f_{n_l}(x)|<\frac{\varepsilon}{2}.$$

对上式令 $l\to\infty$ 得

$$|f_{n_s(x)}-f(x)|\leqslant\frac{\varepsilon}{2}<\varepsilon,\quad x\in I.$$

这就证明了 $\{f_{n_s}(x)\}$ 在 I 上一致收敛到 $f(x)$. 定理证毕. □

注 由连续函数列一致收敛的性质知, $\{f_{n_k}(x)\}$ 在 I 上一致收敛的极限函数 $f(x)$ 在有界闭集 I 上一致连续.

A.2 矩阵对数存在性的证明

定理 76 关于矩阵对数, 下列结论成立.

(a) 如果 $\boldsymbol{C}$ 是 n 阶非奇异矩阵 (实的或复的), 则存在一个 n 阶矩阵 $\boldsymbol{B}$ 使得 $\boldsymbol{C}=e^{\boldsymbol{B}}$. 称 $\boldsymbol{B}$ 是 $\boldsymbol{C}$ 的矩阵对数.

(b) 如果 $\boldsymbol{C}$ 是 n 阶非奇异实矩阵, 则存在一个 n 阶实矩阵 $\boldsymbol{B}$ 使得 $\boldsymbol{C}^2=e^{\boldsymbol{B}}$.

证 (a) 由矩阵的 Jordan 标准型理论, 存在 n 阶非奇异矩阵 $\boldsymbol{P}$ 使得 $\boldsymbol{P}^{-1}\boldsymbol{C}\boldsymbol{P}=\boldsymbol{J}$ 是 Jordan 标准型. 如果存在 n 阶矩阵 $\boldsymbol{K}$ 使得 $\boldsymbol{J}=e^{\boldsymbol{K}}$, 则 $\boldsymbol{B}:=\boldsymbol{P}e^{\boldsymbol{K}}\boldsymbol{P}^{-1}$ 为 $\boldsymbol{C}$ 的矩阵对数. 因此下面只需证明 Jordan 标准型 $\boldsymbol{J}$ 有矩阵对数.

令 $\boldsymbol{J}:=\mathrm{diag}(\boldsymbol{J}_1,\cdots,\boldsymbol{J}_m)$, 其中 $\boldsymbol{J}_i$ 是 Jordan 块. 根据矩阵指数的性质, 只需证明每一个 Jordan 块有矩阵对数. 因此为记号简单起见, 不妨假设 $\boldsymbol{J}$ 是 Jordan 块. 令

$$\boldsymbol{J}:=\lambda\boldsymbol{E}+\boldsymbol{N}=\lambda(\boldsymbol{E}+\lambda^{-1}\boldsymbol{N}),$$

其中 $\boldsymbol{N}$ 是幂零矩阵. 利用 $\ln(1+x)$ 的 Taylor 展开得

$$\ln\boldsymbol{J}=(\ln\lambda)\boldsymbol{E}+\sum_{k=1}^{n-1}\frac{(-1)^{k+1}}{k}(\lambda^{-1}\boldsymbol{N})^k,\tag{A.2.1}$$

其中用到幂零矩阵的性质 $\boldsymbol{N}^k=0, k\geqslant n$. 因此 $\boldsymbol{K}=\ln \boldsymbol{J}$ 是 $\boldsymbol{J}$ 的对数.

(b) 由于 $\boldsymbol{C}$ 是实的, 所以存在非奇异的实矩阵使得 $\boldsymbol{C}^2$ 相似于它的实 Jordan 标准型. 因此类似于 (a) 的证明, 只需证明 $\boldsymbol{C}^2$ 的 Jordan 标准型有实的对数.

设 $\lambda_1,\cdots,\lambda_n$ 是 $\boldsymbol{C}$ 的特征值, 则 $\lambda_1^2,\cdots,\lambda_n^2$ 是 $\boldsymbol{C}^2$ 的特征值, 且 $\boldsymbol{C}^2$ 的 Jordan 标准型中的 Jordan 块对应于 $\boldsymbol{C}$ 的 Jordan 标准型中的 Jordan 块. 相应于 $\boldsymbol{C}$ 的不同类型的特征值, 区分下列三种情况.

(1) 相应于 $\boldsymbol{C}$ 的实特征值 λ 对应的 $\boldsymbol{C}^2$ 的 Jordan 块 $\boldsymbol{J}$. 此时

$$\boldsymbol{J}=\lambda^2\boldsymbol{E}_i+\boldsymbol{N}_i,$$

其中 $\boldsymbol{E}_i$ 和 $\boldsymbol{N}_i$ 是适当阶数的单位矩阵和实幂零矩阵. 从 (A.2.1) 知, 实 Jordan 块 $\boldsymbol{J}$ 有实的矩阵对数.

(2) 相应于 $\boldsymbol{C}$ 的纯虚特征值 $\lambda=\sqrt{-1}b$ 对应的 $\boldsymbol{C}^2$ 的 Jordan 块 $\boldsymbol{J}$. 此时

$$\boldsymbol{J}=\begin{pmatrix} -b^2 & & & \\ 1 & -b^2 & & \\ & \ddots & \ddots & \\ & & 1 & -b^2 \end{pmatrix}.$$

由于 $\boldsymbol{C}$ 是实的, 它的复特征值成对出现. 因而 $\boldsymbol{C}^2$ 相应于 $\boldsymbol{C}$ 的纯虚特征值 $-\sqrt{-1}b$ 的 Jordan 块也是 $\boldsymbol{J}$. 这样在 $\boldsymbol{C}^2$ 的 Jordan 标准型中有块 $\boldsymbol{M}=\mathrm{diag}(\boldsymbol{J},\boldsymbol{J})$. 不妨设 $\boldsymbol{J}$ 是 l 阶矩阵. 下证 $\boldsymbol{M}$ 有实的矩阵对数.

首先容易证明 $\boldsymbol{M}$ 相似于

$$\boldsymbol{\Lambda}+\boldsymbol{N},$$

其中

$$\boldsymbol{\Lambda}=\begin{pmatrix} -b^2\boldsymbol{E}_2 & & & \\ & -b^2\boldsymbol{E}_2 & & \\ & & \ddots & \\ & & & -b^2\boldsymbol{E}_2 \end{pmatrix},\quad \boldsymbol{N}=\begin{pmatrix} \boldsymbol{0} & & & \\ \boldsymbol{E}_2 & \boldsymbol{0} & & \\ & \ddots & \ddots & \\ & & \boldsymbol{E}_2 & \boldsymbol{0}, \end{pmatrix},$$

其中 $\boldsymbol{0}$ 是二阶零矩阵, $\boldsymbol{E}_2$ 是二阶单位矩阵. 所以

$$\ln(\boldsymbol{\Lambda}+\boldsymbol{N})=\ln\boldsymbol{\Lambda}+\ln(\boldsymbol{E}_{2l}+\boldsymbol{\Lambda}^{-1}\boldsymbol{N})=\ln\boldsymbol{\Lambda}+\sum_{k=1}^{n-1}\frac{(-1)^{k+1}}{k}(\boldsymbol{\Lambda}^{-1}\boldsymbol{N})^k,$$

其中第二个等式用到 $\boldsymbol{\Lambda}^{-1}\boldsymbol{N}$ 是幂零矩阵. 又

$$\ln \boldsymbol{\Lambda} = \begin{pmatrix} \ln(-b^2\boldsymbol{E}_2) & & & \\ & \ln(-b^2\boldsymbol{E}_2) & & \\ & & \ddots & \\ & & & \ln(-b^2\boldsymbol{E}_2) \end{pmatrix},$$

$$\ln(-b^2\boldsymbol{E}_2) = \begin{pmatrix} \ln b^2 & (2k+1)\pi \\ -(2k+1)\pi & \ln b^2 \end{pmatrix}, \quad k \in \mathbb{Z}.$$

这就证明了 $\boldsymbol{M}$ 有实的矩阵对数, 从而 $\boldsymbol{J}$ 有实的矩阵对数.

(3) 相应于 $\boldsymbol{C}$ 的复特征值 $\lambda = a + \sqrt{-1}b$ 对应的 $\boldsymbol{C}^2$ 的 Jordan 块 $\boldsymbol{J}$, $ab \neq 0$. 此时

$$\boldsymbol{J} = \begin{pmatrix} \boldsymbol{D}_2 & & & \\ \boldsymbol{E}_2 & \boldsymbol{D}_2 & & \\ & \ddots & \ddots & \\ & & \boldsymbol{E}_2 & \boldsymbol{D}_2 \end{pmatrix}, \quad \boldsymbol{D}_2 = \begin{pmatrix} a & b \\ -b & a \end{pmatrix}.$$

类似于 (2) 中的证明, 将 $\boldsymbol{J}$ 写成

$$\boldsymbol{J} = \boldsymbol{\Lambda} + \boldsymbol{N},$$

其中

$$\boldsymbol{\Lambda} = \begin{pmatrix} \boldsymbol{D}_2 & & & \\ & \boldsymbol{D}_2 & & \\ & & \ddots & \\ & & & \boldsymbol{D}_2 \end{pmatrix}, \quad \boldsymbol{N} = \begin{pmatrix} \boldsymbol{0} & & & \\ \boldsymbol{E}_2 & \boldsymbol{0} & & \\ & \ddots & \ddots & \\ & & \boldsymbol{E}_2 & \boldsymbol{0} \end{pmatrix}.$$

由于

$$\ln \boldsymbol{D}_2 = \begin{pmatrix} \dfrac{1}{2}\ln(a^2+b^2) & \arccos\left(\dfrac{a}{\sqrt{a^2+b^2}}\right) + 2l\pi \\ -\arccos\left(\dfrac{a}{\sqrt{a^2+b^2}}\right) - 2l\pi & \dfrac{1}{2}\ln(a^2+b^2) \end{pmatrix}, \quad l \in \mathbb{Z},$$

故类似于 (2) 的证明可得, $\boldsymbol{J}$ 有实的对数.

综合上述三种情况的证明得: $\boldsymbol{C}^2$ 的实 Jordan 标准型有实的对数, 因而 $\boldsymbol{C}^2$ 有实的对数. 定理证毕. □

参 考 答 案

习题 1

3. 逐点运用局部 Lipschitz 条件, 再应用有限覆盖定理等证明.

5. (5.1) 利用解的定义中的连续和可导, 或通过精细的计算证明. (5.2) 反证. 假设有过原点的积分曲线与某带形区域相交, 从而导出矛盾.

6. (6.1) 利用胡克定律. (6.2) 以光源为坐标原点, 平行于光的反射方向为 x 轴建立坐标系. 并设曲面是由曲线 $y=f(x)$ 绕 x 轴旋转而成, 利用曲线上任一点的切线以及入射角等于反射角建立方程. $\dfrac{dy}{dx}=\dfrac{y}{x+\sqrt{x^2+y^2}}$. (6.3) 建立坐标系 (x,y), 利用船头的方向在静水中的速度 V, 先求出 $\dfrac{dx}{dt},\dfrac{dy}{dt}$. (6.4) 设蓄水池中水下降的高度为 h, 则满足的方程为 $\dfrac{dh}{dt}=-\dfrac{0.62\sqrt{2gh}}{1000}$.

7. (7.1) 通积分 $x^4/4+y^4/4+x^2y^2/2=c$. (7.2) $e^y x\cos x+ye^y\sin x-e^y\sin x=c$.
(7.3) 通积分 $x+x^{-1}-x^{-1}y^2=c$ 和特解 $x=0$. (7.4) $x^2\ln y=c$.
(7.5) $x^2\ln y+(1+y^2)^{3/2}/3=c$. (7.6) $x^2y+y^{-1}=c$.
(7.7) 积分因子 $x^{-2}y^{-1}$, $\ln y^2-x^{-1}y=c$.

9. 利用 $\partial_y(\mu_1P)=\partial_x(\mu_1Q)$ 和 $\partial_y(\mu_2P)=\partial_x(\mu_2Q)$, 导出 $d(\mu_1/\mu_2)$ 的表达式.

10. (10.1) 通积分 $y+\ln|x|-\ln|e^y-1|=c$ 和特解 $y=0$. (10.2) $\cos^{-2}y-4\ln|\sin x|=c$ 和特解 $y=k\pi+\pi/2,\ k\in\mathbb{Z}$. (10.3) $y(x)=\dfrac{3}{10}x^{\frac{5}{3}}-\dfrac{3}{2}x^{\frac{1}{3}}-\dfrac{9}{5}$. (10.4) $y(x)=-x\ln|c+\ln|x||$. (10.5) $y=-x^3+(\frac{x+c}{2})^2$, $y=-x^3$. (10.6) $y^2-2xy-e^cx=0$. (10.7) $\sin x+2y+\dfrac{9}{4}\ln|4\sin x-8y+3|=c$. (10.8) $xy-y^2\ln y=c$. (10.9) $y=x\sec x$. (10.10) $\dfrac{xy-2}{(2xy-9)x^5}=c$, $xy=\dfrac{9}{2}$.

11. 当 $k\geqslant 1$ 时初值问题的解唯一, 其唯一解为 $y=0$. 当 $0<k<1$ 时, 初值问题的解为 $y=0$ 和 $y=x^{\frac{1}{1-k}}$.

12. 利用已给等式和导数的定义求出 y 关于 x 的导数满足的方程, 再求解微分方程.

13. 方法同上一题.

16. (16.1) 特解 $y=0$ 和含参数 p 的通解 $x=cp^{-2}-\dfrac{2}{3}p$, $y=2xp+p^2$. (16.2) 特解 $y=x$ 和通解 $y=cx+c-c^2$. (16.3) $x=\tan t$, $y=\ln|\sec t+\tan t|+c$.
(16.4) $y=c(x+2)^{-1}$ 和 $y=c(x-2)^{-1}$. (16.5) $x=\sin t$, $y=-\cos t+c$, 其中 t 是

参数. (16.6) $x=t^{-1}-t^2$, $y=t^{-1}-\frac{1}{2}t^2+\frac{2}{5}t^5+c$, 其中 t 是参数. (16.7) $x=-4t+2\sin(2t)+c$, $y=4\cos^2 t$. (16.8) 利用 $2-p=yt$ 参数化. $x=-\frac{1}{3}t^3+c$, $y=t^{-1}-t$.

17. (17.1) $y=\pm\sqrt{x^2+2c_2x+c_2^2-c_1}$. (17.2) $y=\pm c_1\sinh(c_1^{-1}(x+c_2))$. (17.3) $y=\ln\left(x^2-\frac{1}{4}c_1+2c_2x+c_2^2\right)$. (17.4) $y=\frac{1}{2}c_1x^2+c_1^2x+c_2$. (17.5) $y=-\frac{1}{4}x^2-\frac{1}{4}x+\frac{1}{2}c_1e^{2x}+c_2$. (17.6) $y=-c_1^{-1}x+c_1^{-1}\ln(e^x+c_1)+c_2$.

习题 2

2. 提示: 利用 $(C[\alpha,\beta],\rho)$ 的完备性得到 $\mathcal{C}$ 中任一 Cauchy 列有极限属于 $C[\alpha,\beta]$, 再证明该极限属于 $\mathcal{C}$.
3. 类似于题 2.
4. 类似于 $(C[a,b],\rho)$ 的完备性及上题可证.
6. 由压缩映射原理得到 T^n 在 X 上有不动点 z. 再证明 Tz 也是 T^n 的不动点, 从而 z 是 T 的不动点.
7. 利用反证法.
9. 建议选取初始函数 $y_0(x)=1$. 这样得到的近似解更精确.
10. (1) 利用函数列中每个函数的一致收敛性, 得到函数在端点极限的存在性. 从而可以将原函数列拓展到有界闭区间上的一致有界等度连续函数列. 利用 Ascoli–Arzelà 引理可以得到证明. (2) 构造具体的定义在无穷区间上的一致有界、等度连续, 但没有一致收敛的子列的函数列的例子.
11. 证明 Tonelli 序列的一致有界和等度连续性.
12. 利用反证法, 假设在其他点相交, 则从该交点处积分曲线的斜率得到矛盾.
13. $\delta\in(0,1)$ 时, 初值问题的解唯一. 这可以从 $\delta=1$ 与否求通解得到.
14. (14.1) 求出通解的表达式后确定每一个解的存在区间. (14.2) 任一解的存在区间都是有限的. (14.3) 有一个解的存在区间是 $(-\infty,0)$, 且当 $x\to 0^-$ 时它的积分曲线的极限是原点. 另一个解的存在区间是 $(0,\infty)$, 且当 $x\to 0^+$ 时它的积分曲线的极限是原点. 所有其他解的存在区间都是 $(-\infty,\infty)$.
15. 利用四个函数满足的方程证明 $(y-y_1)/(y_2-y_1)$ 关于 x 的导数为零.
16. 利用线性方程通解的表示和洛必达法则. (a) 极限存在的唯一解是 $x^{-a}\int_0^x s^{a-1}q(s)ds$.
17. 利用线性方程通解的表示. (a) 唯一有界解是 $\int_{-\infty}^x q(t)e^{t-x}dt$.
18. 转化为等价的微分方程初值问题求解. $f(f-1)-x=0$.
19. 通解 $y=xe^{x^2}\left(c+\int_1^x e^{-t^2}dt\right)$. 符合条件的解是 $y=xe^{x^2}\int_\infty^x e^{-t^2}dt$.

习题 3

1. 由定义直接验证可得.

2. 定理 25 的证明类似于 Picard 定理可证. 证明主要步骤:

   a) 对任意的 $(x_0,\boldsymbol{y}_0)\in\Omega$, 取以 $(x_0,\boldsymbol{y}_0)$ 为中心的包含在 Ω 中的矩形 $R:=\{(x,\boldsymbol{y}):|x-x_0|\leqslant a,|y_i-y_{0i}|\leqslant b\}$. 对任意的 $\lambda_0\in\Lambda$, 取以 λ_0 为中心包含在 Λ 中的闭球 Λ_0.

   b) 取

$$
\begin{aligned}
M&=\max_{1\leqslant i\leqslant n}\max_{(x,\boldsymbol{y})\in R\times\Lambda_0}\{|f_i(x,\boldsymbol{y})|\},\\
K&=\max_{1\leqslant i\leqslant n}\max_{(x,\boldsymbol{y})\in R\times\Lambda_0}\{|\partial_{x_j}f_i(x,\boldsymbol{y})|\},\\
\|\boldsymbol{y}\|&=|y_1|+\cdots+|y_n|,
\end{aligned}
$$

   则 $\boldsymbol{f}$ 在 $R\times\Lambda_0$ 上满足 Lipschitz 条件, 且 Lipschitz 常数为 $L=nK$.

   c) 记 $\mathcal{C}=C([x_0-\delta,x_0+\delta]\times\lambda_0)^n$, 其中 $\delta\in(0,\min\{1/L,a,b/M\})$. 令 ρ 是 $\mathcal{C}$ 上的最大值距离, 即

$$
\rho(\varphi_1,\varphi_2)=\max_{[x_0-\delta,x_0+\delta]\times\lambda_0}\{\|\varphi_1(x,\lambda)-\varphi_2(x,\lambda)\|\},
$$

   则 $(\mathcal{C},\rho)$ 是完备的距离空间.

   d) 定义

$$
(T\varphi)(x,\lambda)=\int_0^x\boldsymbol{f}(s,\varphi(s,\lambda),\lambda)ds,\quad \varphi(x,\lambda)\in\mathcal{X},
$$

   则 T 是 $\mathcal{C}\to\mathcal{C}$ 的映射, 且为压缩的.

   e) 由压缩映射原理, 存在唯一的 $\phi_0(x,\lambda)\in\mathcal{C}$ 使得 $T\varphi_0=\varphi_0$. 进一步地, φ_0 是初值问题 (3.1.5) 的唯一解, 且关于其变量连续.

   f) 通过延拓可以得到最大存在区间上的连续解.

3. 推论 27 的证明类似于定理 26 的证明, 考虑积分方程

$$
\varphi(x,\lambda,x_0,\boldsymbol{y}_0)=\boldsymbol{y}_0+\int_{x_0}^x\boldsymbol{f}(s,\varphi(s,\lambda,x_0,\boldsymbol{y}_0),\lambda)ds,
$$

可证. 例如初值问题 (3.1.8) 中的初始条件由

$$
\begin{aligned}
\boldsymbol{z}(x,\lambda,x_0,x_0',\boldsymbol{y}_0):=&\frac{\varphi(x,\lambda,x_0',\boldsymbol{y}_0)-\varphi(x,\lambda,x_0,\boldsymbol{y}_0)}{x_0'-x_0}\\
=&\frac{1}{x_0'-x_0}\left(\int_{x_0'}^x\boldsymbol{f}(s,\varphi(s,\lambda,x_0',\boldsymbol{y}_0,\lambda)ds-\int_{x_0}^x\boldsymbol{f}(s,\varphi(s,\lambda,x_0,\boldsymbol{y}_0,\lambda)ds\right),
\end{aligned}
$$

及

$$
\begin{aligned}
\boldsymbol{z}(x_0,\lambda,x_0,x_0',\boldsymbol{y}_0)=&\int_{x_0'}^{x_0}\boldsymbol{f}(s,\varphi(s,\lambda,x_0',\boldsymbol{y}_0,\lambda)ds/(x_0'-x_0)\\
=&-f(\xi,\varphi(\xi,\lambda,x_0',\boldsymbol{y}_0,\lambda)
\end{aligned}
$$

可得, 其中 ξ 介于 x_0 和 x_0' 之间.

4. 直接求解初值问题 (3.1.8) 和 (3.1.9) 可得.

5. 利用变分方程 (3.1.10), (3.1.8) 和 (3.1.9) 可得.

6. 令 $z=y'$, 则原二阶方程转化为方程组

$$\begin{pmatrix} y' \\ z' \end{pmatrix}=\begin{pmatrix} 0 & 1 \\ -q(x) & -p(x) \end{pmatrix}+\begin{pmatrix} 0 \\ f(x) \end{pmatrix}, \quad \begin{pmatrix} y(x_0) \\ z(x_0) \end{pmatrix}=\begin{pmatrix} y_0 \\ y_1 \end{pmatrix}.$$

然后利用定理 30.

7. 当 2μ 是奇数时, 对于 $\nu=-\mu$, 可以类似于教材中的计算得到广义幂级数解 $y(x)=J_{-\mu}(x)$. 当 2μ 是偶数时, 取 $\alpha\neq\mu$, 但充分接近 μ, 可以得到 Bessel 函数 $J_\alpha(x)$ 和 $J_{-\alpha}(x)$. 从而

$$J(x)=\lim_{\alpha\to\mu}\frac{J_\alpha(x)\cos\alpha\pi-J_{-\alpha}(x)}{\sin\alpha\pi}$$

是方程的解, 且与第一类 Bessel 函数 J_μ 线性无关.

8. (a) 利用微分方程已知一个解的降阶方法求解.

(b) 提示: 利用公式

$$\int_0^\pi\cos^{2m}\theta\sin^{2n}\theta d\theta=\frac{(2m)!}{2^{2m}m!}\frac{(2n)!}{2^{2n}n!}\frac{\pi}{(n+m)!},\quad n,m\in\mathbb{N},$$

$$\cos(x\cos\theta)=\sum_{k=0}^\infty\frac{(-1)^k}{(2k)!}(x\cos\theta)^{2k}.$$

9. (a) 幂级数通解为

$$y(x)=c_0\left(1+\sum_{n=1}^\infty\frac{(-x)^{3n}}{(3n)(3n-1)(3n-3)(3n-4)\cdots6\cdot5\cdot3\cdot2}\right)$$
$$+c_1\left(-x+\sum_{n=1}^\infty\frac{(-x)^{3n+1}}{(3n+1)(3n)(3n-2)(3n-3)\cdots7\cdot6\cdot4\cdot3}\right),\quad x\in\mathbb{R},$$

其中 c_0,c_1 是任意常数.

(b) 直接计算可得. (c) 利用 (b) 可得.

10. 在已给变换下, Riccati 方程可化为 $u''+x^2u=0$. 它在变换 $w(t)=x^{-1/2}u(x),t=(x^2)/2$ 下化为 1/4 阶 Bessel 方程

$$t^2w''(t)+tw'(t)+(t^2-1/16)w=0.$$

再利用 Bessel 方程的通解得到原方程的解.

11. 第一个结论可以利用指数函数的 Taylor 展开式得到. 后两个等式可以通过对第一个结论中的等式分别关于 x 和 t 求导数得到.

12. (12.1) 至 (12.3) 题: 设幂级数解为

$$y(x)=\sum_{n=0}^\infty a_nx^n.$$

– 代入 (12.1) 得到递推公式 $(n+2)(n+1)a_{n+2} = a_{n-1}$, $n = 0, 1, \cdots$, 其中 $a_{-1} = 0$.
– 代入 (12.2) 得到递推公式 $(k+2)(k+1)a_{k+2} + (k+1)a_{k-1} = 0$, $k = 0, 1, \cdots$.
– 代入 (12.3) 得到递推公式 $(k+2)(k+1)a_{k+2} + (\lambda - 2k)a_k$, $k = 0, 1, \cdots$.

(12.4) 指标方程为 $s^2 = 0$, 有幂级数解 $y(x) = \sum_{n=0}^{\infty} a_n x^n$, 其系数满足递推方程 $(k+1)^2 a_{k+1} + a_{k-1} = 0$, $k = 0, 1, \cdots$.

(12.5) 指标方程为 $s^2 - 2s - 3 = 0$, 有幂级数解为 $y(x) = x^3 \sum_{n=0}^{\infty} a_n x^n$, 其系数满足递推方程 $k(k+4)a_k - (k+1)(k+2)a_{k-1} = 0$, $k = 0, 1, \cdots$.

(12.6) 指标方程为 $s^2 - 3s = 0$, 类似于 (12.5) 可得到幂级数解.

13. 必要性: 取 Ω 中任意点 $(x, \boldsymbol{y})$, 考虑过该点的积分曲线. 充分性: 对于 Ω 中的任一条积分曲线 $(x, \varphi(x))$, 证 $dV(x, \varphi(x))/dx \equiv 0$.

14. 利用 $x\dfrac{dx}{dt} + y\dfrac{dy}{dt}$ 及 $y\dfrac{dx}{dt} - x\dfrac{dy}{dt}$ 可得两个函数独立的首次积分.

15. 利用首次积分的等价判定条件及线性代数方程组的解的性质.

16. 设 $V_1(x, \boldsymbol{y}), \cdots, V_k(x, \boldsymbol{y})$ 是微分方程组 (3.3.1) 在 G 中的函数独立的首次积分. 不妨假设 $V_1, \cdots, V_k$ 关于 $y_{n-k+1}, \cdots, y_n$ 的 Jacobi 矩阵可逆. 则从等势面 $\boldsymbol{V} = \boldsymbol{c}$, 即

$$V_i(x, \boldsymbol{y}) = c_i, \quad i = 1, \cdots, k$$

中解出

$$y_j = h_j(x, y_1, \cdots, y_{n-k}, \boldsymbol{c}), \quad j = n-k+1, \cdots, n.$$

从而 (3.1.1) 的前 $n-k$ 个方程为

$$\dot{y}_i = f(x, y_1, \cdots, y_{n-k}, h_{n-k+1}, \cdots, h_n), \quad i = 1, \cdots, n-k. \tag{$*$}$$

最后只需证明在等势面 $\boldsymbol{V} = \boldsymbol{c}$ 上, 对于方程组 $(*)$ 的任意解 $y_i = \varphi_i(x, \boldsymbol{c})$, $i = 1, \cdots, n-k$,

$$y_j = h_j(x, \varphi_1(x, \boldsymbol{c}), \cdots, \varphi_{n-k}(x, \boldsymbol{x}), \boldsymbol{c}), \quad j = n-k+1, \cdots, n,$$

满足 (3.3.1) 的后 k 个方程.

17. 参见文献 [45].

18. (18.1) $u = \Phi(y/x, z/x)$. (18.2) $u = \Phi((x-y)^2/z, (x+y+2z)^2/z)$. (18.3) $u = \Phi(4z + x^2, (x+y)^2/x)$. (18.4) $\Phi\left(x^2/y, \dfrac{2}{3}x^2y^{1/2} - 2y^{-1/2}z\right) \equiv 0$. (18.5) $\Phi((x+y)^{-1} + z^{-1}, (x-y)^{-1} + z^{-1}) \equiv 0$. (18.6) $\Phi((x+y+z)u^{-2}, (x-y)u, (y-z)u) \equiv 0$.

19. 方程的通解和初值问题的解分别是

(19.1) 通解 $u = \phi(e^{2x} - ye^x) \Rightarrow$ 初值问题的解 $u = 1 - e^{2x} + ye^x$.

(19.2) 通解 $u = \phi(\sqrt{x} - \sqrt{y}, ze^{-2\sqrt{x}}) \Rightarrow$ 初值问题的解 $u = (1 - \sqrt{x} + \sqrt{y})^2 ze^{2(1-\sqrt{x})} + 1$.

(19.3) 通解 $\Phi(x/y, xy-2z, (u+x^2+y^2)/x) \equiv 0 \Rightarrow$ 初值问题的解 $u = \pm 2(x^2+y^2)(xy-2z)/\sqrt{xy(xy-2z)} - x^2 - y^2$.

(19.4) 通解 $\Phi(x^2-y^2, xe^{-z}) \equiv 0 \Rightarrow$ 初值问题的解 $z = x^2 - y^2 - \ln \dfrac{\sqrt{x^2-y^2}}{x}$.

(19.5) 通解 $\Phi(x/y, z^2+xy) \equiv 0 \Rightarrow$ 初值问题的解 $z^2 + xy = x^{-6}y^6 + x^{-3}y^3$.

(19.6) 通解 $\Phi(y/x, (z+x^2+y^2)/x) \equiv 0 \Rightarrow$ 初值问题的解 $z = y - 2x - x^2 - y^2$.

(19.7) 通解 $\Phi(x^2+z^2, xz-y) \equiv 0 \Rightarrow$ 初值问题的解 $z^2 - 5xz + x^2 + 5y = 0$.

20. 类似于地球与太阳的两体问题的解, 得到 Hamilton 函数

$$H(\boldsymbol{q}, \boldsymbol{p}) = \frac{1}{2m_s}(p_1^2 + p_2^2) - \frac{Gm_s m_e}{\sqrt{q_1^2 + q_2^2}},$$

其中 m_s 是卫星的质量, m_e 是地球的质量. 以及相应的 Hamilton 系统有另外一个首次积分 $F = q_1 p_2 - q_2 p_1$.

习题 4

1. 提示: 令 $\Phi(x) = \displaystyle\int_c^x b(s)\phi(s)ds$, 并对该式两边求导数.

3. 利用线性无关的定义、以及 $\widetilde{\boldsymbol{y}}_1, \cdots, \widetilde{\boldsymbol{y}}_n$ 的线性无关性, 和 $\boldsymbol{y}^*$ 是非齐次方程的解. 至多 $n+1$ 个线性无关解可以用反证法证明.

4. 利用解的 Wronsky 行列式满足的性质.

5. (a) 和 (b) 直接利用定义. (c) 利用 $\boldsymbol{\Psi}(x)$ 的每一列都是解以及 (a).

6. 利用 $\boldsymbol{\Phi}^{\mathrm{T}}(x)$ 满足的微分方程. 对 $\boldsymbol{\Phi}^{\mathrm{T}}(x)(\boldsymbol{\Phi}^{\mathrm{T}}(x))^{-1} = \boldsymbol{E}$ 两边关于 x 求导数可证 (a). (b) 可以由 $\boldsymbol{\Phi}(x)\boldsymbol{\Psi}(x)$ 关于 x 的导数为零得到. (c) 类似于 (b) 可证.

8. (8.1) $x(t) = t$, $y(t) = t$. (8.2) $x(t) = t$, $y(t) = 2$.

9. 设 $\phi(x)$ 是某 n 阶线性齐次微分方程的一个非零解. 令 $u(x) = y(x)/\phi(x)$, 即 $y(x) = u(x)\phi(x)$. 利用

$$y^{(k)}(x) = \sum_{j=1}^{k} \begin{pmatrix} k \\ j \end{pmatrix} u^{(j)}(x)\phi^{(k-j)}(x), \quad k = 1, \cdots, n,$$

其中 $y^{(k)}(x)$ 表示 y 的 k 阶导数. 将上述导数代入原方程可以得到 u' 满足 $n-1$ 阶方程.

10. 这是 Euler 方程, 利用 Euler 方程的标准变换可得.

12. (12.1) $y_1(x) = c_1 e^{2x} + \dfrac{1}{2}$, $y_2(x) = c_1 x e^{2x} + c_2 e^{2x} - \dfrac{x}{2} - \dfrac{1}{2}$. (12.2) $y_1(x) = c_1 e^{-x} - 1$, $y_2(x) = c_1 x e^{-x} + c_2 e^{-x} + x - 2$, $y_3(x) = \dfrac{1}{2}c_1 x^2 e^{-x} + c_2 x e^{-x} + c_3 e^{-x} + 2x - 4$.

13. 必要性可以利用通解的表达式. 充分性可以利用反证法. 建议用向量的模证明.

14. 利用导数的差商的极限的定义.

15. (15.1) $x(t) = c_1e^{2t}(\cos t + \sin t) - c_2e^{2t}\sin t$, $y(t) = 2c_1e^{2t}\sin t + c_2e^{2t}(\cos t - \sin t)$. (15.2) $x(t) = \frac{1}{9}c_1e^{-2t}(e^{3t}+2)^2 + \frac{1}{6}c_2e^{-2t}(e^{6t}-1) - \frac{2}{9}c_3e^{-2t}(e^{3t}-1)^2$, $y(t) = \frac{4}{9}c_1(e^{4t} + e^t - 2e^{-2t}) + \frac{1}{3}c_2(2e^{4t}+e^{-2t}) - \frac{4}{9}c_3(2e^{4t} - e^t - e^{-2t})$, $z(t) = -\frac{1}{9}c_1(e^{4t} - 5e^t + 4e^{-2t}) - \frac{1}{6}c_2(e^{4t} - e^{-2t}) + \frac{1}{9}c_3(2e^{4t} + 5e^t + 2e^{-2t})$. (15.3) $x(t) = c_1\cosh(n^2t) - c_2\sinh(n^2t) + \frac{n+1}{n^3+n}\sin(nt)$, $y(t) = -c_1\sinh(n^2t) + c_2\cosh(n^2t) + \frac{n-1}{n^3+n}\cos(nt)$. (15.4) $x(t) = c_1(2e^{3t} - e^{2t}) + c_2(e^{3t} - e^{2t}) + e^{3t}(t-1) + \frac{1}{3}$, $y(t) = -2c_1(e^{3t} - e^{2t}) - c_2(e^{3t} - 2e^{2t}) - e^{3t}(t-2) + \frac{2}{3}$. (15.5) $x(t) = -c_1(1-2e^{-t}) + c_2(1-e^{-t}) - c_3(1-e^{-t}) + \frac{1}{2}e^t$, $y(t) = c_1(e^t-1) + c_2 + c_3(e^t-1)$, $z(t) = c_1(e^t+1-2e^{-t}) - c_2(1-e^{-t}) + c_3(e^t+1-e^{-t}) - \frac{1}{2}e^t$. (15.6) $x(t) = c_1e^t + c_2te^t + \frac{1}{2}c_3t^2e^t + t^2 + t + 1$, $y(t) = c_2e^t + c_3te^t + t$, $z(t) = c_3e^t + t + 1$.

16. (16.1) $x(t) = e^{-t}(\cos t + 12\sin t)$, $y(t) = e^{-t}(2\cos t - 5\sin t)$. (16.2) $x(t) = \frac{1}{8}e^{3t} + \frac{1}{8}e^{-t}(4t+7)$, $y(t) = \frac{1}{16}e^{3t} - \frac{1}{16}e^{-t}(4t+1)$, $z(t) = \frac{1}{8}e^{3t} - \frac{1}{8}e^{-t}(4t+9)$. (16.3) $x(t) = 3e^{2t} - 2e^t$, $y(t) = \frac{3}{2}e^{2t} - 2e^t + \frac{1}{2}$, $z(t) = 1 - e^t$. (16.4) $x(t) = e^t(t-2t^2)$, $y(t) = -e^t(1-3t+2t^2)$. (16.5) $x(t) = \frac{1}{2}(2+e^2)(e^t-1)$, $y(t) = \frac{1}{4}(4e^{-2t} - e^{2-2t} + e^2)$, $z(t) = -\frac{1}{4}(e^2-4)(1-e^{-2t})$. (16.6) $x(t) = -e^t + 2 - 2e^{-t}$, $y(t) = 3 - 2e^{-t}$, $z(t) = e^t - 3 + 4e^{-t}$.

17. 计算特征值, 并借助特征向量对应的直线解判定. 中心或焦点的情况可以通过计算 x 轴上 y 关于时间 t 的导数或 y 轴上 x 关于时间 t 的导数确定轨线的运动方向.

18. 利用 a, b 的值的不同情况给出通解的表达式, 再利用解的表达式确定解的有界性、极限性质, 以及解的零点.

19. 利用二阶常系数非线性微分方程通解的表达式讨论.

20. (20.1) $x(t) = c_1e^t + c_2e^{-t} + c_3\cos t + c_4\sin t$. (20.2) $x(t) = \frac{1}{16}c_1e^{2t} + \frac{1}{16}c_2e^{2t}(t-2) + c_3 + c_4t + c_5t^2 + c_6t^3$. (20.3) $x(t) = c_1e^{-t} + c_2e^t + c_3e^{3t}$. (20.4) $x(t) = e^{-t}$. (20.5) $x(t) = \cos(2t) - t\cos(2t) + \frac{3}{2}\sin(2t) + t\sin(2t)$. (20.6) $x(t) = -\frac{1}{5}e^{2t} - \frac{4}{5}\cos t + \frac{2}{5}\sin t$. (20.7) $x(t) = c_1 + c_2\cos t + c_3\sin t + t - \frac{1}{3}\sin(2t)$. (20.8) $x(t) = c_1e^{-t} + c_2 + e^{-t}(t+1) + \frac{1}{2}t^2 - t$. (20.9) $x(t) = c_1\cos t + c_2t\cos t + c_3\sin t + c_4t\sin t + \frac{1}{4}e^{-t}$. (20.10) $x(t) = c_1\cos t + c_2\sin t - \frac{1}{8}\sin t + \frac{1}{4}t\cos t + \frac{1}{4}t^2\sin t$. (20.11) $x(t) = -e^{-t} - \cos t + 2e^t$. (20.12) $x(t) = -\frac{1}{6}e^{3t} - \frac{7}{8}\cos t + \frac{19}{8}\sin t + \frac{1}{24}\cos(3t) + \frac{1}{24}\sin(3t)$. (20.13) $x(t) = -\frac{21}{16} + \frac{5}{16}e^{2t} - \frac{5}{8}t - \frac{1}{8}t^2 - \frac{1}{12}t^3$. (20.14) $x(t) = \frac{1}{6}e^t(18 - 12t + t^3)$. (20.15) $x(t) = t$.

习题 5

1. 利用结论 (a), 类似于 (b) 可证.

2. (a) 充分性. 利用解的唯一性和 $\boldsymbol{w}(t+T)$ 也是方程组的解. (b) 利用线性微分方程通解的常数变易公式.

3. 求出一个基解矩阵, 然后利用定理 54.

4. 先求基解矩阵, 再求特征乘数.

8. $\lambda=0$, $y_0(x)=c_0$; $\tan(\sqrt{\lambda}\pi)=\dfrac{\gamma}{\sqrt{\lambda}}$, $y_0(x)=\cos(\sqrt{\lambda}x)$.

9. 提示: 用特征函数乘以方程 (5.2.15) 的两边, 并从 a 到 b 积分.

10. 两个边值问题的特征值和特征函数分别为
$\lambda=0,\ y_0(x)=c_0;\ \lambda=n^2,\ y_n(x)=c_1\cos(nx)+c_2\sin(nx),\ n=1,2,\cdots,$
$\lambda=0,\ y_0(x)=c_0;\ \lambda=4n^2, y_n(x)=c_1\cos(2nx)+c_2\sin(2nx),\ n=1,2,\cdots.$

习题 6

1. 提示: 利用定理 54 (Floquet 定理) 和定理 64.

2. (2.1) 可取基本解 $\Phi(t)=e^{-\frac{4}{3}\cos(3t)}$, 零解 Lyapunov 稳定. (2.2) 可取基解矩阵

$$\Phi(t)=\begin{pmatrix} -2e^{-2t} & e^{-2t}\cos(2t)+e^{-2t}\sin(2t) \\ 0 & -2e^{-2t} \end{pmatrix},\quad \text{零解渐近稳定.}$$

(2.3) 可取基解矩阵

$$\Phi(t)=\begin{pmatrix} e^t & e^{t+\frac{1}{2\pi}\sin(2\pi t)} \\ 0 & e^{t+\frac{1}{2\pi}\sin(2\pi t)} \end{pmatrix},\quad \text{零解不稳定.}$$

3. 参考 Hill 方程的结论讨论.

4. (4.1) 线性部分是鞍点, 零解不稳定. (4.2) 线性部分是稳定的结点, 零解渐近稳定. (4.3) 线性部分是不稳定的焦点, 零解不稳定. (4.4) $\alpha=0$ 时原点是中心, 原方程零解的稳定不能用线性近似判定. 转化成极坐标可得: 零解渐近稳定 ($\alpha<0$), 稳定 ($\alpha=0$), 不稳定 ($\alpha>0$).

5. 零解稳定但不渐近稳定 ($\varepsilon=0$), 不稳定 ($\varepsilon>0$), 渐近稳定 ($\varepsilon<0$).

7. (7.1) 零解稳定但不渐近稳定 ($\alpha=0$), 不稳定 ($\alpha>0$), 渐近稳定 ($\alpha<0$). (7.2) 零解渐近稳定. (7.3) 零解不稳定 (取 $V(x,y)=x^2-y^2$, 并考虑区域 $x^2-y^2>0$ 和 $x>0$). (7.4) 零解不稳定. (7.5) 零解渐近稳定. (7.6) 零解稳定但非渐近稳定 (取 $V(x,y)=x^2+y^2+x^4+y^4$).

8. 利用 Lyapunov 第二方法, 以及 $f(0,0)$ 的不同取值.

9. 零解 $(0,0)$ 是中心, 稳定.

10. 奇点: $(0,0)$ 和 $\left(-\frac{2}{3},0\right)$. 前者是中心、稳定, 后者是鞍点、不稳定.

11. 若 $\alpha=0$, 系统没有极限环. 若 $\alpha\neq 0$, 系统有两个极限环, 其稳定性依赖于 α 的符号.

13. (13.2) 当 α,β 的值变化时会发生奇点的鞍结分支. 当 $\Delta:=\alpha^2-4\beta<0$, 方程没有奇点, 从 x 轴上任何一点出发的轨线都负向趋于负无穷, 正向趋向正无穷. 当 $\Delta=0$, 方程有唯一的奇点 $x_0=\frac{\alpha}{2}$, 从 x_0 左边出发的轨线都正向趋于 x_0, 负向趋于负无穷; 从 x_0 右边出发的轨线都负向趋于 x_0, 正向趋于正无穷. 当 $\Delta>0$, 方程有两个奇点 $x_1=\frac{\alpha-\sqrt{\Delta}}{2}$ 和 $x_2=\frac{\alpha+\sqrt{\Delta}}{2}$. 从 x_1 和 x_2 之间出发的轨线都正向趋于 x_1, 负向趋于 x_2.
(13.5) 在参数 (μ,β) 平面中, 在 μ,β 变化过程中两次发生 Hopf 分支. 在 $\mu>0(<0)$ 的半平面中原点是不稳定 (稳定) 的粗焦点. 在 $\mu=0$ (即 β 轴上), 当 β 从负变正时, 原点从不稳定细焦点变为中心再变为稳定的细焦点. 在上半平面, 当 μ 从零变正时, 原点从稳定的细焦点变成不稳定的粗焦点, 产生 Hopf 分支, 从原点分支出一个稳定的极限环. 在下半平面, 当 μ 从零变负时, 原点从不稳定的细焦点变成稳定的粗焦点, 产生 Hopf 分支, 从原点分支出一个不稳定的极限环.

其他题目可以类似讨论, 从略.

参考文献

[1] Abraham R, Marsden J E. Foundations of Mechanics. Lodon: The Benjamin/ Cummings Publishing Company, INC, 1978.

[2] Andronov A A, Pontryagin L S. Systemes grossiers. Doklady Akademi Nauk SSSR, 1937, 14: 247–250.

[3] Arnold V I. Ordianry Differential Equations. Berlin: Springer–Verlag, 2006.

[4] Arnold V I. Geometric Method of the Theory of Ordianry Differential Equations. New York: Springer–Verlag, 1983.

[5] Arnold V I. Mathmatical Methods of Classical Mechanics. New York: Springer–Verlag, 1989.

[6] Audin M, da Silva A C, Lerman E. Symplectic Geometry of Integrable Hamiltonian Systems. Basel: Birkhäuser, 2003.

[7] Barreira L, Pesin Y. Nonuniform hyperbolicity. Dynamics of systems with nonzero Lyapunov exponents. Encyclopedia of Mathematics and its Applications 115, Cambridge: Cambridge Univ. Press, 2007.

[8] Bogoyavlenskij O I. Extended integrability and bi-Hamiltonian systems. Communications in Mathematical Physics, 1998, 196: 19–51.

[9] Bolsinov A V, Fomenko A T. Integrable Hamilton Systems: Geometry, Topology, Classification. Boca Raton: Chapman & Hall, 2004.

[10] Bolsinov A V, Taimanov I A. Integrable geodesic flows with positive topological entropy. Inventiones Mathematicae, 2000, 140: 639–650.

[11] Chavarriga J, Giacomini H, Gine J, et al. On the integrability of two-dimensional flows. Journal of Differential Equations, 1999, 157: 163–182.

[12] Chicone C. Ordinary Differential Equations with Applications. New York: Springer–Verlag, 2006.

[13] Chow S N, Hale J K. Methods of Bifurcation Theory. New York: Springer–Verlag, 1982.

[14] Christopher C, Li C Z. Limit Cycles of Differential Equations. Basel: Birkhäuser, 2007.

[15] Chua L O, Komuro M, Matsumoto T. The double scroll family. IEEE Trans. Circuits Syst. CAS-1986, 33: 1073–1118.

[16] Coddington E A, Levinson N. Theory of Ordinary Differential Equations. New York: McGraw Hill, 1955.

[17] Conway J B. A Course in Functional Analysis. Graduate Texts in Math. 96, New York: Springer–Verlag, 1985.

[18] Culver W J. On the existence and uniqueness of the real logarithm of a matrix. Proceedings of the American Mathematical Society, 1966, 17: 1146–1151.

[19] DeBaggis H F. Dynamical systems with stable structures. Contributions to the Theory of Nonlinear Oscillations Vol. Ⅱ, 37–59, Princeton: Princeton Univ. Press, 1952.

[20] Dragomir S S. Some Gronwall Type Inequalities and Applications. New York: Nova Science Pub Inc., 2003.

[21] 丁同仁, 李承治. 常微分方程. 北京: 高等教育出版社, 2005.

[22] Dufour J P, Zung N T. Poisson Structures and Their Normal Forms. Progress in Mathematics, Basel: Birkhäuser, 2005.

[23] Dumortier F, Llibre J, Artés J C. Qualitative Theory of Planar Differential Systems. Berlin: Springer–Verlag, 2006.

[24] Écalle J. Introduction aux fonctions analysables et preuve constructive de la conjecture du Dulac. Actualities Math., Paris: Hermann, 1992.

[25] Godunov A N. Peano's theorem in Banach space. Functional Analysis and its Applications, 1975, 9: 53–55.

[26] Goriely A. Integrability and Nonintegrability of Dynamical Systems. New Jersey: World Scientific, 2001.

[27] Guckenheimer J, Holmes P. Nonlinear Oscillations, Dynamical Systems, and Bifurcations of Vector Fields. New York: Springer–Verlag, 1983.

[28] Hájek P, Johanis M. On Peano's theorem in Banach space. Journal of Differential Equations, 2010, 249: 3342–3351.

[29] Hale J K. Ordinary Differential Equations, (2nd ed.), R. E. Krieger Pub. Co., Malabar, 1980.

[30] 韩茂安. 动力系统的周期解与分支理论. 北京: 科学出版社, 2002.

[31] Hartman P. Ordinary Differential Equations (second edition). Boston: Birkhäuser, 1982.

[32] Hilbert D. Mathematical problems. Bulletin of the American Mathematical Society, 2000, 37: 407–436.

[33] Hill G W. On the part of the motion of the lunar perigee which is a function of the mean motions of the sun and moon. Acta Mathematica, 1886, 8: 1–36.

[34] Hirsch M, Smale S. Differential Equations, Dynamical Systems, and Linear Algebra. San Diego: Academic Press, 1974.

[35] Ilyashenko Yu S. Finiteness Theorems for Limit Cycles. Transl. Math. Monograph 94. Providence: American Mathematical Society, 1991.

[36] Ilyashenko Yu S, Li W G. Nonlocal Bifurcations. Providence: American Mathematical Society, 1999.

[37] Jost J. Dynamical Systems. Berlin: Springer–Verlag, 2005.

[38] Katok A. Lyapunov exponents, entropy and periodic orbits for diffeomorphisms. Inst. Hautes Études Sci. Publ. Math. 1980, (51): 137–173.

[39] Kelley W, Peterson A. The Theory of Differential Equations Classical and Qualitative.

New Jersey: Pearson Education, INC., 2004.

[40] Li J B. Hilbert's 16th problem and bifurcations of planar polynomial vector fields. International Journal of Bifurcation and Chaos, 2003, 13: 47–106.

[41] 李炯生, 查建国. 线性代数. 合肥: 中国科学技术大学出版社, 1989.

[42] Li T Y, Yorke J A. Period three implies chaos. The American Mathematical Monthly, 1975, 82: 985–992.

[43] 李伟固. 正规型理论及其应用. 北京: 科学出版社, 2000.

[44] Li W G, Llibre J, Zhang X. Extension of Floquet's theory to nonlinear periodic differential systems and embedding diffeomorphisms in differential flows. American Journal of Mathematics, 2002, 124: 107–127.

[45] Llibre J, Zhang X. Rational first integrals in the Darboux theory of integrability in $\mathbb{C}^n$. Bulletin des Sciences Mathématiques, 2010, 134: 189–195.

[46] 刘一戎, 李继彬. 平面向量场的若干经典问题. 北京: 科学出版社, 2010.

[47] Lorenz E N. Deterministic nonperiodic flow. J. Atmospheric Sciences, 1963, 20(2): 130–141.

[48] 罗定军, 张祥, 董梅芳. 动力系统的定性理论与分支理论. 北京: 科学出版社, 2001.

[49] Lyapunov M. Problème Général de la Stabilté du Movement. Princeton: Princeton Universtiy Press, 1947.

[50] Magnus W, Walker S. Hill's Equation. New York: Interscience Publishers, 1966.

[51] Miller R K, Michel A N. Ordinary Differential Equations. New York: Academic Press, 1982.

[52] Muthuswamy B, Chua L O. Simplest chaotic circuit. Internat. J. Bifur. Chaos, 2010, 20: 1567–1580.

[53] Olver P J. Applications of Lie Groups to Differential Equations. New York: Springer, 1998.

[54] Palis J Jr, de Melo W. Geometric Theory of Dynamical Systems An Introduction. New York: Springer–Verlag, 1982.

[55] Peixoto M M. On structure stability. Annals of Mathematics, 1959, 69: 199–222.

[56] Peixoto M M. Structural stability on two–dimensional manifolds. Topology, 1962, 1: 101–120.

[57] Pikovski A S, Rabinovich M I, Trakhtengerts V Y. Onset of stochasticity in decay confinement of parametric instability. Sov. Phys. JETP, 1978, 47: 715–719.

[58] Pollicott M. Lectures on ergodic theory and Pesin theory on compact manifolds, London Mathematical Society Lecture Note Series 180, Cambridge: Cambridge Univ. Press, 1993.

[59] Pontryagin L S. Ordianry Differential Equations. San Diego: Elsevier, 1962.

[60] Rikitake T. Oscillations of a system of disk dynamos. Proc. Cambridge Philos. Soc., 1958, 54: 89.

[61] Romanovski V G, Shafer D S. The Center and Cyclicity Problems A Computational Algebraic Approach. Boston: Birkhäuser, 2009.

[62] Rössler O E. An equation for continuous chaos. Physics Letters A, 1976, 57: 397–398.

[63] Rössler O E. An equation for hyperchaos. Physics Letters A, 1979, 71: 155–157.

[64] Roussarie R. Bifurcation of Planar Vector Fields and Hilbert's Sixteenth Problem. Basel: Birkhäuser, 1998.

[65] Rudin W. Functional Analysis (2nd ed.). New York: McGraw-Hill, 1991.

[66] Smale S. Mathematical Problems for the Next Century. The Mathematical Intelligencer, 1998, 20k(2): 7–15.

[67] Sagan H. Boundary and Eigenvalue Problems in Mathmatical Physics. New York: John Wiley, 1963.

[68] Vanhaeche P. Integrable systems in the realm of Algebraic Geometry. Lecture Notes in Mathematics 1638, Heidelberg: Springer-Verlag, 2001.

[69] 王高雄, 周之铭, 朱思铭等. 常微分方程 (第三版). 北京: 高等教育出版社, 2011.

[70] 王竹溪, 郭登仁. 特殊函数概论. 北京: 北京大学出版社, 2000.

[71] Wiggins S. Global bifurcations and chaos. Analytical methods. Applied Mathematical Sciences 73. New York: Springer–Verlag, 1988.

[72] Wiggins S. Introduction to applied nonlinear dynamical systems and chaos. Texts in Applied Mathematics 2, New York: Springer–Verlag, 1990.

[73] 伍卓群, 李勇. 常微分方程. 北京: 高等教育出版社, 2004.

[74] 叶彦谦. 常微分方程讲义 (第二版). 北京: 人民教育出版社, 1982.

[75] 叶彦谦. 极限环论. 上海: 上海科学技术出版社, 1986.

[76] 叶彦谦. 多项式微分系统定性理论. 上海: 上海科学技术出版社, 1995.

[77] 张恭庆, 林源渠. 泛函分析讲义. 上、下册. 北京: 北京大学出版社, 2003.

[78] 张锦炎, 冯贝叶. 常微分方程几何理论与分支问题 (第三版). 北京: 北京大学出版社, 2002.

[79] Zhang X. Liouvillian integrability of polynomial differential systems. Trans. Amer. Math. Soc., DOI: http://dx.doi.org/10.1090/S0002-9947-2014-06387-3

[80] 张芷芬, 丁同仁, 黄文灶等. 微分方程定性理论. 北京: 科学出版社, 1985.

[81] 张芷芬, 李承治, 郑志明等. 向量场的分岔理论基础. 北京: 高等教育出版社, 1997.

[82] Zung N T. Convergence versus integrability in Birkhoff normal form. Annals of Mathematics, 2005, 161: 141–156.

名 词 索 引

专业名词中英文对照

鞍点　Saddle
鞍结分支　Saddle-node bifurcation
半稳定的极限环　Semistable limit cycle
半稳定环分支　Semistable limit cycle bifurcation
比较定理　Comparison theorem
闭轨线　Closed orbit
变分方程　Variational equation
变量分离方程　Equation of separation of variables
不动点　Fixed point
不稳定的极限环　Unstable limit cycle
不稳定的焦点　Unstable focus
不稳定的结点　Unstable node
草叉分支　Pitchfork bifurcation
常点　Regular point
常负　Nonpositive
常数变易法　Method of variation of constants
常数变易公式　Variation of constants formula
常微分方程　Ordinary differential equations (ODE)
常正　Nonnegative
超临界分支　Transcritical bifurcation
充要条件　Sufficient and necessary conditions
初等鞍点　Elementary saddle
初等函数　Elementary function
初等积分法　Elementary integral method
初等结点　Elementary node
初始点　Initial point
初始条件　Initial condition
初始值　Initial value
初值问题　Initial value problem
粗焦点　Strong focus
存在唯一性定理　The existence and uniqueness theorem
代数余子式　Algebraic complement
代数重数　Algebraic multiplicity
单连通区域　Simply connected region
单向结点　Degenerate node
单质算子　Monodromy operator
等度连续　equicontinuous
递推公式　Recursion formula
定负　Negative definite
定正　Positive definite
动力系统　Dynamical system
对称形式　Symmetric form
多项式微分系统　Polynomial differential system
二阶微分方程　Second order DE
发散量　Divergence
返回时间　Return time
返回映射　Return map
泛函分析　Functional analysis
非奇异矩阵　Nonsingular matrix
分支　Bifurcation
复特征值　Complex eigenvalues
高阶微分方程　Higher order DE
共轭方程　Conjugate equation
共轭复根　Conjugate complex roots
广义 Gronwall 不等式　Generalized Gronwall inequal

广义幂级数 Generalized power series
混沌 Chaos
积分方程 Integral equation
积分曲线 Integral curves
积分因子 Integrating factor
基本解组 Fundamental solutions
基解矩阵 Fundamental matrix of solutions
极限 Limit
几何重数 Geometric multiplicity
渐近稳定 Asymptotically stable
结点 node
截痕 Section
解 Solution
解的存在区间 The interval of existence of solution
解的存在性 Existence of solutions
解的唯一性 Uniqueness of solutions
解的延拓 Continuation of solutions
解对参数的可微性 Differentiability of solutions with respect to parameters
解对参数的连续依赖性 Continuity of solutions with respect to parameters
解对初值的连续依赖性 Continuity of solutions w.r.t. initial conditions
解矩阵、矩阵解 Matrix solution
解析解 Analytic solution
解析微分方程 Analytic differential equation
近似解 Approximate solution
局部 Lipschitz′条件 Local Lipschitz condition
局部坐标 Local coordinates
矩阵的迹 Trace of matrix
矩阵的转置 Transpose of matrix
矩阵对数 Matrix logarithm
矩阵指数 Matrix exponential
矩阵指数函数 Matrix exponential function
距离空间 Metric space
绝对值 Absolute value
开区间 Open interval
连续 Continuous (Continuity)
连续解 Continuous solution
连续可微的解 Continuously differentiable solution
连续偏导数 Continuous partial derivative
零解 Zero solution
幂级数 Power series
模 Norm
逆矩阵 Inverse matrix
偏微分方程 Partial differential equations (PDE)
奇点 Singular point, critical point, equilibrium
奇解 Singular solution
恰当方程 Exact equation
切线 Tangent line
任意常数 Arbitrary constant
弱 Hilbert 第 16 问题 Weaken Hilbert's 16th problem
三角不等式 Triangle inequality
实解 Real solution
收敛 Convergent (convergence)
收敛半径 Ratio of convergence
双曲奇点 Hyperbolic singularity
特殊函数 Special function
特征乘数 Characteristic multiplier
特征多项式 Characteristic polynomial
特征向量 Eigenvector
特征值 Eigenvalues
特征指数 Characteristic exponent
通积分 General integral
通解 General solution
同宿分支 Homoclinic bifurcation

同宿轨道 Homoclinic orbit
凸区域 Convex region
椭圆积分 Elliptic integral
完备的距离空间 Complete metric space
微分方程 Differential equations (DE)
微分方程的阶 The order of differential equations
微分方程定性理论 quad Qualitative theory of DE
微分方程组 System of differential equations
稳定 Stability
稳定的极限环 Stable limit cycle
稳定的焦点 Stable focus
稳定的结点 Stable node
稳态解 Stable solution
细焦点 Fine focus, weak focus
线素场 Line segment fields
线性非齐次微分方程 Linear nonhomogeneous DE
线性非齐次微分方程组 System of linear nonhomogeneous DEs
线性齐次方程 Linear homogeneous equations
线性微分方程 Linear differential equations
线性无关解 Linearly independent solutions
线性相关解 Linearly dependent solutions
相邻的零点 Consecutive zeros
向量 Vector
斜率 Slope
压缩影射 Contraction mapping
压缩映射原理 Contraction mapping theorem
一阶常微分方程 The first order ODE
一致收敛 Uniformly convergent
一致有界 Uniformly bounded
异宿分支 Heteroclinic bifurcation
异宿轨道 Heteroclinic orbit
因变量 Dependent variable
隐式微分方程 Implicit differential equations
优函数 Majorant function
优级数 Majorant series
有界闭集 Bounded closed set
振荡 Oscillation
正则奇点 Regular singularity, Regular singular point
指标方程 Index equation
中心 Center
周期轨道 Periodic orbit
周期环域 Period annulus
周期解 Periodic solution
子空间 subspace
自变量 Independent variable
自治微分方程 Autonomous differential equations
最大存在区间 The maximal interval of existence
最小正周期 Minimal positive period
n 维向量 n dimensional vector
n 阶常微分方程 nth order ODE
n 次齐次函数 Homogeneous function of order n
T 周期函数 Periodic function of period T
Arzelá-Ascoli 引理 Arzelá-Ascoli Lemma
Banach 不动点定理 Banach fixed point theorem
Bendixson 定理 Bendixson theorem
Bernoulli 方程 Bernoulli equation
Bessel 方程 Bessel equation
Cauchy 问题 Cauchy problem
Cauchy 序列 Cauchy sequence
Clairaut 方程 Clairaut equation

Dulac 定理　Dulac theorem
Dulac 函数　Dulac function
Euler 方程　Euler equation
Euler 折线　Euler polygons
Floquet 理论　Floquet's theory
Floquet 正规型　Floquet normal form
Floquet 指数　Floquet exponent
Gamma 函数　Gamma function
Gronwall 不等式　Gronwall inequality
Hilbert 第 16 问题　Hilbert's 16th problem
Hopf 分支　Hopf bifurcation
Jacobi 行列式　Jacobi determinant
Jordan 标准型　Jordan canonical form
Legendre 多项式　Legendre polynomial
Legendre 方程　Legendre equation
L'Hospital 法则　L'Hospital rule
Liouville 公式　Liouvelle's formula
Lipschitz 常数　Lipschitz constant
Lyapunov 第二方法　Second method of Lyapunov
Lyapunov 第一方法　First method of Lyapunov
Lyapunov 函数　Lyapunov function
Lyapunov 稳定　Lyapunov stable
Lyapunov 指数　Lyapunov exponent
Peano 定理　Peano theorem
Picard 定理　Picard theorem
Picard 逐次逼近法　Picard's method of successive approximation
Poincaré 分支　Poincaré bifurcation
Poincaré 截痕　Poincar´ section
Poincaré 映射　Poincar´ map
Poincaré–Bendixson 环域定理　Poincar´-Bendixson annulus theorem
Riccati 方程　Riccati equation
Sturm 比较定理　Sturm comparison theorem
Taylor 展开　Taylor expansion
Wronsky 行列式　Wronsky determinant

《大学数学科学丛书》已出版书目

1．代数导引　万哲先　著　2004年8月
2．代数几何初步　李克正　著　2004年5月
3．线性模型引论　王松桂等　编著　2004年5月
4．抽象代数　张勤海　著　2004年8月
5．变分迭代法　曹志浩　编著　2005年2月
6．现代偏微分方程导论　陈恕行　著　2005年3月
7．抽象空间引论　胡适耕　张显文　编著　2005年7月
8．近代分析基础　陈志华　编著　2005年7月
9．抽象代数——理论、问题与方法　张广祥　著　2005年8月
10．混合有限元法基础及其应用　罗振东　著　2006年3月
11．孤子引论　陈登远　编著　2006年4月
12．矩阵不等式　王松桂等　编著　2006年5月
13．算子半群与发展方程　王明新　编著　2006年8月
14．Maple教程　何青　王丽芬　编著　2006年8月
15．有限群表示论　孟道骥　朱萍　著　2006年8月
16．遗传学中的统计方法　李照海　覃　红　张　洪　编著　2006年9月
17．广义最小二乘问题的理论和计算　魏木生　著　2006年9月
18．多元统计分析　张润楚　2006年9月
19．几何与代数导引　胡国权　编著　2006年10月
20．特殊矩阵分析及应用　黄廷祝等　编著　2007年6月
21．泛函分析新讲　定光桂　著　2007年8月
22．随机微分方程　胡适耕　黄乘明　吴付科　著　2008年5月
23．有限维半单李代数简明教程　苏育才　卢才辉　崔一敏　著　2008年5月
24．积分方程　李星　编著　2008年8月
25．代数学　游宏　刘文德　编著　2009年6月
26．代数导引（第二版）　万哲先　著　2010年2月
27．常微分方程简明教程　王玉文　史峻平　侍述军　刘　萍　编著　2010年9月
28．有限元方法的数学理论　杜其奎　陈金如　编著　2012年1月
29．近代分析基础（第二版）　陈志华　编著　2012年4月
30．线性代数核心思想及应用　王卿文　编著　2012年4月
31．一般拓扑学基础(修订版)　张德学　编著　2015年1月

32. 公钥密码学的数学基础　王小云　王明强　孟宪萌　著　 2013 年 1 月
33. 常微分方程　张祥　编著　 2015 年 5 月